AMV

Ludwig Trutnau

Krokodile und Echsen
in Farbe

Mit 122 Farbfotos

Vorwort von Dr. Franz Krapp

Albert Müller Verlag
Rüschlikon-Zürich · Stuttgart · Wien

Herrn Dr. Wirot Nutaphand
dem universalen Herpetologen Thailands, dem ich weitgehende Einsichten in die Flora und Fauna seines Landes verdanke, in Freundschaft zugeeignet.

Wulf Frick: Abbildung 46 und 61
Ingo Pauler: Abbildung 11
Aoki Riosuke: Abbildung 19
Alle übrigen Abbildungen stammen vom Autor

ISBN 3-275-00887-0. – 1/5-86. – Printed in Germany

Inhalt

Vorwort

Dieses Buch soll jedem naturkundlich Interessierten und speziell jedem Terrarienfreund eine profunde erste Einführung in die Formenmannigfaltigkeit der Krokodile und Echsen geben. Der Verfasser ist dabei in der günstigen Lage, einen beträchtlichen Anteil dieser Tiere aus den eigenen Zuchtanlagen, vor allem aber auch – noch – aus dem Freileben und natürlich aus den Zoologischen Gärten zu kennen. Dem aufmerksamen Terrarianer sind Ludwig Trutnaus Aufsätze aus den Fachzeitschriften wohlbekannt, darunter eine ganz erfreulich hohe Zahl von Berichten über Nachzuchten.
Beim Aufbau des Buches ist hervorzuheben, daß bei jeder Art eine Grundgliederung eingehalten wird. Es folgen aufeinander Kapitel über: Systematische Eingliederung, Körpermerkmale, Verbreitung und Lebensraum, Nahrung und Beuteerwerb, Fortpflanzung, Wachstum und Lebensdauer; als Beitrag zum Schutz von Panzerechsen und Echsen folgt jeweils ein Kapitel über Krokodile als gefährdete Lebewesen, bzw. das Entsprechende bei den Echsen. Da die Krustenechsen die einzigen aktiv giftigen Formen unter den Echsen sind, gibt es bei dieser Gruppe auch noch einen Beitrag über «Giftige Echsen». Ein Glossar (d. i. eine kurzgefaßte Erklärung unvermeidlicher Fachausdrücke), ein Literaturverzeichnis und ein Register der Tiernamen erhöhen den Gebrauchswert. Alles ist in einer verständlichen Sprache dargestellt, nur die wirklich nicht zu umgehenden Fachausdrücke sind verwendet, dafür aber im Glossar zuverlässig erklärt.
Die – an ihrer Artenzahl gemessen – kleine Gruppe der Krokodile oder Panzerechsen ist vollständig dargestellt. Von jeder Gruppe findet man ein Farbbild. Soweit der Unterzeichnende weiß, verfügt erst eine Gruppe von Kriechtieren, die der Schildkröten mit Pritchards «Encyclopedia of Turtles», über eine vollständige Serie von Farbabbildungen. Zwar sind die Panzerechsen nicht ganz so farbenprächtig wie viele Schildkröten, aber auch ihr Äußeres bietet viele Merkmale, die man bisher allenfalls in Zeichnungen dargestellt sah. Von den Echsen sind ebenfalls an die 100 Formen farbig abgebildet. Ihre Behandlung folgt demselben Schema wie die der Panzerechsen.
Unlängst wurde in einem Rundbrief der Deutschen Gesellschaft für Herpetologie und Terrarienkunde eine Empfehlung der für ihre Mitglieder besonders geeigneten Bücher zusammengestellt. Zur Kenntnis der giftigen und ungiftigen Schlangen fand man dabei jeweils das von Herrn Dipl.-Biol. Ludwig Trutnau zu diesen beiden Themen geschriebene Buch. Ich wünsche daher dem Verfasser, daß dasselbe demnächst auch für dieses Buch über die Panzerechsen und Echsen gelten wird. Es möge die ihm gebührende Aufmerksamkeit und eine möglichst weite Verbreitung in der großen und ständig wachsenden Gemeinde der Naturliebhaber und Reptilienpfleger finden. Ihr Anliegen, durch artgerechte Pflege und Nachzucht von Kriechtieren ein Gegengewicht gegen die fortschreitende Naturzerstörung und Naturentfremdung zu schaffen, wird dadurch sicher mit gefördert.

Dr. Franz Krapp, Bonn
Zoologisches Forschungsinstitut
und Museum Alexander Koenig

Einleitung

Schon immer haben die Menschen ein größeres Interesse an Säugetieren und Vögeln als an Amphibien und Echsen gezeigt. Sicher überwiegen auch heute die Liebhaber der erstgenannten Tiergruppen. Und doch scheint sich eine langsame Wandlung abzuzeichnen. Die Zahl der Reptilienfreunde, der Terrarianer, der Schauterrarien in zoologischen Gärten und der Reptilienausstellungen wächst ständig.

Manch ein Reisender, der in tropischen Wäldern und an den Ufern tropischer Sümpfe, in Savannen, Wüsten und Karstgebieten, an steinigen Berghängen, in mitteleuropäischen Heidelandschaften oder auch in Terrarien Echsen und Krokodile gesehen hat, hat vielleicht bei der Vorstellung, diese Lebewesen anzufassen, ein leises Schaudern nicht unterdrücken können. Aber es gibt Menschen – der Verfasser gehört zu ihnen – die beim Anblick von Krokodilen und Echsen in wahre Begeisterung geraten. Dies nicht zuletzt deshalb, weil diese Tiere ihre ihnen eigentümliche, oft prachtvolle Schönheit haben. Weil sie Verkörperung der ungeheuren Fantasie sind, die die gesamte Schöpfung prägt. Und weil von ihnen der Hauch einer urtümlichen Welt, eine Ahnung von Jahrmillionen zu uns herüberweht.

Krokodile und Echsen sind auch Integrationsstufen innerhalb der Gesamtheit aller auf diesem Erdball lebenden Tierarten. Bausteine aus diesem ökologischen Gefüge herauszubrechen, ist, wie wir einzusehen beginnen, gefährlich, letztlich immer auch für den Menschen. Denn auch wir sind auf die Aufrechterhaltung eines biologischen Gleichgewichtes angewiesen, eines Gleichgewichtes, in dem Reptilien eine wesentliche Rolle spielen.

Welch ungeheuren Schaden wir aber diesen Tiergruppen bereits zugefügt haben, hofft der Verfasser in den Kapiteln «Krokodile als gefährdete Tiere» und «Echsen als gefährdete Tiere» deutlich zu machen. Und dazu, daß die Einstellung zu Reptilien sich weiter wandle, daß immer mehr Leute zu ihren Freunden, Bewunderern und Beschützern werden, mögen die nun folgenden Beschreibungen einer Auswahl von Arten in Wort und Bild beitragen.

Krokodile

Systematische Eingliederung der Panzerechsen

Die heute lebenden Panzerechsen werden in 3 Familien mit 8 Gattungen und 23 Arten aufgegliedert. Die 23 Arten spalten sich in mehrere Unterarten, so daß heute 38 Formen von Panzerechsen bekannt sind, wie aus der folgenden Aufstellung über die einzelnen Gattungen, Arten und Unterarten hervorgeht.

Familie: *Alligatoridae* (Alligatoren und Kaimane)
Gattung: *Alligator* (Alligatoren)
Art: *Alligator mississippiensis* (Mississippi-Alligator)
Alligator sinensis (China-Alligator)
Gattung: *Caiman* (Brillenkaimane)
Art: *Caiman crocodilus*
Unterart: *Caiman crocodilus crocodilus* (Gewöhnlicher Krokodilkaiman)
Caiman crocodilus apaporiensis (Rio-Apaporis-Krokodilkaiman)
Caiman crocodilus fuscus (Nördlicher Krokodilkaiman)
Caiman crocodilus matogrossiensis (Mato-Grosso-Krokodilkaiman)
Caiman crocodilus paraguayensis (Gran-Chaco-Krokodilkaiman)
Caiman crocodilus yacare (Südlicher Krokodilkaiman)
Caiman latirostris (Breitschnauzenkaiman)
Caiman latirostris latirostris (Östlicher Breitschnauzenkaiman)
Caiman latirostris chacoensis (Westlicher Breitschnauzenkaiman)
Gattung: *Melanosuchus* (Mohrenkaimane)
Art: *Melanosuchus niger* (Mohrenkaiman)
Gattung: *Paleosuchus* (Glattstirnkaimane)
Art: *Paleosuchus palpebrosus* (Brauen-Glattstirnkaiman)
Paleosuchus trigonatus (Keilkopf-Glattstirnkaiman)

Familie: *Crocodylidae* (Echte Krokodile)
Gattung: *Crocodylus* (Eigentliche Krokodile)
Art: *Crocodylus acutus* (Spitzkrokodil)
Art: *Crocodylus cataphractus* (Panzerkrokodil)
Unterart: *Crocodylus cataphractus cataphractus* (Westafrikanisches Panzerkrokodil)
Crocodylus cataphractus congicus (Mittelafrikanisches Panzerkrokodil)
Art: *Crocodylus intermedius* (Orinoko-Krokodil)
Crocodylus johnstoni (Australien-Krokodil)
Art: *Crocodylus mindorensis* (Philippinen-Krokodil)
Crocodylus moreletii (Beulenkrokodil)
Art: *Crocodylus niloticus* (Nilkrokodil)
Unterart: *Crocodylus niloticus niloticus* (Nordöstliches Nilkrokodil)
Crocodylus niloticus africanus (Südöstliches Nilkrokodil)
Crocodylus niloticus chamses (Westliches Nilkrokodil)
Crocodylus niloticus cowiei (Südliches Nilkrokodil)
Crocodylus niloticus madagascariensis (Madagassisches Nilkrokodil)
Crocodylus niloticus pauciscutatus (Östliches Nilkrokodil)
Crocodylus niloticus suchus (Nordwestliches Nilkrokodil)
Crocodylus novaeguineae (Neuguinea-Krokodil)
Art: *Crocodylus palustris* (Sumpfkrokodil)
Unterart: *Crocodylus palustris palustris* (Indisches Sumpfkrokodil)
Crocodylus palustris kimbula (Ceylon-Sumpfkrokodil)
Art: *Crocodylus porosus* (Leistenkrokodil)
Unterart: *Crocodylus porosus porosus* (Gewöhnliches Leistenkrokodil)
Crocodylus porosus minikanna (Ceylon-Leistenkrokodil)
Art: *Crocodylus rhombifer* (Kuba-Krokodil)
Crocodylus siamensis (Siam-Krokodil)
Gattung: *Osteolaemus* (Stumpfkrokodile)
Art: *Osteolaemus tetraspis* (Stumpfkrokodil)
Unterart: *Osteolaemus tetraspis tetraspis* (Westafrikanisches Stumpfkrokodil)
Osteolaemus tetraspis osborni (Mittelafrikanisches Stumpfkrokodil)

Gattung:	*Tomistoma* (Sunda-Gaviale)
Art:	*Tomistoma schlegelii* (Sunda-Gavial)
Familie:	*Gavialidae* (Echte Gaviale)
Gattung:	*Gavialis* (Gaviale)
Art:	*Gavialis gangeticus* (Ganges-Gavial)

Körpermerkmale

Die Panzerechsen *(Crocodylia)* stellen die höchst organisierten Reptilien dar. Es sind in der Regel große bis sehr große, fleischfressende, wasserbewohnende Geschöpfe. Sie haben eine eidechsenähnliche Gestalt; ihr seitlich zusammengedrückter Ruderschwanz hat 2 Längskiele auf der Oberseite, die sich hinter der Schwanzmitte vereinigen. Die kräftig entwickelten Gliedmaßen weisen vorne 5 und hinten 4 Zehen auf. Nur die ersten 3 der 5 Finger und 4 Zehen sind bekrallt. Die Zehen der Hinterextremitäten sind durch Schwimmhäute miteinander verbunden. Die dunkel bis schwarz gefärbten Krallen der Panzerechsen sind von stumpfer und kegelähnlicher Gestalt.

Die Haut einer Panzerechse besteht aus einer *Subcutis,* einem *Corium* (Lederhaut) und einer *Subepidermis.* Die *Subcutis* weist zahlreiche elastische Fasern auf. Die derbe Lederhaut ist aus mehreren Schichten gekreuzter Bindegewebsfasern aufgebaut. Mit zunehmendem Alter vergrößert sich die Anzahl dieser Schichten. In der feinfaserigen *Subepidermis* liegt eine Pigmentzellenschicht aus braunen bis schwarzen, sternförmigen Zellen. Da die Panzerechsen kein Oberhäutchen aufweisen, sind sie auch nicht zu einer Häutung fähig. Die Hautschicht erneuert sich stetig im Maß der allmählichen und andauernden Abnutzung. Bei fehlerhafter Haltung und Ernährung können sich bei gefangenen Tieren die obersten Hautschichten auf den Hornplatten in einem Stück ablösen. Die Kopfhaut ist stets fest mit dem Schädel verwachsen und läßt sich nicht ablösen.

An einem lebenden Krokodil unterscheidet man Kopf, Nacken, Rumpf und Schwanz.

Der Kopf mit dem Schnauzenteil ist bei den verschiedenen Arten sehr unterschiedlich ausgeprägt. So gibt es sehr langschnauzige Arten wie z. B. das Panzerkrokodil *(Crocodylus cataphractus)* aus dem westlichen und mittleren Afrika. Eine ausgesprochen kurzschnauzige Art ist das in Zentralafrika beheimatete Stumpfkrokodil *(Osteolaemus tetraspis).* Die Schnauze eines Krokodils, die den Hauptteil der Zähne birgt, erstreckt sich von der Schnauzenspitze bis zum Augenvorderrand. Hinter der Schnauze schließt sich der Haupt- oder Hirnteil des Kopfes an, der am Hinterrand der Schädelplatte endet. Hinter dem Hinterrand der Schädelplatte beginnt der Nakken. Das Verhältnis zwischen Schnauzenlänge und Schnauzenbreite an der Basis läßt bereits Schlüsse auf die Artzugehörigkeit einer Panzerechse zu. Es sei an dieser Stelle jedoch darauf hingewiesen, daß eine korrekte Identifikation der einzelnen Arten und Unterarten der Krokodile bei Jungtieren fast unmöglich ist, da die Unterscheidungsmerkmale noch kaum oder gar nicht ausgeprägt sind. Ein Krokodil kann man erst eindeutig bestimmen, wenn es mindestens halbwüchsig oder noch besser ausgewachsen ist.

Auf der Schnauzenspitze erkennt man den Nasenhöcker mit den beiden Nasenöffnungen als rundliche Erhebung. Die Nasenöffnungen können wie z. B. beim Mississippi-Alligator *(Alligator mississippiensis),* beim China-Alligator *(Alligator sinensis)* und beim Stumpfkrokodil *(Osteolaemus tetraspis)* durch eine längliche Vertiefung voneinander getrennt sein. Bei den zuletzt erwähnten drei Arten ist die Nasenhöhle von einer Trennwand durchzogen. Manche Krokodile haben im jugendlichen und halberwachsenen Alter eine glatte Schnauzenoberseite, die im senilen Zustand ein runzliges Aussehen annimmt. Andere Panzerechsen weisen leistenähnliche Quer- und Längserhöhungen auf. Für die südamerikanischen Kaimane der Gattungen *Melanosuchus* (Mohrenkaimane) und *Caiman* (Brillenkaimane) sind deutlich erkennbare Querleisten zwischen den vorderen Augenwinkeln charakteristisch. Alle Mohren- und Brillenkaimane weisen auch mehr oder weniger gut entwickelte Längsleisten vor den vorderen Augenwinkeln auf. Das Leistenkrokodil *(Crocodylus porosus)* weist, ausgehend von den vorderen Augenwinkeln, auf der Schnauzenoberseite bis zum Nasenhöcker je eine höckerige Längsleiste auf. Auch beim Philippinen-Krokodil *(Crocodylus mindorensis)* und beim Neuguinea-Krokodil *(Crocodylus novaeguineae)* sind derartige, jedoch viel kürzere Längserhebungen zu bemerken. Beim Siam-Krokodil *(Crocodylus siamensis)* erhebt sich auf der Stirnmitte zwischen den Augen eine für diese Art typische Längsleiste. Spitzkrokodil *(Crocodylus acutus)* und Beulenkrokodil *(Crocodylus moreletii)* haben vor den Augen eine beulenähnliche Erhebung.

Die Lage der Hinterhaupthöcker wie der Nackenhöcker stellt ein wesentliches Merkmal zur Identifizierung der einzelnen Arten dar. Mit Ausnahme des Leistenkrokodils haben alle Panzerechsenarten auf dem Nacken ein- oder mehrreihige Hinterhauptshöcker in Querreihen. In seltenen Fällen sind die Hinterhauptshöcker beim Leistenkrokodil schwach oder nur einseitig ausgebildet. Alle Panzerechsen weisen jedoch Nasenhöcker in unterschiedlicher Gestalt und Anzahl auf.

Die Rücken- und Bauchseiten sämtlicher Panzerechsen sind von Hornschilden bedeckt. Auf der Bauchseite sind die glatten, rechteckigen und schindelähnlichen Hornschilde in Längs- und Querreihen angeordnet. Die Rückenschilde sind gekielt und haben ein dachähnliches Aussehen. Unter den Rückenschilden befinden sich gewöhnlich gleich große Knochenplättchen. Die Rückenschilde stehen je nach Gattung und Art in 4 bis 10 Längsreihen. Die Körperseiten, die Vorder- und Hintergliedmaßen, der Hals und die Unterseite des Unterkiefers sind von kleinen, höckerigen, gekielten und ungekielten Schilden bedeckt. Alle Panzerechsen weisen einen Panzer aus verknöcherten Hautschilden auf, der die Nacken-, die großen Rükkenschilde und die Schilde des ersten Schwanzdrittels umfaßt. Bei zahlreichen Krokodilsarten sind die Höcker auf den Körperseiten, auf den Gliedmaßen und die Schilde der oberen Augenlider verknöchert. Bei den Gattungen *Alligator* und *Caiman* findet man darüber hinaus auch Verknöcherungen in den Bauchplatten.

Der Schwanz, der sich hinter dem Oberschenkel befindet, weist auf seiner Oberseite beidseitig kleine, nebeneinander und aufrecht stehende Kiele auf. Die beiden konvergierenden Schwanzkiele vereinigen sich ungefähr in der Schwanzmitte und verlaufen von hier aus als unpaarer Kamm bis zur Schwanzspitze. Anhand der Anordnung der Schwanzkiele lassen sich gleichfalls Schlüsse auf die Artzugehörigkeit einer Panzerechse ziehen.

Von besonderem Interesse sind die kegelförmigen Zähne auf den Kieferrändern. Sie haben eine lange, nach unten offene Wurzel und stecken in Zahnhöhlen *(Alveolen)*. Jede Panzerechsenart hat eine unterschiedliche Anzahl von Zähnen. Von Zeit zu Zeit fallen die alten Zähne aus und werden durch seitlich nachwachsende neue Zähne ersetzt. Anhand der Stellung der Ober- und Unterkieferzähne kann man auf die Familienzugehörigkeit schließen. Bei den *Gavialen* der Gattung *Gavialis* sind die Zähne der beiden Kiefer etwas nach außen gerichtet, während sie bei den Alligatoren und Krokodilen senkrecht gegeneinander beißen. Bei den Alligatoren paßt jeder 4. Unterkieferzahn in eine ringsum geschlossene Grube des Oberkiefers und ist bei geschlossenem Maul nicht sichtbar. Bei den Krokodilen ragt der 4. Unterkieferzahn selbst bei geschlossenem Maul aus einem seitlich offenen Ausschnitt des Oberkiefers hervor. Die Krokodile besitzen einen flachen, nach hinten zu breiter werdenden Schädel, der zur Schnauzenspitze hin schmäler wird. Wie bei der Brückenechse *(Sphenodon punctatus)* werden die Schläfen von 2 knöchernen Bögen überbrückt. Der obere Bogen wird vom Hinterstirn- und vom Schläfenbein, der untere vom Joch- und vom Quadratbein gebildet. Die bezeichneten Knochen sind fest miteinander verbunden. Das Scheitel- und das Stirnbein sind in der Einzahl vorhanden; wie die Zwischenkiefer sind auch die Nasenbeine paarig. Der Unterkiefer besteht aus 2 Ästen, die vorne durch eine Naht miteinander verbunden sind. Die Wirbelsäule weist 9 Hals-, 12 bis 13 Rücken-, 2 bis 4 Lenden-, 2 bis 3 Kreuz- und 34 bis 42 Schwanzwirbel auf. Die Wirbel sind hinten gewölbt und vorne ausgehöhlt. Die Panzerechsen besitzen keine Schlüsselbeine, aber 12 bis 13 mit hakenförmigen Fortsätzen versehene Rippen. Als einzige unter den heute lebenden Reptilien weisen die Panzerechsen an der Halswirbelsäule am Atlas Rippen auf.

Besonders hoch entwickelt sind das Nervensystem und die Sinnesorgane. Die kleinen Augen liegen oberhalb der Basis der Schnauzenspalte. Die Augen sind bei den Krokodilen mit Ausnahme von *Crocodylus rhombifer* grünlich, bei den Glattstirnkaimanen der Gattung *Paleosuchus* und der Krokodilsgattung *Osteolaemus* braun. Im hellen Licht verengt sich die Pupille zu einem engen, senkrecht stehenden Schlitz. Das obere und untere Augenlid sind gut entwikkelt. Eine Nickhaut kann vom inneren Augenwinkel über die Vorderseite des Augapfels gezogen werden. Die nach oben gerichteten, ein wenig erhöht liegenden Nasenöffnungen sind in Anpassung an das Leben im Wasser durch Hautklappen verschließbar. Das Ohr, das einen äußeren Gehörgang aufweist, kann durch eine häutige Klappe beim Tauchen verschlossen werden. Das Gehirn der Panzerechsen weist unter allen Reptilien die höchste Entwicklungsstufe auf. Die Hautsinnesorgane der Panzerechsen sind ebenfalls hoch entwikkelt. Es handelt sich hierbei um Tastsinnesorgane, die als kleine, helle, rundliche Vertiefungen in die Subepidermis eingelagert sind. Auf der Mitte dieser Vertiefung liegen kleine, flache Hügel.

Sämtliche Panzerechsen weisen 3 Arten von Hautdrüsen auf, welch letztere man als Derivate der Epidermis ansehen kann: die Rücken-, die Unterkiefer- und die Kloakendrüsen. Die Rückendrüsen, die wohl modifizierte Talgdrüsen sind, münden als winzige Öffnungen auf der Haut zwischen 2 Rückenschilden. Die Rückendrüsen scheiden eine ölig-fettige Substanz aus, die die Haut einfettet, glänzend macht und die Zwischenhäute zwischen den Schilden geschmeidig erhält. Die walnußgroßen Unterkieferdrüsen, die in einer Grube am hinteren Rand des Unterkiefers liegen, sondern ein braunes, schmierig-fettiges Sekret aus, das stark nach Moschus riecht. Die beiden Kloakendrüsen liegen auf den beiden Kloakenseitenwänden. Auch sie scheiden ein nach Moschus riechendes Sekret aus. In voller Funktion sind die genannten Drüsen besonders zur Zeit der Paarung. Das Sekret ermöglicht beiden Geschlechtern ein gegenseitiges Auffinden.

Bauch und Brusthöhle sind durch ein bindegewebiges und muskulöses Zwerchfell voneinander getrennt. Die Brusthöhle birgt die Lungen und das vierkammerige Herz. Durch letzteres wird eine weitgehende Trennung zwischen arteriellem und venösem Blut bewirkt. Eine Vermischung von sauerstoffreichem und kohlendioxidreichem Blut geschieht nur durch das sogenannte *Foramen panizzae,* einen kleinen Durchlaß an der Basis der beiden Aortenstämme.

Krokodile besitzen keine Speicheldrüsen. Das Jacobsonsche Organ, das dem Geruchssinn dient, ist nur ansatzweise entwickelt. Die muskulöse Zunge, die der Länge nach mit dem Mundhöhlenboden verwachsen ist, bewirkt zusammen mit einem häutigen Gaumensegel und dem Zungenbein den Verschluß des Schlundes bei geöffnetem Maul. Im muskelkräftigen, zweigeteilten Magen finden sich oft Steine, die zusammen mit 2 körpereigenen Reibeplatten die Nahrung zerreiben und somit für eine rasche Verdauung sorgen. Die Kloakenöffnung liegt als längs verlaufender Spalt hinter den Hinterextremitäten. Das zapfenförmige Begattungsorgan der Männchen ist stets unpaar.

Verbreitung und Lebensräume

Mit Ausnahme von Europa beschränken sich die heute lebenden Panzerechsen in ihrer Verbreitung auf die Subtropen und Tropen der Neuen und der Alten Welt. Ihre Verbreitungsgrenzen erreichen diese Großreptilien in Asien am 32., in Afrika am 32. und in Nordamerika am 35. Grad nördlicher Breite. Am weitesten nach Norden vor dringen die beiden Alligatorarten und das Nilkrokodil, welch letzteres noch 1877 in Palästina im Zerkafluß bei Cäsarea angetroffen wurde. Auch in einigen Oasengewässern der Sahara lebt das Nilkrokodil heute noch, wo es wohl als ein Relikt aus der Eiszeit übrig geblieben ist. In Südafrika findet das Nilkrokodil am 30. Grad südlicher Breite die definitiven Grenzen seiner Verbreitung. Eine geographische Rasse des Krokodilkaimans *(Caiman crocodilus yacare)* dringt auf dem südamerikanischen Festland in Argentinien bis zum 34. Grad südlicher Breite vor. Auf dem amerikanischen Kontinent sind 5 Panzerechsengattungen heimisch *(Alligator, Caiman, Melanosuchus, Paleosuchus, Crocodylus),* auf dem afrikanischen Kontinent 2 *(Crocodylus, Osteolaemus)* und auf dem asiatischen Kontinent 3 *(Gavialis, Tomistoma, Crocodylus).* Drei Arten der eigentlichen Krokodile *(Crocodylus novaeguineae, Crocodylus porosus, Crocodylus johnstoni)* dringen bis in den notogäischen Faunenbereich nach Neuguinea und in das tropische Nordaustralien vor. Mit Ausnahme des Mississippi-Alligators sind die heute noch lebenden Panzerechsen alle mehr oder weniger von der Ausrottung bedroht und aus weiten Teilen ihres ursprünglichen Verbreitungsgebietes verschwunden. Die geologische Verbreitung der Panzerechsen erstreckt sich vom Trias bis in die Jetztzeit. Die Vorläufer der ältesten Krokodile sind die *Thecodontier,* eine Ordnung ausgestorbener, räuberisch lebender kleiner Kriechtiere aus dem Trias, aus denen sich die riesigen Dinosaurier entwickelt haben.

Alle Krokodile sind amphibisch lebende Geschöpfe und stets an oder in der Nähe von Gewässern zu finden. *Crocodylus porosus* ist fast ausschließlich und *Crocodylus acutus* häufig im Brackwasser anzutreffen. Gelegentlich schwimmen die beiden gerade genannten Arten auch ins offene Meer hinaus und erreichen weit vom Festland entfernte Inseln. Die ceylonesischen Leistenkrokodile bevorzugen, ganz im Gegensatz zu allen andern Leistenkrokodilen, eigenartigerweise das Süßwasser und sollen nicht freiwillig ins Meerwasser gehen. Gelegentliche Brackwasserbesucher sind auch *Crocodylus niloticus* und *Crocodylus cataphractus.* Die weitaus meisten Krokodilsarten sind jedoch lebenslang an das Süßwasser gebunden. Hier bewohnen sie mehr oder weniger verkrautete Sümpfe in der Savanne oder im Regenwald, Waldsümpfe, Teiche, Gräben, Bayous, Billabongs, Seen, Lagunen, große Quellgewässer, tote Seitenarme von Flüssen, labyrinthartig verschlungene Wasserwege in Überschwemmungsgebieten, langsam fließende Bäche, stille Buchten, Flüsse. Seltener sind Panzerechsen in schnell dahinfließenden und turbulenten Bächen und Flüssen anzutreffen. Ausgesprochene Steppenbewohner unter den Krokodilen sind das in Nordaustralien beheimatete *Crocodylus johnstoni* und *Crocodylus niloticus.* Letzteres ist so sehr an die Steppe gebunden, daß es in westafrikanischen Urwaldgewässern nur äußerst selten auftritt. Andererseits sind der Mohrenkaiman *(Me-*

lanosuchus niger), die beiden Glattstirnkaimane der Gattung *Paleosuchus* und das Stumpfkrokodil *(Osteolaemus tetraspis)* typische Vertreter des tropischen Regenwaldes. Das in Mittelamerika beheimatete Beulenkrokodil *(Crocodylus moreletii)* bewohnt sowohl die offene Savanne wie Sümpfe im Urwald. Die beiden Arten der Gattung *Alligator* und *Caiman* lieben offenes, besonntes Gelände. Der Ganges-Gavial *(Gavialis gangeticus)* ist auf tiefes und strömendes Wasser angewiesen.

Fast sämtliche Krokodile sind ortstreu. In ihren Wohngewässern halten sie sich stets in einem bestimmten Territorium auf, in dem sie Beute und Nahrung, geeignete Plätze zum Sonnen und zur Eiablage finden. Wenn ihre Gewässer versiegen, scheuen sie sich nicht, über Land zu anderen Gewässern zu wandern. Oftmals kommt es zu Massenansammlungen von vielen Hunderten von Panzerechsen, die im nassen Schlamm und in Restpfützen neben- und übereinander liegen. Bei fortschreitendem Eintrocknen des Schlammes graben sich die Tiere in letzteren ein und warten die Regenzeit ab. Während der Trockenstarre im Schlamm nehmen die Tiere kaum oder keine Nahrung zu sich und zehren von ihren Fettreserven. Während der kalten Jahreszeit überdauern die beiden Alligatorarten im Schlamm oder in selbst gegrabenen Wohnröhren. Die Nordamerikaner bezeichnen eine derartige Wohnröhre als «gator hole». Ähnliche Wohnhöhlen, die bis zu 10 Meter Länge erreichen können und mit der Öffnung unter Wasser liegen, werden auch vom Nilkrokodil gegraben.

Nahrung und Beuteerwerb

Alle Panzerechsen sind Fleischfresser. Sie verzehren fast sämtliche Wirbeltiere, derer sie habhaft werden können, sei es, daß sie aus großen Beutetieren oder aus Aas mundgerechte Stücke herausreißen oder sie wegen ihrer geringen Größe im ganzen verschlingen. Größere Arten wagen sich sogar an den Menschen heran. Neben allerlei Säugetieren besteht die Nahrung der Krokodile aus Vögeln, Wasserschildkröten, Schlangen, Echsen, kleineren Vertretern der eigenen Art, allerlei Amphibien, vornehmlich jedoch aus Fischen. Junge Panzerechsen verzehren verschiedenartige wirbellose Tiere wie Schnecken, Muscheln, Krebse, Insekten und Würmer. Vereinzelt werden sogar Früchte gefressen. Manche langschnauzigen Arten wie der Ganges-Gavial *(Gavialis gangeticus)*, der Sunda-Gavial *(Tomistoma schlegelii)*, das Australien-Krokodil *(Crocodylus johnstoni)*, das Orinoko-Krokodil *(Crocodylus intermedius)* und das Panzerkrokodil *(Crocodylus cataphractus)* ernähren sich fast ausschließlich von Fischen. Bei der Nahrungsaufnahme schlucken Krokodile Steine, Glas, Porzellan, Metallstücke und andere harte Gegenstände oft in großer Menge mit hinunter. Derartige «Gastrolithen», die man auch in den Muskelmägen von Vögeln findet, dienen zur Zerkleinerung der Nahrung und unterstützen somit eine rasche und vollständige Verdauung. Solcher Ballast, der wohl auch das Schweben eines Krokodilskörpers im Wasser unterstützt, erhält sich oft jahrelang.

Alle Panzerechsen sind sehr gefräßig und verschlingen nicht selten große Nahrungsmengen. Es soll sogar schon vorgekommen sein, daß Krokodile einen Nahrungsvorrat anlegen. So berichtet der Amerikaner und Herpetologe Neill von einem Neuguinea-Krokodil *(Crocodylus novaeguineae)*, das die Überbleibsel eines in Verwesung übergegangenen Wildschweines in einem Blätterhaufen versteckte.

Alle Krokodile sind Räuber, die ihre Beutetiere in Sekundenschnelle im Wasser oder aus dem Wasser heraus angreifen. Der Verfasser, der verschiedene Arten von Panzerechsen seit vielen Jahren in einem Gewächshaus pflegt und mit dem Verhalten dieser Großreptilien vertraut ist, hat derartige Angriffe auf lebende Beutetiere häufig beobachtet. Ein Krokodil schwimmt langsam und fast lautlos an sein Opfer heran. Nur die Nasenöffnungen und die Augen berühren die Wasseroberfläche oder reichen über sie hinaus. Der Überfall erfolgt plötzlich und mit solcher Vehemenz, daß dem Opfer keine Zeit zur Gegenwehr übrig bleibt und es oft nicht einmal einen Laut von sich geben kann. Es wird mit den Zähnen gepackt, unter Wasser gezogen und ertränkt. Kleine Krokodilsarten fressen meist kleinere, während die großen Panzerechsen sich an große oder sehr große Beutetiere heranwagen. Oftmals reißt das Krokodil beim Angriff Fleischstücke aus dem Körper seines Opfers heraus. So passiert es, daß einer Antilope ein Bein abgerissen wird. Meist wird sie jedoch sofort unter Wasser gezerrt. Kühe können auf die geschilderte Weise ihre Euter und Menschen Arme und Beine verlieren. Große, im Wasser liegende und in Verwesung übergehende Säugetiere werden oft von mehreren Krokodilen mit den vorderen, spitzen Zähnen gepackt und durch rasches Drehen um die eigene Längsachse in mundgerechte Bissen zerrissen. Mit Hilfe der größeren, hinteren Zähne zerquetschen die Krokodile den Nahrungsbrocken, zerbrechen sogar starke Knochen damit und schlucken das Futterstück im ganzen hinunter. Auf festem

Land zerren sie an dem Beutetier herum, schlagen es gegen den Boden und reißen so Stücke heraus. Krokodile können ganz gewaltige Stücke hinunterschlingen; Nahrungsbrocken, die wegen Überfüllung des Magens in letzterem keinen Platz mehr finden, bleiben in der Speiseröhre stecken und rutschen im Zuge voranschreitender Verdauung nach. Krokodile können unter Wasser ihren Rachen öffnen, ohne daß Wasser in den Kehlkopf und in die hinteren, inneren Nasenhöhlen eindringt. Die Nahrung wird jedoch nie unter Wasser hinuntergewürgt. Stets reckt das Krokodil seinen Kopf über die Wasseroberfläche hinaus und schüttelt ihn mit dem Bissen hin und her. Schließlich wird der Nahrungsbrocken, wenn er die zum Schlingen passende Form erreicht hat, hinuntergeschluckt. Die Verdauung ist fast vollständig und nach wenigen Tagen beendet. Nicht verdaut werden Zähne, Haare, Federn, Finger- und Zehennägel. Manche Panzerechsen fressen gelegentlich sogar Obst, was beim Mississippi-Alligator, beim China-Alligator und beim Stumpfkrokodil beobachtet wurde.

Unter Terrarienbedingungen machen Pflege und Fütterung von Panzerechsen nicht die geringsten Schwierigkeiten. Die Behälter, in denen diese Großreptilien gepflegt werden, müssen entsprechende Dimensionen aufweisen. Wesentlich für eine regelmäßige Nahrungsaufnahme und rasche Verdauung sind Temperaturen zwischen 25 und 35 °C. Krokodile fressen unter Obhut des Menschen Fische, Frösche, Mäuse, Ratten, Katzen, junge Hunde, Kücken, Hühner, Fleisch von Rindern und von Schweinen und deren Knochen. Die Tiere gewöhnen sich an regelmäßige Fütterungszeiten und erscheinen sofort, wenn Nahrung angeboten wird. Krokodile sind gierige Räuber, die sich gegenseitig die aus dem Maul heraushängende Beute entreißen. Nach der Nahrungsaufnahme steigen Krokodile ans Land, meist an den angestammten Platz – letzteren haben sie oft seit Jahren inne –, um sich zu sonnen und zu verdauen. Stundenlang können sie in der gleichen Körperhaltung mit geöffnetem Rachen daliegen. Das Aufsperren des Maules steht sicher im Dienste der Wärmeregulation. Auf diese Weise werden auch die im Maul befindlichen Blutegel durch Austrocknen abgetötet. Vielleicht ist das Maulaufsperren auch eine Aufforderung an gewisse Vögel, unerwünschte Schmarotzer wie Blutegel und Wasserschnecken herauszupicken. So soll eine kleine Regenpfeiferart *(Pluvianus aegyptius)* Nahrungsreste aus dem geöffneten Maul von Krokodilen picken. Dieses Verhalten, das schon in der Antike von Herodot, Plinius, Aristoteles und anderen Schriftstellern erwähnt wurde, ist allerdings von Zoologen der Neuzeit in Zweifel gezogen worden. Aelianus bemerkt, daß gewisse Vögel Krokodile vor Gefahren warnen, was sich als richtig erwiesen hat. Der Sporenkibitz *(Hoplopterus spinosus)* stößt schrille Warnrufe aus, worauf die Krokodile ins Wasser gleiten. Der gleiche Vogel wie auch der Flußuferläufer sammeln vom Körper der Krokodile Parasiten ab. Bei seltenen Gelegenheiten wurde beobachtet wie ein Flußuferläufer aus dem Rachen eines Krokodils Nahrung herauspickte.

Fortpflanzung

Über die Fortpflanzung der Panzerechsen liegen keine vollständigen Angaben vor. Als sekundäre Geschlechtsmerkmale besitzen die Männchen eine Verdickung der Schwanzwurzel und zeichnen sich gegenüber den etwa gleichaltrigen Weibchen durch größere Körpermaße aus. Männchen besitzen auch wuchtigere Schädel und breitere Unterkiefer als Weibchen. Die Männchen des Ganges-Gavials sind an einer knollenartigen Verdickung auf der Schnauzenspitze kenntlich. Panzerechsen sind schon geschlechtsreif, wenn sie ihre volle Größe noch nicht erreicht haben. Zur Paarungszeit sind die Männchen äußerst erregt und lassen häufig ihre Stimme erschallen. Oft liefern sie sich erbitterte Kämpfe, wobei es zu schwerwiegenden Verletzungen kommen kann. Die Tiere paaren sich meist im Wasser. Während der Fortpflanzungszeit strömen die Panzerechsen einen starken Moschusgeruch aus. Das duftende Sekret wird in je 2 Drüsen gebildet, die hinter den Kinnladen und hinter dem After liegen. Während der Paarung kriecht das Männchen auf den Rücken des Weibchens und umgreift es mit seinen Armen ungefähr in der Höhe der Achseln. Mit seinen Hinterextremitäten drückt das Männchen die Hinterbeine des Weibchens schief zur Seite, so daß der zapfenförmige Penis in die längsgerichtete Kloake eindringen kann.

Die meisten Krokodilarten bauen Nester aus verrottendem Pflanzenmaterial, das sie zu einem 50 bis 100 cm hohen und zuweilen 200 cm breiten Haufen zusammenscharren. Die Blätter und Grashalme werden auch mit dem Maul herbeigeschleppt. Die Weibchen öffnen die Nester auch von oben her und legen ihre Eier in die kraterförmige Vertiefung. Danach wird die Öffnung wieder zugedrückt. Durch bakterielle Zersetzung des faulenden Pflanzenmaterials entsteht im Innern des Nestes eine gleichmäßige, feuchte Wärme, wie sie zur Entwicklung der Eier notwendig ist. Das Weibchen liegt in der Nähe und bewacht das Nest. Die in den gänseeiergroßen, kalkschaligen Eiern befindlichen Krokodilsembryonen – zwischen 10 und ungefähr 100 an der Zahl – benötigen bei einer Bruttemperatur von über 30 °C zu ihrer Entwicklung 2 bis 3 Monate. Kurz vor dem Schlüpfen machen sie sich der Mutter durch quäkende Laute bemerkbar. Jetzt scharrt das Weibchen das Gelege frei. Die etwa 25 bis 30 cm langen Jungkrokodile ritzen die Kalkschale mit Hilfe des Eizahnes von innen her auf. Nach dem Schlüpfen bewegen sie sich sofort auf das Wasser zu. Das Weibchen nimmt die Jungkrokodile auch zwischen die Zähne und trägt die kleinen Geschöpfe zum Wasser. Manche Krokodile wühlen eine ungefähr 50 cm tiefe Grube in den Sand, in die sie ihre Eier innerhalb von 2 Tagen ablegen. Nach der Eiablage wird die Grube wieder mit Sand zugedeckt. Die meisten Jungkrokodile werden ein Opfer von Raubtieren, Greifvögeln, Schlangen, Fischen, größeren Vertretern der eigenen Art, Krankheiten und des Menschen.

Wachstum und Lebensdauer

Je nach Nahrungsangebot ist das Wachstum junger Krokodile recht unterschiedlich. Unter günstigen Bedingungen können Jungkrokodile innerhalb von einem Jahr ein Längenwachstum von 30 cm und mehr aufweisen. Nach 3 Jahren haben sie eine Länge von 100 bis 150 cm erreicht. Später nimmt die Wachstumsgeschwindigkeit erheblich ab, bis sie im Alter fast vollständig eingeschränkt wird. Kleinere Panzerechsenarten erreichen Körperlängen zwischen 2 und 3 m, mittelgroße Arten kommen auf 4 bis 5 m, während die beiden größten Arten, nämlich das Leisten- und Nilkrokodil, in Ausnahmefällen bis zu Maximallängen von 10 m heranwachsen können.
Anhand des Längenwachstums kann man das Alter erwachsener Krokodile grob schätzen. Es ist keineswegs ausgeschlossen, daß manche Krokodile ein Alter von 100 Jahren und mehr erreichen können. In nordamerikanischen Reptiliensammlungen lebten ein Mississippi-Alligator noch nach 47, ein Panzerkrokodil nach 42, ein Stumpfkrokodil nach 42 und ein Leistenkrokodil noch nach 41 Jahren unter Obhut des Menschen.

Krokodile als gefährdete Lebewesen

Die Einstellung des Menschen gegenüber den Panzerechsen war stets ambivalent. Einerseits wurden diese großen Reptilien wie Götter verehrt, andererseits begegnete man ihnen mit Abscheu und Furcht.
Das Nilkrokodil galt den alten Ägyptern als heilig. Nilkrokodile genossen göttliche Verehrung und wurden mit Schmuck behangen; man brachte ihnen Menschenopfer dar; ihre Leichen wurden mumifiziert und an bestimmten Begräbnisstätten ehrenvoll beigesetzt.
Auf der indomalayischen Inselwelt genossen und genießen Krokodile teilweise auch heute noch große Ehrfurcht, da in ihnen die Seelen verstorbener Menschen leben sollen.
Der Gangesgavial wird in Indien als heilig angesehen. An manchen Orten Indiens hält man Krokodile, füttert und verehrt sie.
Und doch sind heute nahezu alle Panzerechsen von der Ausrottung bedroht. Sie wurden gnadenlos bejagt – aus «Sport», oder weil einige von ihnen dem Menschen gefährlich werden können, weil sie gelegentlich Schäden an Vieh und Haustieren anrichteten, weil man sie für böse Wild- und Fischjäger hielt und weil ihre Haut für Modeartikel begehrt war. Und es wurden auch, aus kurzsichtigem Nützlichkeitsdenken heraus, viele ihrer Biotope zerstört.
Wie häufig Mohrenkaimane einst in Brasilien waren, beschreibt 1863 der Südamerikareisende Henry Walter Bates: «Es ist schwerlich übertrieben, wenn man sagt, daß die Gewässer um den oberen Amazonenstrom in der trockenen Jahreszeit ebenso von Kaimanen wimmeln wie die Teiche Englands von Kaulquappen. Während einer Reise von fünf Tagen, die ich im November mit dem Dampfschiff machte, sahen wir diese Raubtiere fast überall zu beiden Seiten des Weges, und die Reisenden vergnügten sich von morgens bis abends damit, ihnen Kugeln durch die Panzer zu jagen. Ganz besonders häufig waren sie in stillen Buchten; hier bildeten sie verworrene Haufen, die sich unter lautem Gerassel lösten, wenn das Dampfschiff vorüberfuhr.»
Ähnlich äußerte sich im 19. Jahrhundert auch Audubon über die einstige Häufigkeit des Mississippi-Alligators: «In Louisiana sind alle Sümpfe, Buchten, Flüsse, Teiche, Seen voll von diesen Tieren; man bemerkt sie überall, wo sie genug Wasser haben, um darin Nahrung zu finden und sich darin zu verbergen. Auf dem Red River waren sie, bevor Dampfschiffe ihn befuhren, so überaus häufig, daß man sie zu Hunderten längs der Ufer oder auf den ungeheuren Flößen von Treibholz bemerkte. Die kleinen lagen oder saßen auf dem Rücken

der großen, und zuweilen hörte man von ihnen ein Gebrüll wie von tausend wütenden Stieren, die einen Kampf beginnen wollen. Sie waren, wie viele Tiere in Nordamerika, so wenig menschenscheu, daß sie sich kaum um das Getriebe auf dem Fluß oder am Ufer bekümmerten und daß sie, wenn man nicht nach ihnen feuerte oder sie absichtlich verscheuchte, Boote in einer Entfernung von wenigen Metern an sich vorüberfahren ließen, ohne sie im geringsten zu beachten.»

Die im vergangenen Jahrhundert beliebte Angewohnheit von Reisenden, vom Schiff aus auf die auf Sandbänken und am Ufer ruhenden Krokodile zu schießen, erforderte weder Mut noch Sportlichkeit. Sie war sinnlos – man schoß ganz einfach aus Freude am Töten. Manchmal mochte man auch glauben, man tue damit ein gutes Werk, weil man der Ansicht war, Krokodile gefährdeten den Fisch- und Wildbestand. Genau das Gegenteil war der Fall: nirgends, wo Krokodile vorkamen, war ein Mangel an Fisch und Wild festzustellen. Hin und wieder erbeuteten Krokodile Rinder, Schafe und andere Haustiere, doch im ganzen war der Schaden äußerst gering.

In der Vorstellung vieler Menschen sind Panzerechsen blutrünstige Bestien und notorische Menschenfresser. Das ist nicht wahr. Nur zwei oder drei Arten greifen den Menschen ganz gelegentlich an, und auch hier handelt es sich nur um Einzeltiere. Die Nahrung der Panzerechsen besteht hauptsächlich aus Fischen, außerdem Wasservögeln, kleineren Säugetieren und Aas.

Der jahrzehntelange Krieg gegen die Panzerechsen richtete sich nicht nur gegen junge und alte Tiere: In den deutschen Kolonien Ostafrikas und sicher auch in anderen Ländern sammelte man zu Anfang dieses Jahrhunderts Tausende von Krokodileiern ein und vernichtete sie.

Den wohl schwersten Schaden hat den Panzerechsen die Mode zugefügt. Krokodilleder wird für Handtaschen, Schuhe, Koffer usw. verwendet. Wegen des Profits, den der Handel mit den wertvollen Krokodilshäuten bot, wurden diese Großreptilien zum Freiwild. Vor 35 Jahren noch wurden aus Südamerika jährlich vier bis fünf Millionen Häute des Mohrenkaimans exportiert. Da man für eine exportierte Krokodilshaut ein oder zwei nicht geborgene Krokodile oder verdorbene Häute annehmen darf, wurden in den fünfziger Jahren jährlich ungefähr 12 Millionen Mohrenkaimane getötet. Die heutigen Zahlen sind niedriger, aber noch immer eindrücklich; zwischen 1960 und 1970 beliefen sie sich auf jährlich 200 000 bis 700 000 Häute, diejenigen des kleineren Brillenkaimans mit eingeschlossen. Nach Angaben des WWF vom 1. November 1985 fallen auch noch heute jedes Jahr über 2 Millionen Kaimane *(Caiman crocodilus yacare)* wie auch Tausende von Ozelots und anderen gefleckten Katzen in den Sümpfen des Pantanal – mit ca. 200 000 km^2 umfaßt das Pantanal, das zwischen Brasilien, Bolivien und Paraguay liegt, eine Fläche, die ungefähr der der Bundesrepublik Deutschland entspricht – der Wilderei zum Opfer. Die Wilderer, die meist arbeitslose Landarbeiter sind, üben ihre Tätigkeit für einen Hungerlohn aus. Die Auftraggeber, die als ehrbare Kaufleute in Bolivien und Paraguay sitzen, organisieren die illegale Jagd und steuern den Schmuggel über die brasilianische Grenze. Mit gefälschten Papieren werden die Kaimanhäute von Bolivien und von Paraguay aus nach Europa verkauft. Von 1979 bis 1983 importierte die BRD mehr als 700 000 Kaimanhäute, die nach Erkenntnissen von WWF-Experten zum größten Teil aus dem Pantanal stammten. Eine der wirkungsvollsten Maßnahmen, diesen Ausrottungsvorgang von Europa aus zu unterbinden, würde in einem totalen Importverbot von Panzerechsenhäuten und deren Verarbeitung durch die Lederwarenindustrie bestehen.

Auf anderen Kontinenten verlief der Niedergang der Panzerechsen ähnlich. Man denke an das heute in der Natur so seltene Siamkrokodil. Es ist im südasiatischen Subkontinent in Thailand, in Vietnam und auf der malayischen Halbinsel bis zum Patani-Fluß beheimatet; es kommt auch auf Java und auf Borneo vor. In Thailand war es einst weit verbreitet. Man fand das grünlich-olivfarbene Siamkrokodil vor allem im äußersten West-Thailand am Mae Nam Kwae Noi bei der kleinen Stadt Sai Yoke in der Provinz Kanchanaburi. Hier ist das Siamkrokodil heute ausgerottet. Das Hauptverbreitungsgebiet des Siamkrokodils lag in den im Zentrum Thailands gelegenen Flüssen Mae Nam Ping, Mae Nam Wang, Mae Nam Yom und Mae Nam Nan. Diese vier großen Flüsse münden in Zentralthailand in den Bung Borapet und von hier aus in den Mae Nam Chao Phya. Es wird berichtet, daß heute noch vereinzelte Siamkrokodile in den dem Bung Borapet anliegenden Sümpfen bei Nakorn Sawan leben, doch ist dies sehr zweifelhaft. Vielleicht kommt das Siamkrokodil in ganz geringer Stückzahl noch in der nordöstlichen, wenig erschlossenen Provinz Loei am Mae Nam Kong vor und dringt von hier aus in die langsam fließenden Bäche und Sümpfe im Dschungel ein. Es scheint den Flußläufen zu folgen und wurde einst häufig in angrenzenden Sümpfen oder Lagunen gefunden.

Im Jahre 1948 war das Siamkrokodil in Thailand noch sehr häufig. Fast überall am Mae Nam Chao Phya konnte man diese Panzerech-

sen sehen. Jungtiere fand man damals sogar in den Reisfeldern des heutigen Bangkoker Stadtteils Patunam (Wassertor), der jetzt eine einzige Steinwüste von Hochhäusern und Asphaltstraßen ist, auf denen pausenlos Autos dahinjagen. So hat sich innerhalb der kurzen Zeitspanne von dreißig Jahren das ehemals so reizende Landschaftsbild geändert.
Wie die Reisfelder verschwunden sind, so ist auch das Siamkrokodil gegangen. Wegen der wertvollen Haut und des wohlschmeckenden Fleisches setzte vor etwas mehr als dreißig Jahren in Thailand eine gezielte Jagd auf dieses Großreptil ein; es steht heute vor der Ausrottung. Da in Thailand kein wirksamer Krokodilschutz besteht, liegt die einzige Möglichkeit der Erhaltung dieser imposanten Saurier in der Nachzucht unter Obhut des Menschen.
Verhältnismäßig häufig soll das Siamkrokodil auch heute noch in Kambodscha in den Sümpfen bei Tonle Sap sein und auf dem Luang Bian Plateau bis zu einer Höhe von 1000 m emporsteigen. Thais erzählten dem Verfasser, daß vietnamesische Soldaten an der kambodschanisch-thailändischen Grenze junge Siamkrokodile an Thais verkaufen, die sie ihrerseits wieder verhökern. Somit wird das Schicksal des Siamkrokodils wohl auch in Kambodscha in absehbarer Zeit besiegelt sein.
Mit Ausnahme des Mississippi-Alligators sind heute alle Arten von Panzerechsen in einer verzweifelten Lage. Kurz vor der Ausrottung stehen das Panzerkrokodil, das Siamkrokodil, das Beulenkrokodil, das Orinoko-Krokodil, der China-Alligator, der Ganges-Gavial und der Mohrenkaiman. Schutzbestimmungen sind in vielen Ländern wohl erlassen worden, können aber aus vielerlei Gründen nicht wirklich durchgesetzt werden. Wenn gezüchtet wird, so hauptsächlich aus kommerziellen Gründen. Die größte Krokodilsfarm der Erde hat Mr. Utai Youngprapakorn im Jahre 1950 in Samut Prakarn in der Nähe von Bangkok errichtet. Hier werden heute über 20 000 Krokodile gehalten und bei entsprechender Größe geschlachtet. Die Häute dieser Tiere werden zu Lederwaren verarbeitet. Das Fleisch wird an Feinschmecker-Restaurants verkauft und die getrockneten Penisse sind besonders bei abergläubischen Chinesen als Aphrodisiakum und zur Heilung gewisser Krankheiten wie Krebs und Tuberkulose sehr begehrt, was natürlich völliger Unsinn ist. Die Ausrottung der Krokodile reißt in das differenzierte Ökologiegebäude der Natur Lücken, die sich auch für den Menschen nachteilig auswirken. Die Ausmerzung der Kaimane in Südamerika hatte zur Folge, daß sich die Piranhas – diese Raubsalmler können mit ihrem messerscharfen Gebiß in wenigen Minuten ein größeres Säugetier oder sogar einen Menschen skelettieren – ungeheuerlich vermehrten und der Bestand an wertvollen Speisefischen dort zusammenschrumpfte, womit die dort lebenden Menschen eine wichtige Eiweißquelle verloren. Das Verschwinden der Kaimane hatte in den Gewässern Amazoniens noch weitere unliebsame Konsequenzen für die dortigen Biozönosen. Viele dieser Gewässer sind äußerst nährstoffarm und wurden vom Kot der Kaimane «gedüngt», als diese Panzerechsen dort noch in gehöriger Anzahl vorkamen. Der Kaimankot ist die Nahrungsgrundlage für unzählige niedere Organismen und damit auch für das massenhafte Aufkommen von Fischbrut. Mit dem Wegfall der genannten Fäkalien wurden die Wasserorganismen und die aufkommenden Fische durch Nahrungsmangel spärlicher. Ähnliches hat sich in Afrika abgespielt. Hier führte die Ausrottung des Nilkrokodils ebenfalls zu einem gestörten biologischen Gleichgewicht in der Fischwelt: gewisse Raubwelse, die vornehmlich von Fischen und deren Brut leben, vermehrten sich nun so stark, daß der Nutzfischbestand, von dem die Eingeborenen in Zentralafrika leben, erheblich zurückging.
Die Einsicht in diese Zusammenhänge hat in Afrika, in Neuguinea und in Nordaustralien zur Errichtung von Krokodilsfarmen geführt, in welchen die Tiere nicht zum Schlachten, sondern zum Wiederaussetzen gezüchtet werden. Eier von Ganges-Gavialen werden in eigens eingerichteten Aufzuchtstationen wie im Kukraie Crocodile Rehabilitation Center im indischen Staat Uttar Pradesh künstlich gebrütet. Die Jungen werden aufgezogen und bei entsprechender Größe wieder ausgesetzt.
Stammesgeschichtlich sind die Krokodile mindestens 200 Millionen Jahre alt. Das sollte nicht nur Zoologen, das sollte uns alle beeindrucken. Wir schulden diesen urtümlichen Geschöpfen Ehrfurcht, Rücksicht, Platz auf unserer Erde.

Panzerechsen

Alligatoren und Kaimane

Die Alligatoren und Kaimane, zu denen einerseits die Gattung Alligator, andererseits die Gattungen Caiman, Melanosuchus und Paleosuchus gehören, sind über Amerika und Ostasien verbreitet, wo sie in Seen, Sümpfen und träge dahinfließenden Wasserläufen leben. Typisch für diese Familie ist, daß bei geschlossenem Maul die Zähne des Unterkiefers innen an den Zähnen des Oberkiefers vorbeibeißen. Der 4. Unterkieferzahn, der von außen nicht sichtbar ist, ist in eine entsprechende Grube des Oberkiefers eingepaßt. Die Rücken- und Bauchschilde weisen Hautverknöcherungen auf. Die Nackenhöcker sind in der Regel nicht von den Rückenhöckern getrennt. Die Alligatoren und Kaimane ernähren sich von allerlei wirbellosen Tieren und von Wirbeltieren wie von Aas. Die Kopulation findet im Wasser statt. Die Eier werden in Nester aus Pflanzenmaterial abgelegt, wo sie vom Weibchen bewacht werden.

Abbildung 1
Deutscher Name: Mississippi-Alligator
Wissenschaftliche Bezeichnung: *Alligator mississippiensis*
Länge: Meist 3,5 bis 4 m, bis knapp 6 m.
Körpermerkmale: Der Mississippi-Alligator hat eine flache, breite und vorne abgerundete Schnauze, deren Länge anderthalb mal die Basisbreite beträgt. Auf beiden Seiten befinden sich im Zwischenkiefer jeweils 5 Zähne. Der 4. große Unterkieferzahn paßt in eine Lücke im Oberkiefer und ist bei geschlossenem Maul nicht sichtbar. Die Hinterhauptshöcker stehen in 2 bis 3 Querreihen, dahinter befinden sich 2 Paare von großen und anschließend ein Paar kleiner Nackenhöcker. Die Rückenschilde stehen in 8 Längs- und in 17 bis 18 Querreihen. Junge Mississippi-Alligatoren sind auf schwarzem Untergrund lebhaft gelb quergebändert. Erwachsene Exemplare zeigen ein schwarzgraues bis lackschwarzes Kolorit auf dem Rücken und auf den Körperseiten. Die Bauchseite ist hell und fleckenlos.
Verbreitung: Dieses größte Reptil Nordamerikas ist über die atlantischen Küstenebenen der südöstlichen Vereinigten Staaten (Nord-Karolina, Süd-Karolina, Georgia, Florida, Alabama, Mississippi, Louisiana, Arkansas, Süd-Oklahoma, Südost-Texas) verbreitet und kommt auch auf den Florida-Keys (Inseln an der Südküste von Florida) vor.
Biotope: Süß- und Brackwassersümpfe, Teiche, Seen, Flüsse, Seitengewässer großer Flüsse und Bayous sind die natürlichen Lebensräume des Mississippi-Alligators.
Verhalten: Neben dem Nilkrokodil ist der Mississippi-Alligator die bekannteste Panzerechse. Jahrzehntelang wurde dieses Großreptil wegen seiner Haut und wegen seines Fleisches erbarmungslos verfolgt. Viele seiner ursprünglichen Biotope wurden zerstört. Daher wurde der Mississippi-Alligator stellenweise selten. Durch strenge Schutzbestimmungen konnten sich die Bestände überraschend gut erholen, so daß diese Art heute nicht mehr von der Ausrottung bedroht ist. Das Beutespektrum des Mississippi-Alligators besteht aus Wasserinsekten, Muscheln, Schnecken, Krebsen, Fröschen, Salamandern, Schlangen (auch Giftschlangen), Schildkröten, kleinen Vertretern der eigenen Art, Wassergeflügel, kleinen Säugetieren

und Aas. Es sind nur wenige Fälle bekannt geworden, in denen Mississippi-Alligatoren Menschen angegriffen haben. Der Verfasser, der Alligatorenbiotope in Florida, in Süd-Karolina, in Louisiana und in Texas kennt, selbst Alligatoren pflegt und sie häufig in freier Natur beobachtet hat, sah Kinder in Kanälen (nördlich von Miami) schwimmen, in denen Alligatoren lebten. In ihren Biotopen sind Alligatoren wichtige ökologische Faktoren. Während der Trockenzeit graben sie tiefe Löcher in den Schlamm. Die Löcher füllen sich mit Wasser und ermöglichen anderen Tieren ein Überleben. Mississippi-Alligatoren überstehen den Winter in selbstgegrabenen Höhlungen, welche sie anfangs Frühjahr verlassen. Die Fortpflanzungszeit fällt in den April und in den Mai. Zu dieser Zeit lassen beide Geschlechter ihre heisere, bellende Stimme erschallen. Die Männchen, die lauter als die Weibchen brüllen, drücken sich mit den Vorderbeinen empor und heben den Kopf an. Vor der eigentlichen Paarung kriecht das Männchen auf den Rücken des Weibchens. Das Weibchen hebt den Schwanz ein wenig an und krümmt die Kloakenregion in Richtung auf das Männchen. Das Männchen liegt oft seitlich vom Weibchen und drückt mit einem Vorderbein auf den Rücken des Weibchens. Im Wasser reibt das Männchen mit seiner Schnauze gegen die Kehle des Weibchens. Das Männchen führt seinen zapfenförmigen Penis in die Kloake des Weibchens ein. Die Kopulation dauert in der Regel 2 bis 3 Minuten. Das Männchen kopuliert in einer Paarungszeit meist nur mit einem Weibchen. Im Juni baut das Weibchen ein rundliches Nest aus Schlamm, Blättern und sonstigem Pflanzenmaterial, und zwar oft auf einer leicht erhöhten Stelle im Schatten unter Bäumen, 3 bis 4,5 m vom Ufer entfernt. Der Durchmesser des Nestes beträgt 1,5 bis 2 m und die Höhe 45 bis 90 cm. In die Mitte des Nestes legt das Weibchen sowohl tagsüber wie auch nachts 25 bis 60 hartschalige Eier von ungefähr 7,5 mal 4,5 cm Größe. Die jungen Alligatoren benötigen bis zu ihrer vollständigen Entwicklung im Ei ungefähr 9 Wochen. Das Nest wird während dieser Zeit vom Weibchen bewacht. Kurz vor dem Schlüpfen lassen die jungen Alligatoren quakende Laute aus den Eiern erschallen. Durch diese Rufe wird das Weibchen veranlaßt, das Nest aufzuscharren, um den Jungen den Weg in das Wasser zu ermöglichen. Die jungen Alligatoren schlitzen mit Hilfe ihres Eizahnes von innen her die Eischale auf. Die 23 bis 26 cm langen Geschöpfe bleiben in der ersten Zeit ihres Lebens in der Nähe ihrer Mutter.

Abbildung 2
Deutscher Name: China-Alligator
Wissenschaftliche Bezeichnung: *Alligator sinensis*
Länge: 140 bis 210 cm.
Körpermerkmale: Der einzige heute noch lebende Verwandte des Mississippi-Alligators ist der China-Alligator, der wohl das Wappentier der Chinesen war und in China unter den Namen Yow Lung und Tou Lung bekannt ist. Der China-Alligator weist zwischen den vorderen Augenwinkeln eine in der Mitte unterbrochene Querleiste auf. Die Hinterhauptshöcker stehen in 2 Querreihen. Auf dem Nacken befinden sich 3 hintereinanderliegende Paare von Nackenhöckern. Die Rückenschilde stehen in 6 Längs- und in 16 bis 17 Querreihen. Junge China-Alligatoren haben 5 gelbe Querbinden auf dem Rumpf und 8 auf dem Schwanz. Mit zunehmendem Alter verschwindet das gelbe Zeichnungsmuster und geht in ein schwarzbraunes Kolorit über.
Verbreitung: Der China-Alligator lebt im Unterlauf des Yang-tse Kiang und seinen Nebenflüssen im östlichen China in den Provinzen Anhwei, Kiangsi und Chekiang.
Biotope: Diese Panzerechse lebt in Flüssen, in verschilften Sümpfen und in vegetationsreichen Überschwemmungsgebieten.
Verhalten: *Alligator sinensis* wurde 1879 von Fauvel beschrieben. Der China-Alligator gehört zu den Panzerechsen, die am meisten von der Ausrottung bedroht sind. In seiner Heimat wurde er lange Zeit rücksichtslos verfolgt. Die Chinesen glaubten, daß das Fleisch und die Organe dieser Art magische Eigenschaften und Heilkräfte besäßen. Die chinesischen Reisbauern sahen Alligatoren als schädlich an und töteten sie, wo immer sie sie antrafen. Die Häute des China-Alligators wurden ebenfalls verkauft. Die Hauptursache des Rückgangs liegt jedoch in der Zerstörung der natürlichen Lebensräume. Die heute noch existierenden Populationen des China-Alligators befinden sich zwischen dem 30. und 32. nördlichen Breiten- und dem 117. und 120. Längengrad. Nach den Angaben chinesischer Zoologen muß das Verbreitungsgebiet dieser seltenen Alligatorenart ehemals größer gewesen sein. So soll der China-Alligator sogar in der Umgebung von Shanghai vorgekommen sein. Über das Verhalten des China-Alligators in freier Natur ist nur sehr wenig bekannt. Er ernährt sich von Insekten, allerlei Gliederfüßern, Schnecken, Muscheln, Fröschen, Fischen, Schildkröten, Vögeln und kleinen Säugetieren. In der kalten Jahreszeit gräbt er sich in Höhlungen ein, die ungefähr 30 cm breit und 150 cm lang sind. Diese Höhlungen liegen

im Schlamm und an Ufern, die nicht überschwemmt werden. Wie sein naher Verwandter, der Mississippi-Alligator, so baut auch der China-Alligator ein Nest aus Pflanzenmaterial, das er gegen Feinde verteidigt. Die New Yorker Zoologische Gesellschaft hat sich durch die Nachzucht des China-Alligators große Verdienste erworben. Diese Gesellschaft besorgte sich aus zoologischen Gärten vier Exemplare dieser Art und setzte sie in einem abgezäunten Teil des Rockefeller Wildlife Refuge in den Küstensümpfen von Südwest-Louisiana (30 Grad nördlicher Breite) aus. Die ausgesetzten Alligatoren erschienen früh im März aus ihren unterirdischen Schlupfwinkeln, die sie im späten Oktober bezogen hatten. Sie wurden mit Meeresfischen *(Micropogon)* und Nutrias *(Myocastor coypus)* gefüttert. Darüber hinaus erhielten sie Multivitamin- und Mineralpräparate. In den Sümpfen des Reservats leben eine Unmenge von Insekten, Krebsen, Fröschen und Schlangen, die den China-Alligatoren als zusätzliche Beutetiere dienten. Ein Weibchen legte zwischen 1977 und 1980 jährlich in der zweiten Junihälfte zwischen 11 und 24 Eier. Zwischen 1977 und 1980 schlüpften 29 junge China-Alligatoren.

Abbildung 3
Deutscher Name: Brillen- oder Krokodilkaiman
Wissenschaftliche Bezeichnung: *Caiman crocodilus*
Länge: 200 bis 270 cm.
Körpermerkmale: Typisch für diese in 6 geographischen Rassen vorkommende Art ist eine Querleiste zwischen den Augen und eine Längsleiste vor den vorderen Augenwinkeln. Da die beiden großen Vorderzähne in zwei Löcher hineinreichen und bei alten Exemplaren wie bei den echten Krokodilen seitlich herausragen, wird der Brillenkaiman auch Krokodilkaiman genannt. Die Hinterhauptshöcker stehen in 2 bis 3, die Nackenhöcker in 4 bis 5 Querreihen. Die beiden vorderen Querreihen von Nackenhöckern bestehen aus 4, die dahinter stehenden aus 2 Schilden. Die Rückenschilde stehen in 8 bis 10 Längs- und in 18 bis 19 Querreihen. Erwachsene Tiere sind dunkelolivfarben und auf den Körperseiten undeutlich schwärzlich quergebändert. Jungtiere dieser Art weisen ein helleres Kolorit mit deutlichen Querbinden auf, die auch über den Rücken verlaufen.
Verbreitung: Der Brillenkaiman bewohnt ein riesiges Gebiet, das sich vom südlichen Mexiko über Mittelamerika bis nach Paraguay und Argentinien hin erstreckt. Durch den Tierhandel kamen in den letzten 20 Jahren Tausende von Brillenkaimanen nach Florida. Die meisten starben in relativ kurzer Zeit. Andere entwischten oder wurden ausgesetzt. Heute kommt die Nominatrasse *Caiman crocodilus crocodilus* in verkrauteten Kanälen und in anderen Gewässern Süd-Floridas in verwilderter Form vor und bildet hier eine kleine, fortpflanzungsfähige Population.
Biotope: Der Brillen- oder Krokodilkaiman wird in langsam dahinfließenden, stark verkrauteten Flüssen mit schlammigem Untergrund wie in deren Seitenarmen, in Seen, Teichen, Waldsümpfen und überschwemmten Viehwiesen gefunden, welche von krautigen Bächen durchzogen sind. In größerer Anzahl sah ich den Südlichen Krokodilkaiman *(Caiman crocodilus yacare)* in Sümpfen und in den verkrauteten Seitengewässern des Rio Paraguay im brasilianischen Staat Mato Grosso do Sul. Selbst in Brackwassersümpfen kommt er vor.
Verhalten: Diese bekannteste und am weitesten verbreitete Kaimanart ernährt sich von Wasserinsekten, Krebsen, Weichtieren, Fischen, Amphibien, Reptilien, Vögeln und kleinen Säugetieren. Wie bei anderen Panzerechsen geht die Kopulation in dorsolateraler Stellung vor sich und dauert 10 bis 30 Minuten. Die Tiere paaren sich am Tage und in der Nacht. *Caiman crocodilus* baut ein Nest aus Wasserpflan-

zen, Blättern, Gras und anderem verrottendem Pflanzenmaterial in unmittelbarer Nähe eines Gewässers. Die schnell verrottenden Pflanzen produzieren in kurzer Zeit die für die Entwicklung der Eier notwendige, leicht erhöhte Temperatur im Inneren des Nestes. Die meisten Nester, die in der Regel drei Wochen vor der Eiablage im Dickicht oder unter Büschen und Bäumen angelegt werden, sind größer als die des Mississippi-Alligators. Oftmals legen mehrere Weibchen ihre Nester in unmittelbarer Nähe an. Die Nester und die Eier werden gegen Feinde (Tejus, Schlangen, Menschen) verteidigt. Wenn das Weibchen sein Nest gebaut hat, hält es die 20 bis 40 weißen Eier zurück und legt sie erst dann ab, wenn die klimatischen Bedingungen vorteilhaft sind. Ungefähr 5 bis 20 % der Eier kommen nicht zur Entwicklung. Die anderen benötigen zu ihrer Entwicklung 2 bis 3 Monate. Die Eier, die in ihren Ausmaßen sehr variieren, messen zwischen 4,4 und 7 cm Länge und zwischen 2,5 und 3,7 cm in der Breite. Kurz vor dem Schlupf deckt das Weibchen das Nest auf und zerbricht die Eischalen mit seinen Vorderextremitäten. Auf diese Weise können die jungen Kaimane besser aus den Eiern kommen. Die kleinen Lebewesen sind bei der Geburt zwischen 15 und 20 cm lang und zeigen auf gelblicher bis gelblichbrauner Körperfärbung 6 schwarze, mehr oder weniger gebrochene Querbinden auf dem Rumpf und 7 auf dem Schwanz. Jungtiere, die von einem Feind ergriffen werden, lassen ihre quäkenden Notschreie ertönen. Sie werden sofort von der Mutter verteidigt. Brillenkaimane sind zu einem raschen physiologischen Farbwechsel von hell nach dunkel und umgekehrt befähigt. Die natürlichen Feinde des Brillenkaimans sind Jaguare, Anakondas, Greifvögel und Fische. Der Hauptfeind ist der Mensch. Er tötet diese Tiere wegen ihrer Haut und in der unrichtigen Annahme, daß diese Panzerechse Rindern gefährlich würde. So fand ich in einer sumpfigen und von Bächen durchzogenen Viehwiese im brasilianischen Pantanal einen erst vor kurzer Zeit getöteten Krokodilkaiman. Früher wurden besonders junge Brillenkaimane zu Tausenden für den Tierhandel nach Europa und nach Nordamerika hin verkauft.

Abbildung 4
Deutscher Name: Breitschnauzenkaiman
Wissenschaftliche Bezeichnung: *Caiman latirostris* (in zwei Unterarten vorkommend als Nominatform und als *Caiman latirostris chacoensis*)
Länge: 200 bis 250 cm, maximal 365 cm aus dem Rio Grande do Sul.
Körpermerkmale: Der Breitschnauzenkaiman ist anhand seiner kurzen, breiten Schnauze schon auf den ersten Blick hin sofort als solcher zu erkennen. Letztere ist ungefähr 1,3mal so lang wie die Schnauzenbasis breit. Die kleinen Hinterhauptshöcker stehen in 2 Querreihen. Vier Querreihen von Nackenhöckern sind vorhanden. Die vorderste Reihe besteht aus 4 Schilden, die folgenden 3 aus je 2 Schilden. Die Rückenschilde stehen in 6 bis 8 Längs- und in 18 bis 19 Querreihen. Auf der Bauchseite befinden sich zwischen Hals und After 24 bis 28 Querreihen von Schilden. Die Schilde, die den Rückenschilden am nächsten liegen, sind leicht gekielt. Erwachsene Exemplare sind auf dem Rücken schwärzlich, gelbgrün oder gelbbraun.

Die Bauchseite ist hell und ungefleckt.
Verbreitung: *Caiman latirostris* ist im östlichen Brasilien, in Uruguay und in Argentinien (wo beide Unterarten vorkommen) verbreitet. Vereinzelt kommt diese Kaimanart auch in Paraguay und in Bolivien vor.
Biotope: Der «Jacaré de papo amarelo» – so wird diese Art in Brasilien genannt – bevorzugt ruhige Flußarme, langsam fließende Bäche, allerlei stehende Gewässer und dringt auch in Brackwassersümpfe ein, was seine Verbreitung im östlichen atlantischen Küstenbereich Brasiliens erklärt. Der Verfasser kennt diese Art aus Lagunen auf der Fazenda Jatoba am Rio Jequitai im brasilianischen Staat Minas Gerais, wo diese Panzerechse noch vereinzelt vorkommt und scheinbar geschützt wird.
Verhalten: Junge Breitschnauzenkaimane ernähren sich von allerlei Wasserinsekten, von Krebsen und von Muscheln. Erwachsene Exemplare bevorzugen Fische, Amphibien, Reptilien, Vögel und Säugetiere. In ihrem weiten Verbreitungsgebiet schreiten die Kaimane zu unterschiedlichen Zeiten zur Paarung und zum Nestbau. Das Nest, das aus allerlei faulenden, Wärme erzeugenden Pflanzenstoffen besteht, ist im Durchschnitt 140 cm breit und 50 cm hoch. Das Weibchen legt in das Nest 20 bis 80 weiße, großporige Eier von etwas über 7 cm Länge und 4,5 bis 7 cm Breite. Die Entwicklung der Jungen in den Eiern nimmt bei einer Temperatur von 32 °C 86 Tage in

Anspruch. Das Nest und die Eier werden vom Weibchen bewacht und gegen Eindringlinge verteidigt. *Caiman latirostris* ist heute aus vielen seiner ursprünglichen Lebensräume, in denen er früher häufig war, verschwunden oder fast verschwunden. Die Biotopzerstörungen und die rücksichtslose Jagd auf diese Art haben zu diesem Niedergang geführt.

Abbildung 5

Deutscher Name: Mohrenkaiman

Wissenschaftliche Bezeichnung: *Melanosuchus niger*

Länge: Über 3 m bis maximal 5 m und möglicherweise in seltenen Fällen über 6 m.

Körpermerkmale: Die breite Schnauze – diese läuft nach vorne hin spitz aus – dieser größten Kaimanart ist knapp doppelt so lang, wie die Schnauzenbasis breit ist. Typisch für diese Art sind die sich von den vorderen Augenwinkeln in Richtung auf die Schnauzenspitze hinziehenden, divergierenden Längsleisten. Zwischen den Augen befindet sich eine deutlich ausgebildete Querleiste. Die Hinterhauptshöcker sind in 4 bis 5, die Nackenhöcker ebenfalls in 4 bis 5 Querreihen angeordnet. Die Rückenschilde stehen in 8 bis 10 Längs- und in 18 bis 19 Querreihen. Zwischen dem Hinterrand des Halsbandes und dem After stehen die Schilde in 26 bis 28 Querreihen. Die Augenhöhlen sind ungewöhnlich groß. Junge Mohrenkaimane zeigen eine lackschwarze Körpergrundfärbung mit meist 9 hellgelben und oft unvollständigen Querbinden, die im Alter verschwinden. Erwachsene Tiere sind einfarbig schwarz auf der Körperoberseite. Die helle Bauchseite ist ungefleckt.

Verbreitung: Der Mohrenkaiman ist im nördlichen Südamerika in Guyana, im südlichen Kolumbien, im östlichen Ecuador, im nordöstlichen Peru, im nördlichen Brasilien und nach Medem stellenweise in Bolivien und sogar in Paraguay beheimatet.

Biotope: Der «Jacaré-açu», das heißt der große Alligator, wie Melanosuchus niger im spanisch sprechenden Südamerika bezeichnet wird, bevorzugt die ruhigen Seitenarme versumpfter Urwaldflüsse sowie flache und große Seen, die mit Flüssen in Verbindung stehen. Auf den in der Amazonasmündung liegenden Inseln Marajó, Caviana und Mexiana – nicht Mexicana, wie fälschlicherweise in Brehms Tierleben angegeben ist – lebt *Melanosuchus niger* in träge dahinfließenden Flüssen (den sogenannten Igarapés) und besonders in aufgestauten Seen in der Savanne. Diese Seen treten zeitweilig über ihre Ufer und überschwemmen das angrenzende Land. Wenn das Wasser hochsteigt, dringen die Mohrenkaimane in die überschwemmten Wälder und Waldsümpfe ein. Mohrenkaimane graben sich in den feuchten Schlamm ein, wenn die Sümpfe dem Austrocknen nahe sind.

Verhalten: Der Mohrenkaiman wurde 1825 von dem deutschen Naturforscher Johann Spix zuerst beschrieben. In seiner äußeren Erscheinung ist er einem Mississippi-Alligator sehr ähnlich. Mit letzterem ist er jedoch nicht enger verwandt als die anderen Kaimanarten. *Melanosuchus niger* hat ein ausgezeichnetes Seh- und Hörvermögen. Oft ruht der Mohrenkaiman zwischen Pflanzen im Wasser und lauert auf Beute. Nur der Vorderteil des Kopfes und die Augen ragen über die Wasseroberfläche heraus. Im flachen Wasser lokalisiert das Tier seine Beutetiere, auf welche es sich ähnlich rasch stürzt wie ein Raubtier auf festem Erdboden. Der Mohrenkaiman ernährt sich hauptsächlich von Capybaras *(Hydrochoerus capybara)*, Nagetieren wie Agutis *(Dasyprocta aguti)* und Wasserschweinen *(Tayassu tajacu)*. Wenn der Wasserspiegel in den Überschwemmungsgebieten und Seen gegen Ende der Trockenzeit stark absinkt, konzentrieren sich die Fische (besonders Piranhas und Welse) in den restlichen Wasserlachen und fallen den Mohrenkaimanen zum Opfer. Schildkröten, Echsen, Schlangen, Wassergeflügel und allerlei niedere Tiere werden gleichfalls vom Mohrenkaiman verzehrt; nach Angaben von Viehhaltern soll er auch Hunde erbeuten und für das Verschwinden von Rindern verantwortlich sein. Kühe, die durch die Flüsse getrieben werden, sollen vom Mohrenkaiman angegriffen und zuweilen ihrer Euter beraubt werden. Aus diesem Grunde hat man besonders auf Marajó schon seit über 100 Jahren große Treibjagden auf den Mohrenkaiman gemacht. Je nach Verbreitung baut der Mohrenkaiman in den Monaten September bis Januar ein Nest aus verrottendem Pflanzenmaterial wie Blättern, Binsen und Ästen, in das 35 bis 75 rauhschalige Eier abgelegt werden. Die Nester erhalten Wärme von oben und von innen her durch Zersetzung der pflanzlichen Substanz. Die Feuchtigkeit kommt von unten. Somit sind die besten Bedingungen für eine Entwicklung der jungen Mohrenkaimane in den Eiern gegeben. Das Nest ist breiter und höher als das Nest eines Alligators; es erreicht einen Durchmesser von 1,5 m und eine Höhe von 80 cm. Mehrere Weibchen können ihre Nester in unmittelbarer Nähe bauen. Kurz vor dem Schlüpfen lassen die jungen, noch in ihren Eiern (diese sind knapp 9 cm lang und etwas über 5,5 cm breit) befindlichen Mohrenkaimane ihre Stimme erschallen. Sie erinnert sehr an das Rufen eines jungen Mississippi-Alligators. Die Weibchen bewachen und verteidigen die Nester und die in ihnen liegende Nachkommenschaft. Der ärgste Feind des Mohrenkaimans ist der Mensch, der ihm mit dem Gewehr, mit Pfeil und Bogen und mit Harpunen nachstellt. Jaguare und große Anakondas jagen gleichfalls Mohrenkaimane. Verletzte Mohrenkaimane sollen auch von Piranhas angegriffen werden, welche sich von der Wunde aus in den Körper hineinfressen.

Abbildung 6
Deutscher Name: Brauen-Glattstirnkaiman
Wissenschaftliche Bezeichnung: *Paleosuchus palpebrosus*
Länge: 120 bis 150 cm, Maximallänge 172 cm.
Körpermerkmale: Die Kopfoberseite des Brauen-Glattstirnkaimans weist keine Quer- und Längsleisten auf. Die Schnauze ist ungefähr 1,7mal so lang, wie die Schnauzenbasis breit ist. Typisch für die beiden Arten von Glattstirnkaimanen sind die braunen Augen. Das obere Augenlid hat keine Höcker und Runzeln. Die Hinterhauptshöcker stehen in 2 und die Nackenhöcker in 4 bis 5 dicht beieinander gelegenen Querreihen. Jede Querreihe besteht aus 2 bis 4 Höckern. Die Rückenschilde, die unregelmäßig angeordnet sind, setzen sich aus 6 bis 8 Längs- und aus 18 bis 19 Querreihen zusammen. *Paleosuchus palpebrosus* hat ein stark ausgebildetes Halsband mit mehr oder weniger stark verknöcherten Kehlschilden. Zwischen Hals und After befinden sich 17 bis 19 Querreihen von Schilden. Die Körperoberseite ist braun, die Unterseite hell und an den Seiten dunkel gefleckt. Jungtiere weisen dunkle Flecken und Querbinden auf.
Verbreitung: Der Brauen-Glattstirnkaiman ist im nördlichen und mittleren Südamerika in Kolumbien, in Venezuela, in den drei Guyanas, in Brasilien, in Ecuador, in Peru und in Bolivien beheimatet.
Biotope: Diese Art bewohnt mehr oder weniger rasch fließende, von Urwaldbäumen beschattete Gewässer mit felsigem Untergrund und tritt nicht selten sympatrisch mit dem Keilkopf-Glattstirnkaiman auf. Die Nahrung setzt sich aus allerlei niederen Wassertieren, Fischen, Reptilien und kleinen Säugetieren zusammen. Der Brauen-Glattstirnkaiman baut ein Nest aus pflanzlichem Material, in welches er meist zwischen 10 und 20 Eier legt. Das Nest hat einen Durchmesser von ungefähr 125 bis 150 cm und eine Höhe zwischen 20 und 50 cm. Die Eier, die ein wenig mehr als 60 Gramm wiegen, haben eine Länge von ungefähr 7 cm und eine Breite von ungefähr 4,5 cm. Die Jungen schlüpfen nach 90 bis 95 Tagen. Beim Schlupf haben sie eine Länge von ungefähr 20 cm. In seltenen Fällen treten Bastarde zwischen *Paleosuchus palpebrosus* und *Paleosuchus trigonatus* auf. Die Feinde der beiden Glattstirnkaimane sind Anakondas, Wildkatzen und vor allen Dingen der Mensch.

Abbildung 7
Deutscher Name: Keilkopf-Glattstirnkaiman
Wissenschaftliche Bezeichnung: *Paleosuchus trigonatus*
Länge: 100 bis 140 cm, Maximallänge 226 cm, größtes bisher bekanntes Exemplar aus dem Rio Cafre (Kolumbien) stammend.
Körpermerkmale: Die Kopfoberseite des Keilkopf-Glattstirnkaimans zeigt keine Quer- und Längsleisten. Die Schnauze ist 1,7mal bis doppelt so lang wie sie breit ist. Das obere Augenlid weist eine glatte Oberfläche auf. Im Unterschied zu *Paleosuchus palpebrosus* hat *Paleosuchus trigonatus* nur eine einzige Querreihe von Hinterhauptshöckern. Die Nackenhöcker stehen in 4 bis 5 Querreihen. Jede Querreihe setzt sich aus 2 bis 3 Höckern zusammen. Die unregelmäßig angeordneten Rückenschilde stehen in 6 Längs- und in 17 bis 18 Querreihen. Die Bauchschilde von *Paleosuchus trigonatus* stimmen in ihrer Anzahl und in ihrem Aussehen mit denen von *Paleosuchus palpebrosus* überein. Das Auge ist braun gefärbt. Die hellere Bauchseite zeigt dunkelbraune Flecken. Jungtiere sind dunkel gefleckt und quergebändert.
Verbreitung: *Paleosuchus trigonatus* ist in Kolumbien, in Venezuela, in den drei Guyanas, in Ecuador, in Peru, in Brasilien und in Bolivien beheimatet.
Biotope: Diese kleine Kaimanart bevorzugt schnell strömende Bäche und Flüsse im schattigen Regenwald. Gelegentlich treten *Caiman crocodilus* und *Paleosuchus trigonatus* im gleichen Strom auf. Ökologisch sind die beiden Arten jedoch voneinander getrennt. Während der Keilkopf-Glattstirnkaiman im Bereich von Stromschnellen und Wasserwirbeln anzutreffen ist, besiedelt der Brillenkaiman ruhige Ufer und stille Buchten.
Verhalten: *Paleosuchus trigonatus* verbirgt sich während des Tages nicht selten in einer 150 bis 350 cm langen Höhle unter dem Ufer, die oft ihren Eingang zwischen den Wurzeln eines Baumes hat. Das Nahrungsspektrum des Keilkopf-Glattstirnkaimans setzt sich aus kleinen Säugetieren, Reptilien, Fischen, Krebsen, Wasserkäfern und Wasserspinnen zusammen. Paarungen dieser Art wurden in freier Natur von F. Medem im Rio Cafre in Kolumbien beobachtet. Von September bis November bauen die Weibchen Nester aus Blättern und aus anderen sich zersetzenden Pflanzenstoffen. Die Anzahl der Eier variiert zwischen 15 und 25. Die Eier haben eine Länge von ungefähr 7 cm und eine Breite von 4 cm. Die jungen Keilkopf-Glattstirnkaimane, die nach ungefähr 90 Tagen schlüpfen, haben eine Länge von 20 bis 25 cm.

2

Echte Krokodile

Die Familie der Echten Krokodile, die in die 3 Gattungen Crocodylus, Osteolaemus und Tomistoma aufgegliedert ist, bewohnt die tropischen und subtropischen Gebiete in Nord-, Mittel- und Südamerika, in Afrika. in Asien und in Australien. Hier leben diese großen Kriechtiere meist in schlammigen, pflanzenreichen Süßgewässern, weniger häufig im Brackwasser und selten im Meer. Die Krokodile haben eine eidechsenähnliche Gestalt mit seitlich zusammengedrücktem Ruderschwanz. Bei den Krokodilen greift der 4. Unterkieferzahn in eine entsprechende, nach außen offene Grube des Oberkiefers ein und bleibt auch bei geschlossenem Maul von außen her sichtbar. Die Anordnung der Schuppen auf dem Hinterkopf und auf dem Nacken ist ein wichtiges Merkmal zur Erkennung der verschiedenen Arten. Die Augen, die kleiner als bei den Alligatoren sind, stehen schräg. Alle Krokodile leben räuberisch und fressen alle Tiere, die sie überwältigen können. Die Krokodile legen Eier in Gruben in den Sand oder in selbstgebaute Nester aus allerlei Pflanzen.

Abbildung 8
Deutscher Name: Stumpfkrokodil
Wissenschaftliche Bezeichnung: *Osteolaemus tetraspis*
Länge: Bis zu 2,3 m, meist um 1,3 m.
Körpermerkmale: Das Stumpfkrokodil existiert in 2 Unterarten: *Osteolaemus tetraspis tetraspis* und *Osteolaemus tetraspis osborni.* Dieses Zwergkrokodil hat eine verhältnismäßig kurze Schnauze. Die Schnauzenoberseite weist keine Leisten oder Aufwölbungen auf. In der Mitte der Nasenhöhle befindet sich eine knöcherne Trennwand. Die Nasenöffnungen sind durch eine breite Furche voneinander getrennt. Alte Tiere haben 4 Zwischenkieferzähne und junge 5. Die Hinterhauptshöcker stehen in 1 bis 2 Querreihen. Die zwei Paar Nackenhöcker stehen dicht beieinander. Auf dem Rücken stehen die Schilde in 6 bis 8 Längs- und in 17 bis 20 Querreihen. Typisch für *Osteolaemus tetraspis* sind die braunen Augen. Jungtiere weisen auf der dunklen Körperoberseite gelbe Querbinden auf. Erwachsene Tiere sind dunkel bis schwarz gefärbt. Die Bauchseite ist schwarz gefleckt oder einheitlich schwarz. Das Stumpfkrokodil hat ein deutlich ausgebildetes Halsband. Die Anzahl der Bauchschilde beträgt 25 bis 29. In der Rumpfmitte stehen 10 bis 12 Schilde in einer Querreihe. Die Schilde auf den Flanken sind stark gekielt und verknöchert.
Verbreitung: *Osteolaemus tetraspis* ist in West- und Zentralafrika (Sierra Leone, Guinea, Ghana, Togo, Nigeria, Kamerun, Gabun, Angola, Liberia, nordöstlicher Kongo) verbreitet.
Biotope: *Osteolaemus tetraspis* bewohnt kleine Flüsse, Bäche und Teiche im dichten Regenwald. Nicht selten entfernen sich Stumpfkrokodile von ihren Heimatgewässern und werden gelegentlich auf ihrer Wanderschaft an Örtlichkeiten angetroffen, wo sie in der Regel nicht vorkommen.
Verhalten: Über das Leben dieser Panzerechsenart in freier Natur ist nur wenig bekannt. Das einzelgängerische Stumpfkrokodil, das stundenlange Sonnenbäder vermeidet, ist eher ein dämmerungsaktives bis nachtaktives Geschöpf. Oft ruht es mit aufgesperrtem Rachen auf den untersten Ästen von Bäumen. Zuweilen gräbt es sich eine Höhlung in das Ufer und verbirgt sich darin. Das langsame Tier ist äußerst friedfertig und läßt sich unter Obhut des Menschen sogar streicheln. Hin und wieder läßt es in Erregung seine knarrende bis quäkende Stimme erschallen. An einigen Örtlichkeiten, an denen Stumpf-, Panzer- und Nilkrokodile gemeinsam vorkommen, wird das erstere von dem letzteren gelegentlich gefressen. Die Nahrung des Stumpfkrokodils besteht aus allerlei Amphibien und Fischen und,

was unter Krokodilen eine Ausnahme ist, auch aus Früchten. Das Stumpfkrokodil baut ein Nest aus verrottendem Pflanzenmaterial. Nach Helfenberger paart sich *Osteolaemus tetraspis* abends oder in der Nacht. Der Paarung gehen meist Paarungsrufe voraus. Das Männchen umklammert das Weibchen mit den Vorderbeinen. Im Terrarium erfolgt die Eiablage gegen Ende Mai. Die Eier haben eine Länge von ungefähr 6,5 cm und einen Durchmesser von etwa 3,5 cm. Die Inkubationszeit der jungen Tiere im Ei beträgt bei Temperaturen von 27 bis 33 °C 72 bis 85 Tage. Die jungen Stumpfkrokodile, die einige Tage nach dem Schlüpfen Fische fressen, weisen Körperlängen von ungefähr 19 cm auf.

Abbildung 9
Deutscher Name: Sunda-Gavial
Wissenschaftliche Bezeichnung: *Tomistoma schlegelii*
Länge: Bis zu 5,6 m, meist bis etwas über 3 m.
Körpermerkmale: Der Sunda-Gavial ist wegen seiner überaus langen und schmalen Schnauze mit keiner anderen Krokodilsart zu verwechseln. Im Gegensatz zum Ganges-Gavial ist die Schnauze des Sunda-Gavials nicht durch eine unvermittelte Verschmälerung an der Basis schnabelartig vom Hauptteil des Schädels abgesetzt. *Tomistoma schlegelii* besitzt im Oberkiefer 20 bis 21 und im Unterkiefer 18 bis 19 Zähne. Die Hinterhauptshöcker sind klein und bilden zwei Querreihen. Die Nackenhöcker sind als solche nicht erkennbar. Die Rückenschilde stehen in 6 Längs- und in 22 bis 23 Querreihen. Die Anzahl der zwischen dem Hinterrand des Halsbandes und dem Vorderrand des Afterfeldes in Querreihen stehenden Bauchschilde beträgt 22 bis 24. In der Mitte des Rumpfes stehen 12 bis 14 Schilde in einer Querreihe. Der «Buaya jinjulong» – so wird diese Krokodilsart von den Malayen genannt – ist auf der Körperoberseite dunkeloliv bis nußbraun gefärbt und schwarz gefleckt. Die Flecken können sich bei jugendlichen Exemplaren und auf dem Schwanz erwachsener Tiere zu Querbinden vereinigen. Die Bauchseite ist hell und ungefleckt. *Tomistoma schlegelii* wurde im Jahre 1838 von S. Müller beschrieben. Lange Zeit war die taxonomische Stellung dieser Art nicht klar. Die Annahme, daß *Tomistoma schlegelii* der nächste Verwandte des Ganges-Gavials *(Gavialis gangeticus)* sei, erwies sich als nicht zutreffend. Im Jahre 1950 wurde *Tomistoma schlegelii* in die Familie der *Crocodylidae* und 1960 in die Unterfamilie der *Tomistominae* eingereiht.
Verbreitung: *Tomistoma schlegelii* bewohnt die Malayische Halbinsel (Süd-Thailand, Malaysia) und die beiden Sunda-Inseln Sumatra und Borneo.
Biotope: Diese Art lebt in Flüssen und Sümpfen.
Verhalten: Über die Lebensweise des Sunda-Gavials in freier Natur ist nur wenig bekannt. Die Nahrung dieser langschnauzigen Panzerechse besteht fast ausschließlich aus Fischen. In seinen Lebensgewohnheiten ist der Sunda-Gavial weniger aquatisch als der Ganges-Gavial. Stundenlang sonnt sich *Tomistoma schlegelii* mit aufgerissenem Maul. Dem Menschen wird dieses echte Krokodil nicht gefährlich. Über das Fortpflanzungsverhalten dieser Art weiß man so gut wie nichts. Es ist unbekannt, ob *Tomistoma schlegelii* ein Nest aus Pflanzenmaterial baut oder seine Eier in eine selbstgegrabene Vertiefung in den Sand ablegt.

Der Verfasser beobachtete am 23. Oktober 1985 in der Krokodilsfarm in Samutprakan bei Bangkok Sunda-Gaviale bei der Paarung. Die Paarung fand in einem Teich von ungefähr 2000 m^2 und nach dem für Panzerechsen üblichen Verhaltensmuster statt. In dem Teich befanden sich ungefähr 40 adulte Sunda-Gaviale. Das Männchen kroch über den Rücken des Weibchens und drückte es unter Wasser. Während der Kopf, die Nackenregion, der Rücken und der Schwanz des Männchens kurzzeitig an der Wasseroberfläche ruhten, ragte die Schnauzenspitze des Luft holenden Weibchens nur für sehr kurze Zeit aus dem Wasser heraus. Das Männchen legte sich schräg über den Rücken des Weibchens und drückte mit seinen Hintergliedmaßen den hinteren Rumpfteil und damit die Kloakenregion des Weibchens ein wenig zur Seite. Die eigentliche Kopula konnte ich in dem total veralgten Wasser nicht sehen. Wie mir Charoon Youngprapakorn erzählte, legt *Tomistoma schlegelii* seine Eier in ein Nest aus Sand und aus Pflanzenmaterial in einer ausgescharrten Erdmulde ab. Die jungen Sunda-Gaviale schlüpfen nach ungefähr 72 Tagen.

Abbildung 10
Deutscher Name: Spitzkrokodil
Wissenschaftliche Bezeichnung: *Crocodylus acutus*
Länge: 3 bis 4 m, maximal bis ungefähr 7 m.
Dieses langschnauzige Krokodil, dessen Schnauze 2,5mal so lang wie breit ist, weist vor den Augen eine beulenförmige Aufwölbung auf. Typisch für diese Art sind die 4 bis 6 zu einer Querreihe angeordneten Hinterhauptshöcker und die 4 dicht beieinander stehenden 4 Nackenhöcker, die ein Quadrat bilden. Seitlich der Nackenhöcker befindet sich ein weiterer kleiner Höcker. Die Rückenschilde, die weit hinter den Nackenhöckern liegen, stehen in 4 bis 6 Längs- und in 16 bis 17 Querreihen. Die Bauchschilde sind in 25 bis 34 Querreihen angeordnet. *Crocodylus acutus* ist als Jungtier hellolivfarben mit 4 bis 5 schwarzen Querbinden auf dem Rumpf und mit 8 bis 10 Querbinden auf dem Schwanz. Erwachsen sind sie dunkelolivfarben bis grau.
Verbreitung: Das Spitzkrokodil findet sich von Süd-Florida entlang der beiden Küsten Mexikos über Mittelamerika einschließlich der Antillen-Inseln (Kuba, Jamaica, Hispaniola) bis in das nördliche Südamerika (Venezuela, Kolumbien, Ecuador, Nord-Peru).
Biotope: Diese Art bevorzugt Gewässer in Küstennähe, wo sie in Flüssen, Seen, Lagunen und Mangrovensümpfen lebt. Das Spitzkrokodil schwimmt nur ganz gelegentlich ins Meer hinaus.
Verhalten: Ein sich auf einer Sandbank sonnendes Spitzkrokodil ist ein ängstliches Geschöpf, das bei Störungen durch den Menschen sofort im Wasser verschwindet. Wenn der Mensch das Spitzkrokodil für längere Zeit an den gleichen Örtlichkeiten bejagt, kann eine ganze Population eine derart versteckte Lebensweise annehmen, daß sich kaum noch ein Exemplar am Ufer sehen läßt. Für den Menschen stellt diese große Panzerechse keine Gefahr dar. Die Nahrung von *Crocodylus acutus* besteht hauptsächlich aus Krebsen und Fischen. Hin und wieder werden Vögel und kleine Säugetiere gefressen. Das Nest des Spitzkrokodils besteht aus einem mit wenig pflanzlichem Material durchsetzten Sandhaufen, der vom Weibchen mit dem Schwanz zusammengescharrt wird. In diesen Sandhaufen, der eine Höhe von 30 bis 45 cm und einen Durchmesser von 3 bis 3,5 m aufweist, werden von Mitte März bis Mai 21 bis 56 Eier abgelegt. Das Weibchen bewacht das Nest. Die jungen Spitzkrokodile, die aus den ungefähr 6 bis 7,5 cm langen und 4,5 cm breiten Eiern schlüpfen, benötigen zu ihrer Entwicklung knapp 3 Monate. Beim Schlupf haben sie eine Länge von 23 cm. Wie die Kaimane, so bauen auch die Spitzkrokodile horizontale Höhlungen in den Erdboden oder in den Schlamm. Diese suchen sie meist nach der Nahrungsaufnahme auf und verweilen hier, bis die Verdauung beendet ist.

Abbildung 11
Deutscher Name: Orinoko-Krokodil
Wissenschaftliche Bezeichnung: *Crocodylus intermedius*
Länge: Meist zwischen 3 und 4 m, maximal bis 6,79 m aus dem Apure-Fluß in Kolumbien. Nach Angaben von Krokodilsjägern erreicht das Orinoko-Krokodil vielleicht sogar eine Länge von 7,56 m.
Körpermerkmale: Dieses riesige Krokodil fällt durch seine lange und schmale Schnauze auf. Die 4 bis 6 Hinterhauptshöcker stehen in einer Querreihe. Die 4 Nackenhöcker bilden ein Viereck. Links und rechts der 4 großen Nackenhöcker befindet sich je ein kleiner Hökker. Die Rückenschilde, die von den Nackenhöckern getrennt sind, bestehen aus 6 Längs- und 16 bis 17 Querreihen. Zwischen Hals und After befinden sich 25 bis 28 Querreihen von Bauchschilden. Nach F. Medem unterscheidet man beim Orinoko-Krokodil 3 Farbvarianten: 1. «Mariposo» (Schmetterling). Der Rücken ist grau mit zahlreichen schwarzen Tupfen und Flecken von unregelmäßiger Größe und Form. 2. «Amarillo» (Gelb). Das Tier weist ein helles Braun bis Gelb mit wenigen schwarzen Flecken auf. 3. «Cocodrilo» oder «Negro» (Schwarz). Der Rücken und die Körperseiten sind dunkelgrau oder schwärzlich. Anscheinend handelt es sich hierbei um melanistische Exemplare. Die häufigste der drei genannten Farbvarianten ist Mariposo, die beiden anderen sind sehr selten. Die Bauchseite ist weißlich.
Verbreitung: Das Orinoko-Krokodil kommt in Kolumbien und in Venezuela vor, wo es in seiner Verbreitung auf das Orinokobecken beschränkt ist.
Biotope: Diese Art lebt in Flüssen und Sümpfen.
Verhalten: Nach F. Medem war das Orinoko-Krokodil in Kolumbien noch nach dem Ersten Weltkrieg sehr häufig. Die Bejagung dieser großen Panzerechsen begann am Ende der zwanziger Jahre und nahm immer größere Ausmaße an, bis sie 1948 aufgegeben wurde, weil sie nicht mehr lohnte. Die übrig gebliebenen Krokodile wurden wegen ihrer Häute von einheimischen Jägern weiter verfolgt. 1959 wurde der Abschuß von Krokodilen verboten. Nach Angaben von Aufkäufern und gewerblichen Krokodilsjägern sind von den dreißiger Jahren an bis 1948 in Kolumbien über 250 000 Krokodile geschossen worden. In Wirklichkeit dürften diese Zahlen noch beträchtlich höher liegen. Nach Schätzungen betrug die Anzahl der Orinoko-Krokodile im Jahre 1975 in Kolumbien 280 Exemplare, die auf eine Fläche von 252 530 km^2 verteilt waren. Dies zeigt, daß das Orinoko-Krokodil heute kurz vor dem totalen Verschwinden steht. Wegen der ständigen Bejagung sind die Krokodile heute so scheu geworden und haben eine derart versteckte Lebensweise angenommen, daß sie sich nicht mehr beobachten lassen. Wie andere Panzerechsen fressen auch Orinoko-Krokodile alle Beutetiere, derer sie habhaft werden können. Als es noch große Exemplare gab, konnte *Crocodylus intermedius* Haustieren und Menschen durchaus gefährlich werden. Die Fortpflanzungszeit fällt in die Monate September, Oktober und November. Während der Brunftzeit hebt das Männchen Kopf und Schwanz aus dem Wasser, verharrt in gekrümmter Stellung an der Wasseroberfläche, schlägt mit dem Unterkiefer auf das Wasser und stößt grunzende Laute aus. Sie tun dies meist am Morgen und am Nachmittag. Der Nestbau und die Eiablage finden im Januar und im Februar statt. Die Nester, die 20 bis 50 m vom Ufer entfernt angelegt werden, haben eine Höhe von ungefähr 50 cm. Die Eier – zwischen 50 und 70 an der Zahl – sind ungefähr 8 cm lang und 7,5 cm breit. Die Jungen, die im März und im April schlüpfen, messen zwischen 21 und 25 cm. Die Mutter beschützt die geschlüpften und die größeren Jungtiere. Orinoko-Krokodile halten in gewissen Gebieten einen Trockenschlaf im feuchten Schlamm oder in Uferhöhlungen, oder sie leben an den tiefsten Stellen der Flüsse. In der Regenzeit wandern sie in Seen und Sümpfe ein. Erwachsene Exemplare, vor allem Männchen, beherrschen ein bestimmtes Territorium.

Abbildung 12
Deutscher Name: Beulenkrokodil
Wissenschaftliche Bezeichnung: *Crocodylus moreletii*
Länge: Etwas über 2 m.
Körpermerkmale: Das Beulenkrokodil hat eine kurze, breite und vorn abgerundete Schnauze. Vor den Augen befindet sich eine beulenförmige Aufwölbung, die dieser Panzerechse ihren Namen verliehen hat. 4 bis 6 Hinterhauptshöcker stehen in einer Querreihe. Die 4 Nackenhöcker, zu deren beiden Seiten sich je ein kleiner Höcker befindet, bilden ein Quadrat. Die unregelmäßig angeordneten Rückenschilde, die von den Nackenhöckern getrennt sind, stehen in ungefähr 4 bis 6 Längs- und in 16 bis 17 Querreihen. Auf der Bauchseite sind die Schilde in 28 bis 32 Querreihen angeordnet. Erwachsene Exemplare sind auf der Körperoberseite einfarbig graubraun. Jungtiere sind schwarz und gelb gesprenkelt. Anders als beim Kuba-Krokodil *(Crocodylus rhombifer)* verschwindet diese Sprenkelung mit zunehmendem Alter. Die helle Körperunterseite ist ungefleckt.
Verbreitung: *Crocodylus moreletii* ist an der Ostküste Mexikos, in Guatemala und in Britisch-Honduras beheimatet.
Biotope: *Crocodylus moreletii* lebt in Seen und Teichen in der offenen Savanne sowie in langsam fließenden Flüssen des Regenwaldes.
Verhalten: Über das Paarungsverhalten, das Nest, die Eier und die Jungtiere des Beulenkrokodils in freier Natur ist nichts bekannt. Nach Magenuntersuchungen besteht die Nahrung aus allerlei Wasserinsekten, Krebsen, Fischen und Säugetieren. *Crocodylus moreletii* ist nahezu aus allen seinen ursprünglichen Lebensbereichen verdrängt worden und steht unmittelbar vor der Ausrottung.

Abbildung 13
Deutscher Name: Kuba-Krokodil
Wissenschaftliche Bezeichnung: *Crocodylus rhombifer*
Länge: Ungefähr 2,5 m, Maximallänge bis zu 4 m.
Körpermerkmale: Die vorn etwas zugespitzte Schnauze ist mittelmäßig lang. Wie beim Siam-Krokodil befindet sich vor den Augen eine dreiecksförmige Erhöhung. Auf dem Nacken erheben sich 4 bis 6 große Hinterhauptshöcker, die zu einer Querreihe angeordnet sind. Die dahinter stehenden 4 großen Nackenhöcker – beiderseits davon befindet sich je ein kleinerer Höcker – bilden ein Quadrat. Die Rückenschilde sind in 6 Längs- und in 16 bis 17 Querreihen angeordnet. Auf der Bauchseite stehen die Schilde zwischen dem Hinterrand des Halsbandes und dem After in 29 bis 31 Querreihen. In der Mitte des Rumpfes weist eine Querreihe 14 bis 16 Bauchschilde auf. Erwachsene Exemplare sind dunkeloliv und deutlich gelb gesprenkelt. Die dunkel gefleckten Jungtiere zeigen eine hell olivfarbene Körpergrundfärbung.
Verbreitung: Die ursprüngliche Verbreitung des Kuba-Krokodils beschränkt sich auf die Santa-Clara-Provinz im nordwestlichen Kuba. Auf der Isle of Pines, wo es früher vorkam, ist es heute ausgerottet.
Biotope: *Crocodylus rhombifer* lebt im Süß- und Brackwasser der Zapata-Sümpfe an der Küste des Karibischen Meeres und in Flüssen.
Verhalten: Das Kuba-Krokodil, das auch Rautenkrokodil genannt wird, ist eine der aggressivsten Panzerechsen. Es flieht nicht immer, wenn es angegriffen wird, sondern setzt sich mit seinem muskulösen Körper und Beinen und mit seinem kräftigen Gebiß wirkungsvoll zur Wehr. Es greift den Menschen nie direkt an und stellt daher für letzteren auch keine Gefahr dar. Fast nie schleift der Körper des Kuba-Krokodils über den Erdboden, sondern wird beim Laufen von den kräftigen Beinen emporgestemmt. Die Nahrung dieser Art besteht aus allerlei Mollusken, Krebsen, Fischen, Vögeln und kleinen Säugetieren. Das braunäugige Kuba-Krokodil – unter den Krokodilen der Gattung *Crocodylus* besitzt *Crocodylus rhombifer* als einziges eine braune Iris – paart sich im flachen Wasser. Vor und bei der Kopulation stößt das Männchen gurgelnde Laute aus. Das Männchen liegt seitlich vom und zum Teil auf dem Rücken des Weibchens; dieses hält den Schwanz zur Seite, damit der Penis besser in die Kloake eindringen kann. Über den Nestbau dieser Art in freier Natur ist nichts Sicheres bekannt. Nach einem alten Gewährsmann soll das Weibchen des Kuba-Krokodils mit den Hinterbeinen eine Grube

ausheben und in diese die Eier ablegen. Nach der Eiablage soll es diese Grube mit der ausgehobenen Erde wieder zudecken. Die Eier sind 7,5 cm lang und 5 cm breit. Da die ursprünglichen Biotope von *Crocodylus rhombifer* durch den Menschen massiv verändert wurden, ist das Kuba-Krokodil aus den Flüssen auch in Brackwassersümpfe eingewandert, wo das Spitzkrokodil *(Crocodylus acutus)* angetroffen wird. Durch den Wegfall der natürlichen ökologischen Trennung kam es hin und wieder zur Kreuzung der beiden Krokodilsarten. Diese «Mixturados» oder «Cruzados», wie die Krokodilsbastarde auf Kuba genannt werden, besitzen Körpermerkmale ihrer artverschiedenen Eltern. Das Kuba-Krokodil, das in seinem natürlichen Lebensraum von der Ausrottung bedroht ist, wird heute in großer Anzahl in einer staatlichen Krokodilsfarm in den Zapata-Sümpfen gezüchtet. Die erwachsenen, geschlechtsreifen Tiere leben in großen Teichen. Die Eier werden eingesammelt und in mietenähnlichen Häufen aus Erde und aus Schilf untergebracht, wo sie von der Sonne und der sie umgebenden Temperatur ausgebrütet werden. Die jungen Rautenkrokodile werden der Größe nach sortiert und in besonderen Betonbecken aufgezogen. Die Sterblichkeitsrate unter den jungen Krokodilen soll recht hoch sein.
Zweck dieser Nachzuchten war bisher ausschließlich die Erzeugung von Krokodilleder für Handtaschen, Schuhe etc. Man hat jedoch erwogen, nachgezüchtete Kuba-Krokodile in ferner Zukunft auf der Isle of Pines auszusetzen. Ob dies in die Tat umgesetzt wird, ist jedoch unsicher.

Abbildung 14
Deutscher Name: Panzerkrokodil
Wissenschaftliche Bezeichnung: *Crocodylus cataphractus*
Länge: 2,5 m, selten über 3 m.
Körpermerkmale: Das in die beiden Unterarten *Crocodylus cataphractus cataphractus* und *Crocodylus cataphractus congicus* aufgegliederte Panzerkrokodil ist auffallend langschnauzig. Die Jungtiere haben eine recht kurze Schnauze, die mit zunehmendem Wachstum länger wird. Die Schnauze ist 2,5- bis 3,5mal so lang wie breit. Auf dem Nacken befindet sich ein Paar großer Hinterhauptshöcker in einer Querreihe. Seitlich davon erhebt sich je ein kleinerer Höcker. Die 4 großen Nackenhöcker bilden ein Quadrat. Zu beiden Seiten der Nackenhöcker kann gelegentlich ein kleinerer Höcker sein. Die Rückenschilde, die nicht immer deutlich von den Nackenhöckern getrennt sind, stehen in 6 Längs- und in 18 bis 19 Querreihen. Die Bauchschilde sind bei *Crocodylus cataphractus cataphractus* in 18 bis 19 und bei *Crocodylus cataphractus congicus* in 24 bis 27 Querreihen angeordnet.
Verbreitung: Das Panzerkrokodil ist über West- (von Senegal bis nach Angola, einschließlich der Insel Fernando Po) und Zentralafrika (Kongo) verbreitet. Vereinzelt kommt diese Art auch im Tanganyika-See vor.
Biotope: *Crocodylus cataphractus* lebt in den großen Flüssen und Seen der zentralafrikanischen Regenwälder und dringt von hier aus bis in die Savanne vor. Das Panzerkrokodil, das auch Brackwasser nicht scheut, ist in den Küstenlagunen Westafrikas die häufigste Krokodilsart.
Verhalten: Das Panzerkrokodil ist ein scheues Reptil, das das Wasser an versteckten und nahezu unzugänglichen Örtlichkeiten verläßt. In den meisten Gebieten, in denen es vorkommt, wird es nicht gefürchtet, und die schwarze Bevölkerung im Kongo behandelt es ohne Vorsicht. Es ernährt sich weitgehend von Fischen und gelegentlich von Säuge- und anderen Tieren. In West-Afrika findet die Paarung von *Crocodylus cataphractus* im Februar statt. Zu Beginn der Regenzeit zwischen März und Mai scharrt das Weibchen mit den Hinterbeinen ein ungefähr 50 bis 80 cm hohes und 130 bis 220 cm breites Nest aus verrottendem Pflanzenmaterial zusammen, in welch letzteres es zwischen 10 und 20 Eier legt, aus denen nach einer Inkubationsdauer von 90 bis 100 Tagen bei Nesttemperaturen zwischen 27,4 °C und 34 °C die 30 bis 35 cm langen Jungkrokodile schlüpfen. Das Weibchen bewacht während der Inkubationszeit das Nest und hilft den Jungen beim Schlüpfen.

Abbildung 15
Deutscher Name: Nilkrokodil
Wissenschaftliche Bezeichnung: *Crocodylus niloticus*
Länge: Meist zwischen 3 und 4 m, Maximallänge etwas über 5 m, Längenangaben von 8 m sind mit Skepsis aufzunehmen.
Körpermerkmale: Die 7 geographischen Rassen des Nilkrokodils unterscheiden sich vor allem in der unterschiedlichen Ausprägung des Halsbandes, in der unterschiedlichen Anzahl und in der unterschiedlich starken Verknöcherung und Kielung der Schilde. Die mittellange Schnauze, die im Alter auf der Oberseite gerunzelt ist, ist 1,6- bis 2mal so lang wie breit. Auf dem Nacken stehen 4 bis 6 Hinterhauptshöcker in einer Querreihe. Die 4 Nackenhöcker bilden ein Quadrat. Neben den Nackenhöckern befindet sich je ein kleiner Höcker. Die Rückenschilde, die von den Nackenhöckern getrennt sind, stehen in 6 bis 8 Längs- und in 17 bis 18 Querreihen. Jungtiere des Nilkrokodils sind hellolivfarben und dunkel gefleckt und gebändert. Erwachsene Exemplare weisen auf der Körperoberseite ein dunkelolivfarbenes Kolorit auf. Die porzellanfarbene Bauchseite ist fleckenlos.
Verbreitung: Das Nilkrokodil ist fast über den gesamten afrikanischen Raum südlich der Sahara, über Madagaskar sowie über die Komoren und Seychellen verbreitet.
Biotope: *Crocodylus niloticus* paßt sich hervorragend an die unterschiedlichsten Umweltbedingungen an, was sein Vorkommen im Süß- wie im Brackwasser erklärt. Das Nilkrokodil lebt in großen Wasseransammlungen wie Seen, Teichen, Flüssen und Strömen, aber ebenso in kleinen Bächen und Sümpfen, welche zeitweilig austrocknen. Es bevorzugt die Savannenregionen, dringt aber auch in die zentralafrikanischen Regenwaldzonen vor, wo es jedoch nicht so häufig ist wie das Panzerkrokodil.
Verhalten: Neben dem Mississippi-Alligator ist das Nilkrokodil die bekannteste Panzerechse. Noch vor dem Zweiten Weltkrieg waren Nilkrokodile in allen Größen in zahlreichen Gebieten Afrikas ungemein häufig. Danach hat man sie mit Hilfe der modernen Schußwaffen weitgehend umgebracht, um aus ihren wertvollen Häuten allerlei Galanteriewaren wie Handtaschen, Schuhe, Portemonnaies, Gürtel usw. anzufertigen. So kann man diese imposanten Geschöpfe nur noch an wenigen Stellen in größerer Anzahl beobachten, wie z. B. an den Murchison-Fällen in Uganda. Die Nahrung des Nilkrokodils besteht aus Fischen, Schildkröten, Vögeln und vor allen Dingen aus größeren Säugetieren wie Antilopen, Wildhunden, Hyänen, Zebras, Stachelschweinen, jungen Flußpferden, Löwen und anderen. Sie fressen auch in Verwesung übergegangene Giraffen, große Flußpferde, Kafferbüffel und sogar Elefanten und sonstiges Aas. Aus großen, toten Tieren reißen sie mundgerechte Fleischstücke heraus, indem sie sich irgendwo festbeißen und sich mit großer Geschwindigkeit um ihre eigene Achse drehen. Bei optimalen Temperaturen oberhalb von 30 °C ist die Verdauung in der Regel nach 72 Stunden beendet. Die sich im Magen befindlichen Steine bewegen sich durch die ständigen Muskelkontraktionen der Magenwand hin und her und zerreiben die aufgenommene Nahrung. Die Magendrüsen scheiden soviel Salzsäure ab, daß der Magensaft einen *p*H-Wert von 1,5 aufweist. Durch den Magensaft wird die Nahrung rasch aufgelöst. Neben dem Leistenkrokodil ist das Nilkrokodil für zahlreiche menschliche Todesfälle verantwortlich. Das Nilkrokodil wird mit 12 bis 15 Jahren geschlechtsreif. Die Männchen liefern sich Revierkämpfe. Wenn ein Männchen auf ein Weibchen stößt, biegt es den Schwanz aus dem Wasser; es hebt den Kopf an und brüllt. Danach folgt es dem Weibchen und schwimmt neben ihm her. Das Weibchen hebt jetzt ebenfalls den Kopf aus dem Wasser und gibt Laute von sich. Das Männchen legt seine Vorderbeine auf das Weibchen und steigt von der Seite her auf den Rücken der Partnerin. Die Paarung findet meist am Morgen zwischen 9 und 11 Uhr statt. Männchen und Weibchen bleiben einige Zeit zusammen. Das Nilkrokodil scheint in der Fortpflanzungsperiode monogam zu sein. Fünf Monate nach der Befruchtung legt das Weibchen 16 bis über 80 Eier ab, von denen jedes ein Gewicht von 85 bis 125 Gramm aufweist. Das Weibchen sucht Jahr für Jahr den gleichen Nistplatz auf. Nach einigen Tagen gräbt es mit den Hinterbeinen ein Loch in den Erdboden und legt in dieses seine Eier ab. Mit dem ausgehobenen Erdmaterial werden die Eier – diese liegen in einer Tiefe von 35 bis 40 cm – wieder zugedeckt. Die Inkubationszeit dauert 84 bis 90 Tage. Das Weibchen, das während dieser Zeit das Nest bewacht, nimmt keine Nahrung zu sich. Kurz vor dem Schlüpfen lassen die Jungen ihre quäkende Stimme erschallen. Das Weibchen scharrt den Boden auf und trägt die geschlüpften Jungkrokodile in seinem Maul zum Wasser. Das Weibchen verteidigt, vom Männchen unterstützt, die Brut gegen größere Krokodile und andere Freßfeinde. Trotz der elterlichen Behütung werden zahlreiche junge Krokodile das Opfer großer Fische, Krabben, verschiedener Reptilien, Reiher, Störche und einiger Säugetiere wie Hyänen und Mungos. Nur wenige erreichen die Geschlechtsreife.

Abbildung 16
Deutscher Name: Sumpfkrokodil
Wissenschaftliche Bezeichnung: *Crocodylus palustris*
Länge: 2,5 m, maximal bis oder etwas über 4 m.
Körpermerkmale: Das Sumpfkrokodil hat eine kurze und breite Schnauze, 4 bis 6 große Hinterhauptshöcker in einer Querreihe und dahinter gelegentlich eine Querreihe von kleineren Höckern. Die 4 Nackenhöcker, auf deren beiden Seiten sich je ein weiterer Höcker befindet, sind quadratisch angeordnet. Beim Indischen Sumpfkrokodil *(Crocodylus palustris palustris)* stehen die Rückenschilde meist in 4 Längsreihen. Das Ceylonesische Sumpfkrokodil *(Crocodylus palustris kimbula)* weist auf dem Rücken 6 gleich breite Längsreihen von Schilden auf. Bei der Nominatform sind die beiden mittleren Schuppenreihen breiter als die seitlich davon gelegenen. Die Bauchschilde stehen in 28 bis 32 Querreihen. Erwachsene Exemplare sind dunkelgrau bis dunkelolivfarben. Jungtiere weisen auf hellolivfarbenem Untergrund dunkle Binden auf dem Schwanz und dunkle Flekken auf beiden Körperseiten auf.
Verbreitung: *Crocodylus palustris palustris* ist in West-Pakistan, in Indien, in Bangladesh und Assam beheimatet, während *Crocodylus palustris kimbula* in seiner Verbreitung auf Sri Lanka beschränkt ist.
Biotope: Das Sumpfkrokodil lebt in Flüssen, Dschungelteichen, Seen und in künstlich angelegten Gewässern.
Verhalten: Das Sumpfkrokodil, auch Mugger genannt, ist nahe mit dem Nilkrokodil verwandt. Anders als letzteres soll die Nominatform des Sumpfkrokodils den Menschen nicht angreifen. Von der ceylonesischen Unterart ist jedoch bekannt, daß vereinzelte Exemplare dem Menschen gefährlich werden können. Der Verfasser beobachtete das Sumpfkrokodil im Süden von Sri Lanka im Yala-Nationalpark wie auch in großen Wassergräben neben der Straße und in einer Viehwiese als überaus menschenscheu. Bei der geringsten Störung verschwanden sie sofort unter Wasser. Die Nahrung des Sumpfkrokodils besteht aus Insekten, Krebsen, Fröschen, Fischen, Schildkröten, Waranen, Vögeln und Säugetieren. Das Weibchen gräbt ein Loch von ca. 50 cm Tiefe in den Erdboden und legt seine Eier – 3 bis 40 in einem Gelege – in Schichten in dieses ab. Nach der Eiablage scharrt das Weibchen das Loch wieder zu und bewacht das Gelege gegen Freßfeinde wie Warane, Wildschweine und Schakale. Die einzelnen Eier variieren so sehr in der Länge und in der Breite, daß man den Eindruck hat, sie gehörten zu zwei verschiedenen Arten. Die Inkubationszeit beträgt rund 60 Tage, kann bei ungünstigen Temperaturen jedoch bis zu 90 Tagen ansteigen. Die frisch geschlüpften Jungkrokodile sind ungefähr 25 cm lang.

Abbildung 17
Deutscher Name: Leistenkrokodil
Wissenschaftliche Bezeichnung: *Crocodylus porosus*
Länge: Meist knapp 6 m, Längenangaben von 10 m und mehr sind mit Vorbehalt aufzunehmen.
Körpermerkmale: Auf der ziemlich langen Schnauze – diese ist zweimal so lang wie breit – verläuft von jedem Auge ausgehend bis zu jeder Nasenöffnung hin je eine lange, höckerige, knöcherne Längsleiste. Im Gegensatz zu allen anderen Krokodilen fehlen beim Leistenkrokodil die Hinterhauptshöcker oder sie sind nur einseitig oder sehr schwach ausgebildet. Beiderseits der 4 quadratisch angeordneten Nackenhöcker befindet sich je ein kleiner Höcker. Die Rückenschilde, die – anders als bei allen anderen Krokodilen – nur in der Mitte verknöchert sind, sind in 6 bis 8 Längs- und 16 bis 17 Querreihen angeordnet. Auf dem Bauch befinden sich zwischen Halsband und After 31 bis 35 Querreihen von Schilden. Auf der Rumpfmitte stehen 16 bis 19 Schilde in einer Querreihe.
Verbreitung: Das Leistenkrokodil, das vielleicht in 2 geographischen Rassen auftritt, bewohnt ein riesiges Gebiet, das sich von der Westküste Indiens über Sri Lanka, Ost-Pakistan, Burma, Vietnam, die Sunda-Inseln, die Philippinen, Neuguinea und die anliegenden Inseltrabanten, die Bismarck-Inseln, die Salomonen, die Neuen Hebriden, die Fidschi-Inseln bis zur Nordküste Australiens hin erstreckt.
Biotope: Das Leistenkrokodil ist ein Tier der Brackwassersümpfe, der Flußmündungen und des Meeres. Auf Papua-Neuguinea dringt es sogar in kleinere Süßwasserflüsse ein. Auf Ceylon lebt *Crocodylus porosus* hauptsächlich in Flüssen, Seen und Sümpfen des Flachlandes entlang der Küsten.
Verhalten: Das Beutespektrum junger Leistenkrokodile besteht aus Fischen, Fröschen *(Rana cancrivora*, eine Froschart, die auch im Brackwasser lebt), Wasserschlangen, Wasserkäfern, Krebsen und kleinen Schildkröten. Erwachsene Leistenkrokodile fressen größere Beutetiere wie Wasservögel, Wildschweine, Hirsche, Hunde, Ziegen, Affen, auch Haustiere wie Rinder und Pferde. *Crocodylus porosus* greift auch Menschen an. Nach Schlegel – «Brehms Tierleben» – sollen in Indien ebenso viele Menschen ihr Leben durch Krokodile wie durch Tiger verlieren. Es gibt zahlreiche Berichte von Überfällen des Leistenkrokodils auf Menschen. Neill gibt eine detaillierte Schilderung vom Angriff eines 3 m langen Leistenkrokodils auf den Zoologen P. J. Darlington auf Neu-Britannien. Dieser trat auf einen unter der Wasseroberfläche liegenden Baumstamm, um vom

Gewässerboden eine Probe Sumpfwasser zu entnehmen. Im gleichen Augenblick griff ein Leistenkrokodil an, packte Darlington am Arm und begann sich in raschen Windungen um seine eigene Achse zu drehen. Darlington wurde gleichfalls umhergewirbelt und zum Gewässergrund hinuntergezogen. Plötzlich ließ das Krokodil sein Opfer frei. Ein derart glimpflicher Ausgang dürfte nur wenigen Menschen beschieden sein, die im Wasser von einem großen Leistenkrokodil gepackt werden.

Der größte Feind von *Crocodylus porosus* ist der Mensch. Durch dessen Verfolgung ist diese Art an den Rand der Ausrottung gebracht worden. Ihre riesige Größe wie ihre wertvolle Haut sind dieser Panzerechse zum Verhängnis geworden. Da das Leistenkrokodil gewöhnlich die Mündungen großer Flüsse und Sümpfe bewohnt, die in der Regel leicht zugänglich sind, ist die Jagd nicht sonderlich schwierig. *Crocodylus porosus* kann in der Nacht vom Boot aus ohne Schwierigkeiten mit intensiv strahlenden Lampen geortet und geschossen werden. In den fünfziger und sechziger Jahren wurden jährlich Hunderttaussende von Leistenkrokodilen getötet und deren Häute verarbeitet. In zahlreichen Gegenden, in denen *Crocodylus porosus* einst häufig war, ist es heute nicht mehr anzutreffen. In anderen Gegenden ist es sehr selten geworden, und bei weiterer intensiver Verfolgung durch den Menschen ist es nur noch eine Frage der Zeit, wann diese Krokodilsart völlig von der Erde verschwunden sein wird.

Ich kenne das Leistenkrokodil von der Malayischen Halbinsel aus Südthailand aus dem brackwasserhaltigen Unterlauf des Mae Nam La-Un in der Provinz Ranong südlich der Stadt Chumphon. Sehr vereinzelt kommt diese Krokodilart auch noch in den Mangrovensümpfen des Tarutao-Nationalparks in Südthailand vor.

Das Weibchen baut ein Nest aus verrottendem Pflanzenmaterial in Gewässernähe. Die Nester dieser Art sind 60 bis 75 cm hoch und haben einen Durchmesser von 120 bis 150 cm. Das Weibchen liegt neben dem Nest und bewacht es. Die Anzahl der abgelegten Eier – diese sind ungefähr 7,5 cm lang und 5 cm breit – schwankt zwischen 25 und 72. Die Inkubationszeit beträgt 78 bis 80 Tage. Die jungen Leistenkrokodile, die beim Schlüpfen eine Länge zwischen 25 und 30 cm aufweisen, können bei optimalem Nahrungsangebot im ersten Lebensjahr auf 70 bis 80 cm heranwachsen.

Abbildung 18

Deutscher Name: Siam-Krokodil

Wissenschaftliche Bezeichnung: *Crocodylus siamensis*

Länge: Bis 3,8 m, meist jedoch nur bis zu 3,1 m.

Körpermerkmale: Die Schnauze ist mäßig lang und flach. Vor den Augen befindet sich eine dreieckige, flache Erhöhung und zwischen den Augen eine knöcherne Längsleiste. Alte Exemplare haben im Zwischenkiefer 4 und junge 5 Zähne. Die 4 bis 6 Hinterhauptshöcker bilden eine Querreihe. Vier große Nackenhöcker sind quadratisch angeordnet. Zu beiden Seiten des Quadrates befindet sich ein Hökker. Die Rückenschilde stehen in 6 Längs- und in 16 bis 17 Querreihen. Alte Siam-Krokodile sind auf der Körperoberseite einfarbig dunkeloliv, junge Tiere sind heller und dunkel gefleckt. Die einfarbig helle Körperunterseite weist keine Fleckung auf. Das Halsband ist nur schwach ausgeprägt. Die Bauchschilde stehen in 30 bis 34 Querreihen, beginnend vom Hinterrand des Halsbandes und dem Vorderrand des Afterfeldes. Auf den Körperseiten sind die Schuppen teilweise gekielt. Die gekielten Schuppen können schwach verknöchert sein.

Verbreitung: Thailand, Kambodscha, Vietnam, Malayische Halbinsel, Java, Borneo. Das Siam-Krokodil ist zuweilen mit dem in Indien lebenden Sumpfkrokodil verwechselt worden.

Verhalten: Als ausgeprägter Süßwasserbewohner lebt das Siam-Krokodil hauptsächlich in den den Flüssen anliegenden Sümpfen. Anders als das Leistenkrokodil, mit dem es sich in der Gefangenschaft ohne weiteres kreuzt, dringt es nie in Brack- und Seewasser vor. Das Siam-Krokodil ernährt sich hauptsächlich von Fischen, Vögeln und Säugetieren. Große Exemplare wagen sich sogar an den Menschen heran. Zur Eiablage scharrt diese Art keine Löcher in den Sand, sondern baut ein Nest aus pflanzlichem Material. Zum Nestbau benötigen die Weibchen ein bis sieben Tage. Die Nester werden hauptsächlich in der Nacht gebaut. Das Weibchen zerquetscht Gras, Stroh und Blätter zwischen den Zähnen, vermischt das Material mit seinen Hinterbeinen mit Sand und scharrt eine leichte Vertiefung von 25 cm Breite in den Boden. Ungefähr 3 bis 5 Tage vor der Eiablage treten aus den Winkeln der Krokodilsaugen «Krokodilstränen» aus. Die Eiablage findet in der Regel am frühen Morgen zwischen 5 und 9 Uhr statt. Die Eier werden in ungefähr 5 Minuten abgelegt. Nach der Eiablage drückt das Weibchen mit seinem Schwanz einen Haufen vermodernden Pflanzenmaterials über die Eier. Gelegentlich uriniert das Weibchen auf das Nest und fördert somit die bakterielle

Zersetzung der faulenden pflanzlichen Stoffe. Die Jungen schlüpfen in der Regenzeit im Juli und im August nach 67 bis 68 Tagen. In den ersten 7 bis 10 Tagen nach dem Schlüpfen zehren die jungen Krokodile den Dottersack in ihrem Leibesinnern auf. Danach gehen sie auf Nahrungssuche. In Thailand ist das Siam-Krokodil ganz oder fast ganz ausgerottet. In ihrem gesamten Verbreitungsgebiet ist diese Art von der vollständigen Ausrottung bedroht. Das Siam-Krokodil wird in Samut Prakan bei Bangkok in großen Zahlen zur Ledergewinnung nachgezogen. In Samut Prakan werden nicht nur Siam- und Leistenkrokodile vermehrt, sondern auch eine stattliche Anzahl von Kreuzungen zwischen *Crocodylus siamensis* und *Crocodylus porosus* gezüchtet. In der für den wißbegierigen Besucher an der Kasse käuflichen Schrift «Crocodile Farm» werden die Krokodilsbastarde allen Regeln einer herkömmlichen Taxonomie zum Trotz unter der Bezeichnung *Crocodylus siamenrosus* ohne Angabe des Erstbeschreibenden und der Jahreszahl aufgeführt. *Crocodylus siamenrosus* ist in seinen erblichen Merkmalen intermediär zwischen *Crocodylus siamensis* und *Crocodylus porosus* und eignet sich wegen seiner weichen, aber gleichzeitig zähen Haut hervorragend für die Ledergewinnung.

Abbildung 19
Deutscher Name: Philippinen-Krokodil
Wissenschaftliche Bezeichnung: *Crocodylus mindorensis*
Länge: 180 bis 240 cm.
Körpermerkmale: Das Philippinen-Krokodil ist das zuletzt bekannt gewordene Krokodil; es wurde früher als eine Unterart von *Crocodylus novaeguineae* angesehen. Anhand der Beschuppung lassen sich beide Arten leicht voneinander unterscheiden. Die Kopfrunzeln des Philippinen-Krokodils sind deutlicher und ausgeprägter als die des Neuguinea-Krokodils. *Crocodylus mindorensis* besitzt in 80% der Fälle 6 Hinterhauptshöcker und in den restlichen 20% 4 oder 5 Hinterhauptshöcker. Die 4 Nackenhöcker sind quadratisch angeordnet. Links und rechts der Nackenhöcker befindet sich je ein kleiner Höcker. Zwischen dem Hinterrand des Halsbandes und dem Vorderrand des Afterfeldes finden sich 25 Querreihen von Bauchschilden. In der Rumpfmitte stehen in einer Querreihe 12 bis 14 Bauchschilde. Die gelblichbraunen Jungtiere sind dunkel gefleckt oder gebändert. Erwachsene Exemplare sind braun oder dunkeloliv und gefleckt. Die helle Bauchseite ist fleckenlos.
Verbreitung: *Crocodylus mindorensis* bewohnt die Philippinen-Inseln Luzon, Mindoro, Busuango, Masabate, Samar, Negros, Mindanao, Jolo und Culion. Auf Masabate, Jolo und Busuango ist die Art wahrscheinlich schon erloschen.
Biotope: Süß- und Brackwasserseen, evtl. auch Sümpfe und Flüsse.
Verhalten: Über das Verhalten dieser Art ist so gut wie nichts bekannt. Das Beutespektrum des Philippinen-Krokodils dürfte dem des Neuguinea-Krokodils entsprechen. Nach Riosuke werden die im Garten der Zweigstation des Büros für Forstentwicklung am Naujan-See (Mindoro) gepflegten Philippinen-Krokodile mit Fröschen *(Rana cancrivora)* gefüttert. Die Nahrung der im Naujan-See wild lebenden Krokodile ist unbekannt. Über das Fortpflanzungsverhalten von *Crocodylus mindorensis* schreibt Riosuke folgendes: «Nach Angaben von Mr. Wilfred P. Inovjas vom National Bull Frog Development Program (BFD/MNR), ist es schwierig oder unmöglich, die erwachsenen Krokodile an der Westküste des Naujan-Sees zu beobachten, aber frisch geschlüpfte und junge Krokodile sind relativ häufig zu sehen. Nester werden selten in der Umgebung von Pasi gefunden, einige Dorfbewohner und Mr. Inovjas erzählten mir, daß die Krokodile ihre Nester aus einem Süßgras, dem sogenannten ‹Tambo› herstellen. Merrill (1903) bemerkte, daß ‹Tambo› der philippinische Name für das Gras *Phragmites roxburghii (Poaceae)* ist. Es kommt auf der Insel Mindoro an sumpfigen Stellen häufig vor.»

Abbildung 20
Deutscher Name: Neuguinea-Krokodil
Wissenschaftliche Bezeichnung: *Crocodylus novaeguineae*
Länge: 3 m, Maximallänge um die 4 m.
Körpermerkmale: Die Schnauze dieser Art ist ungefähr zweimal so lang wie breit. Eine knöcherne Längsleiste ist vor jedem Auge sichtbar, aber nicht so deutlich und lang wie beim Leistenkrokodil *(Crocodylus porosus)* ausgeprägt. Die 4 Hinterhauptshöcker bilden eine einzige Querreihe. Zu beiden Seiten der 4 zu einem Quadrat angeordneten Nackenhöcker befindet sich je ein weiterer kleiner Höcker. Die Rückenschilde stehen in 6 bis 8 Längs- und in 16 bis 17 Querreihen. Der Bauch ist von 24 bis 32 unregelmäßig angeordneten Querreihen von Schilden bedeckt. Erwachsene Exemplare sind dunkelgrau. Jungtiere sind dunkel gefleckt. Die helle Unterseite ist ungefleckt.
Verbreitung: Das Neuguinea-Krokodil kommt ausschließlich auf Neuguinea vor.
Biotope: *Crocodylus novaeguineae* bewohnt Flüsse, Sümpfe und Sumpfwälder.
Verhalten: Das Neuguinea-Krokodil, das pflanzenreiche, tiefe und langsam dahinfließende Gewässer bevorzugt, ernährt sich von allerlei Gliederfüßern, Insekten, hauptsächlich von Fischen, aber auch von Amphibien, Reptilien, Vögeln und gelegentlich von Säugetieren, wobei Haustiere eine Rolle spielen. Anders als das im gleichen Gebiet vorkommende Leistenkrokodil stellt das Neuguinea-Krokodil für den Menschen keine Gefahr dar. Das Neuguinea-Krokodil baut in der Trockenzeit von Juni bis Oktober ein Nest aus Pflanzenmaterial. Die Pflanzen werden mit dem Schwanz und der Schnauze zusammengescharrt. Häufig werden Pflanzenstengel abgebissen und zum Nestbau verwendet. In das kuppelförmige Nest – dieses ist ungefähr 50 cm hoch und hat einen Durchmesser von 130 bis 150 cm – werden in der Regel zwischen Juli und August etwas mehr als 30 Eier gelegt, welch letztere im Durchschnitt 75 mm lang und 44 mm breit sind. Die Nester, die unter schattenspendenden Bäumen angelegt werden, werden vom Weibchen bewacht, das die Brut auch pflegt. Aus den Eiern, die von Mitte August bis Mitte Oktober abgelegt werden, schlüpfen im November und Dezember die ungefähr 25 bis 30 cm langen Jungkrokodile. Die meisten Jungkrokodile fallen Vögeln, Schlangen, Waranen, Weichschildkröten, Krankheiten und dem Menschen zum Opfer. Nur wenige werden über 2 m lang und damit geschlechtsreif.

Abbildung 21
Deutscher Name: Australien-Krokodil
Wissenschaftliche Bezeichnung: *Crocodylus johnstoni* (nicht *Crocodylus johnsoni* wie ursprünglich irrtümlich benannt)
Länge: 2 bis 2,5 m, maximal um die 3 m.
Körpermerkmale: Das Australien-Krokodil hat eine sehr lange und schmale Schnauze, die mehr als 3mal so lang wie breit ist. Der Nacken ist von 4 großen Hinterhauptshöckern – diese stehen in einer Reihe – und 4 Nackenhöckern – diese bilden ein Quadrat – bedeckt. Zu beiden Seiten der Nackenhöcker befindet sich je ein kleinerer Höcker. Gelegentlich findet sich hinter diesen noch ein weiteres Paar kleiner Nackenhöcker. Die Rückenschilde, die sich unmittelbar an die Nackenhöcker anschließen, sind in 6 bis 8 Längs- und in 18 Querreihen angeordnet. Die Bauchseite wird von 22 bis 24 Querreihen von Schilden bedeckt. Die Körperoberseite ist gelblich bis braun und von schwarzen Flecken bedeckt. Die ungefleckte Bauchseite ist gelb.
Verbreitung: Nordaustralien.
Biotope: *Crocodylus johnstoni* lebt in Flüssen, Lagunen und den sogenannten Billabongs. Obwohl *Crocodylus johnstoni* und *Crocodylus porosus* das gleiche Verbreitungsgebiet bewohnen, treten beide Arten stets getrennt auf. *Crocodylus johnstoni* lebt im Süßwasser, während *Crocodylus porosus* vornehmlich ein Brackwasserbewohner ist.
Verhalten: *Crocodylus johnstoni* ist eine für den Menschen ungefährliche Krokodilsart, deren Haut sich nicht sonderlich für Lederwaren eignet. Das Australien-Krokodil lebt weitgehend tagaktiv. In der Nacht sucht es nach Nahrung, die aus Insekten, Spinnen, Fröschen, Krebsen, Riesengarnelen, Reptilien, Vögeln und kleinen Säugetieren besteht. Im August und im September scharrt das Weibchen mit den Hinterbeinen eine ovale Mulde (ca. 30 cm lang, 15 cm breit, 45 cm tief) in den Sand des nahen Ufers und legt in diese 12 bis 24 weiße, hartschalige Eier ab. Den ausgehobenen Sand scharrt das Weibchen danach wieder über die Eier. Das Weibchen hält sich in der unmittelbaren Nähe des Nestes auf und überwacht es. Die Eier sind annähernd 7 cm lang und 4 cm breit. Die Jungen, die im November oder im Dezember schlüpfen, sind ungefähr 25 cm lang. Wie andere Krokodile stoßen sie quäkende Laute aus und begeben sich gleich ins Wasser, wo sie eine Weile in der Nähe der sie schützenden Mutter verbleiben.

Echte Gaviale

Die Gaviale, die nur in einer Art vorkommen, lebten noch während des Zweiten Weltkrieges in großer Anzahl in einigen Flußsystemen Südasiens, wo sie heute wegen ihrer wertvollen Haut weitgehend ausgerottet sind. Auffällig ist die lange und sehr schmale Schnauze. Die Zähne weisen fast alle die gleiche Länge auf. Der 4. Unterkieferzahn paßt nicht in eine Grube des Oberkiefers, wie es bei den echten Krokodilen der Fall ist. Die Gaviale haben nur ein Paar von Hinterhauptshöckern. Die Nackenhöcker gehen gleich in die Rückenhöcker über. Die Nahrung besteht fast ausschließlich aus Fischen. Die Gaviale verscharren ihre Eier in selbstgegrabene Erdlöcher auf Sandbänken.

Abbildung 22
Deutscher Name: Ganges-Gavial
Wissenschaftliche Bezeichnung: *Gavialis gangeticus*
Länge: Bis zu 7 m, meist jedoch nur 4,5 m.
Körpermerkmale: Schnauze auffallend lang und schmal und vom Hauptteil des Kopfes schnabelartig abgesetzt. Auf dem Nacken befindet sich ein Paar von Hinterhauptshöckern. Auf der Körperoberseite sind 6 Reihen von Rückenschilden in 21 bis 22 Querreihen angeordnet. Die Körperoberseite ist im Alter dunkeloliv. Jüngere Exemplare sind heller und weisen dunkle Querbinden auf. Die Männchen besitzen auf der Nase eine knollenartige Erhebung.
Verbreitung: Der Ganges-Gavial lebt im Indus (West-Pakistan), im Ganges, Chambal, Girwa, Narayani (Indien, Bangladesh), im Kaladan und Irawadi (Burma).
Biotope: *Gavialis gangeticus* ist ein Flußbewohner.
Verhalten: Von allen Panzerechsen ist der Ganges-Gavial am stärksten an das Wasser gebunden. Auf dem Land vermag er sich nur ungeschickt und langsam fortzubewegen. Wenn der Monsun kommt, flüchten die Ganges-Gaviale aus dem reißend gewordenen Hauptstrom in die ruhigeren Nebenflüsse. Hier sonnen sie sich am Ufer und auf Sandbänken in der Flußmitte. Ganges-Gaviale sind sehr ortstreu. Sie verlassen das Wasser nur zum Ausruhen, zum Sonnen und zur Eiablage. Die Hauptnahrung dieser Panzerechse besteht aus Fischen, die sie mit ihrer langen Schnauze blitzschnell von der Seite her ergreift, in die Luft wirft, aufschnappt und herunterschluckt. Gelegentlich werden auch Schildkröten, kleine Säugetiere und Vögel gefressen wie auch behauptet wird, daß sich *Gavialis gangeticus* an menschlichen Leichen vergreifen soll, die dem Fluß übergeben wurden. Die Weibchen werden nach ungefähr 11 Jahren geschlechtsreif. Ein Männchen hat einen Harem von 4 bis 5 Weibchen. Die Paarung findet im Dezember und im Januar und stets im Wasser statt. Die Nester werden in Form von Löchern auf höher gelegenen Sandbänken ausgehoben. Im März oder April legt das Weibchen ungefähr 40 Eier – die Zahl der Eier kann zwischen 10 und 96 schwanken – von ca. 9 cm Länge ab. Das Gelege wird vom Weibchen bewacht. Nach 72 bis 92 Tagen schlüpfen die jungen Ganges-Gaviale bei einer idealen Inkubationstemperatur zwischen 32 und 34° C. Die jungen Ganges-Gaviale haben bei der Geburt eine Länge zwischen 32 und 37 cm. Wegen ihrer schmalen Kiefer können Ganges-Gaviale dem Menschen kaum gefährlich werden. Nach dem Zweiten Weltkrieg wurden die Bestände des Ganges-Gavials bis auf wenige Reste zusammengeschossen; die Art ist von der Ausrottung bedroht. Heute werden sie in Indien nachgezüchtet und wieder ausgesetzt.

10

11

12

13

14

17

18

Echsen

Systematische Eingliederung der Echsen

Die eigentlichen Schuppenkriechtiere, die *Squamaten,* gliedern sich in die Unterordnung der Schlangen *(Serpentes)* und in die Unterordnung der Echsen *(Sauria)* auf. Von den Schlangen unterscheiden sich die Echsen äußerlich durch das Vorhandensein von Augenlidern. Die Erde wird von ungefähr 3000 Echsenarten und -unterarten in über 300 Gattungen und 20 Familien bewohnt.
Es handelt sich um die folgenden Familien:
Geckos *(Gekkonidae)*
Leguane *(Iguanidae)*
Agamen *(Agamidae)*
Chamäleons *(Chamaeleonidae)*
Nachtechsen *(Xantusiidae)*
Glattechsen *(Scincidae)*
Amerikanische Schlangenechsen *(Anelytropsidae)*
Afrikanische Schlangenechsen *(Feyliniidae)*
Schlangenschleichen *(Dibamidae)*
Schildechsen *(Gerrhosauridae)*
Echte Eidechsen *(Lacertidae)*
Schienenechsen *(Teiidae)*
Eigentliche Doppelschleichen *(Amphisbaenidae)*
Warane *(Varanidae)*
Flossenfüße *(Pygopodidae)*
Krustenechsen *(Helodermatidae)*
Schleichen *(Anguidae)*
Höckerechsen *(Xenosauridae)*
Ringelschleichen *(Aniellidae)*
Gürtelechsen *(Cordylidae)*

Körpermerkmale

Die Echsen sind Wirbeltiere und werden taxonomisch in die Klasse der Reptilien eingegliedert. Wie die Schildkröten, die Panzerechsen, die Brückenechsen – diese haben nur dem Namen und ihrer äußeren Gestalt nach etwas mit den Echsen zu tun – und die Schlangen sind die Echsen von einer trockenen, schuppigen Haut bedeckt, welche weder Talg- noch Schweißdrüsen aufweist.
Die aus der Haut hervorgehenden Schuppen und Schilde sind von regelmäßiger oder unregelmäßiger Gestalt. Aus Verhornungen der Epidermis entstehen stachelähnliche Fortsätze und runzelartige Aufwölbungen. Die Schuppen der meisten Echsen sind weiche Gebilde. Gewisse Familien wie z. B. die Schleichen, die Glattechsen, die Ringelschleichen und die Krustenechsen haben unter jeder Schuppe eine kleine Verknöcherung. Dieses knöcherne Substrat verleiht den Schuppen ihre typische Gestalt. Die kleinen Knochenplatten unter den Schuppen werden Osteodermata genannt und dienen sicherlich als zusätzlicher Schutz. Die Form der Verknöcherungen und damit die Schuppenform sind charakteristisch für jede Familie. Echsen häuten sich während der Aktivitätsperiode in unterschiedlichen Zeitabständen. Junge Echsen häuten sich häufiger als erwachsene Exemplare. Der Ernährungs- und Gesundheitszustand einer Echse wie Umgebungstemperaturen, Luft- und Bodenfeuchtigkeit haben ebenfalls einen großen Einfluß auf die Häufigkeit der Häutungen. Die Haut wird in Fetzen abgestreift und nicht in einem einzigen Stück wie bei den Schlangen.
Die meisten Echsen haben zahlreiche Zähne auf den Kieferrändern. Gewöhnlich stehen die Zähne in einer Reihe. Die Zähne können bei verschiedenen Echsen eine unterschiedliche Gestalt aufweisen. Meist sind die Zähne konisch geformt. Allerdings gibt es auch allerlei Abweichungen wie zum Beispiel bei den Agamen. Die Agamen weisen Backenzähne, Eckzähne und Schneidezähne auf; ihr Gebiß erinnert somit an das der Säugetiere. Mit Ausnahme der Backenzähne können bei diesen Echsen alle Zähne ersetzt werden. Die Zahnformen der Warane sind unterschiedlich. Manche Waranarten haben eine breite und flache Zahnkrone, während andere weit auseinanderstehende gekrümmte Zähne besitzen. Eine ganz besondere Form haben die Zähne der in Nordamerika heimischen Krustenechsen. Die Unterkieferzähne der beiden Krustenechsenarten sind groß und stehen weit auseinander. Die 3 oder 4 vorderen Unterkieferzähne weisen schwache Furchen auf und erinnern somit entfernt an die Furchenzähne gewisser Schlangen. Schließlich soll auch der rasier-

messerscharfe Eizahn erwähnt werden, der es einer jungen Echse im Ei vor dem Schlüpfen erlaubt, die Eischale von innen her aufzuschlitzen. Der Eizahn, der von der Zahnsubstanz Dentin überzogen ist, entwickelt sich kurz vor dem Schlupf und wird danach wahrscheinlich bei der ersten Häutung innerhalb von wenigen Tagen völlig zurückgebildet. Solche Eizähne kommen bei den Echsen und bei den Schlangen vor. Manche Geckos haben keinen Eizahn, während andere zwei davon besitzen. Ein analoges Gebilde zum Eizahn, das epidermaler Herkunft ist und dem gleichen Zweck dient, findet sich auf der Schnauzenspitze junger Schildkröten, Krokodile, Brückenechsen und Vögel.

Die Zunge der Echsen variiert in der Gestalt. Wie die Schlangen haben manche Echsen lange Zungen mit gespaltenen Zinken. Bei anderen Echsen sind die Zungen kurz und dick und an der Spitze kaum gespalten. Die Zunge ist nicht nur ein Geschmacksorgan, sondern dient besonders auch der Aufnahme von Gerüchen. Geschmacks- und Geruchssinn sind nahe miteinander verwandt. Ein charakteristisches Verhaltensmuster der meisten Echsen und in besonderem Maße der Schlangen ist ihr Züngeln. Die Echsen strecken ihre zweizipflige, weiche Zunge abwechselnd, meist langsam und gleichmäßig heraus und ziehen sie wieder in das Maul ein, um den speziellen Geruch irgendeiner Nahrung aufzunehmen. Beim Betasten der Nahrung mit der Zungenspitze und aus der Luft nehmen die Tiere Duftstoffe auf. Die winzigen Moleküle der Duftstoffe werden in eine Öffnung im Mundhöhlendach – dieses wird Jacobsonsches Organ genannt – übertragen. Das Jacobsonsche Organ ist ein in zwei Hohlräumen gelegenes Sinnesepithel unterhalb der Nasenöffnung und bei den Echsen, besonders aber bei den Schlangen, in höchstem Maße entwickelt. Ein Ast des Riechnervs verläuft zu diesem Organ. Von einer speziellen Drüse können die paarigen Taschen mit einer Flüssigkeit gefüllt werden. Die Zungenspitzen der Echsen und der Schlangen enden beim Jacobsonschen Organ. Wenn die Duftpartikelchen auf die Höhlungen übertragen werden, lösen sie sich in der dort befindlichen Flüssigkeit und versetzen somit das Sinnesepithel in Erregung, die über den Riechnerv weiter zum Gehirn geleitet wird. Züngeln und Riechen sind also nichts anderes als die Betätigung eines chemischen Fernsinnes.

Die meisten Echsen haben gut entwickelte Augen. Nur bei wenigen Arten, die in der Regel im Erdboden wühlen, fehlen die Augen, oder sie sind nur unzureichend entwickelt. Die Echsen nehmen vor allen Dingen die Bewegungen von Beutetieren und von Feinden wahr und reagieren in arttypischer Weise darauf. Die Pupillenform der Echsen variiert in mannigfaltiger Weise. Echsen können runde oder vertikal geschlitzte Pupillen haben. Die Echsen besitzen in der Mehrzahl der Fälle Augenlider. Es gibt jedoch einige Ausnahmen wie z. B. die amerikanischen Nachtechsen und zahlreiche Geckos.

Anders als Schlangen haben Echsen ein Hörvermögen. Für die Echsen sind äußere Ohröffnungen hinter den Schläfen charakteristisch, und das Trommelfell ist als zarte Membran deutlich erkennbar. Die eigentlichen Doppelschleichen und die Ringelschleichen besitzen, wie die meisten im Boden wühlenden Echsen, keine äußeren Ohröffnungen. Einige Echsengruppen – an dieser Stelle seien die auf dem amerikanischen Kontinent lebenden Anolis erwähnt – haben Ansätze von Gehörgängen.

Im Mundinneren der Echsen finden sich zahlreiche Drüsen. Der erzeugte schleimige Speichel ermöglicht vor allem ein leichteres Herabgleiten der Nahrung. Bei der Gattung *Heloderma* sind die im Unterkiefer befindlichen Speicheldrüsen in besonderer Weise zu Giftdrüsen umentwickelt worden. Die Giftdrüsen der Krustenechsen stehen nicht mit Giftzähnen durch Ausfuhrgänge in direkter Verbindung. Das Gift wird als Gift-Speichel-Gemisch entlassen und gelangt beim Zusammenpressen der Kiefer in die Wunde. Das Gift dürfte wie bei den Schlangen beim Fermentations- und Verdauungsprozeß eine Rolle spielen.

Wie die Amphibien, die anderen Reptilien und die Vögel besitzen auch die Echsen eine Kloake. Es handelt sich hierbei um eine Öffnung auf der nach hinten zu gelegenen Körperseite, meist zwischen den Hinterextremitäten, aus der Kot, Urin und Geschlechtsprodukte austreten. Wie bei den Schlangen, so sind auch die männlichen Geschlechtsorgane der Echsen – diese befinden sich in sogenannten Hemipenistaschen in der Schwanzwurzel – in der Form zweier sogenannter Hemipenisse paarig angelegt. Anders als bei den Schlangen weisen die Hemipenisse der Echsen keine Stacheln, sondern unregelmäßige äußere Konturen auf. Die morphologischen Strukturen der Hemipenisse sind bei den Schlangen von wichtiger taxonomischer Bedeutung zur Unterscheidung von Arten. Bei den Echsen sind sie es jedoch kaum. Nicht selten bereitet es große Schwierigkeiten, männliche Echsen einer Art von den weiblichen Tieren zu unterscheiden. Bei anderen Echsenarten sind die äußeren Unterscheidungsmerkmale deutlich ausgeprägt. So zeigt die Gattung Anolis aufrichtbare Kehllappen, die bei den Männchen wesentlich größer als bei den Weibchen sind. Bei manchen Echsen sind die

Männchen kleiner, farbiger und haben ein unterschiedliches Zeichnungsmuster. Das ist bei den meisten Chamäleons wie auch bei unserer heimischen Blindschleiche der Fall. Hinter der Analöffnung haben sie ein Paar verbreiterte Schuppen. Vergrößerte Schuppen hinter den Analöffnungen im männlichen Geschlecht findet man bei zahlreichen Echsenarten aus der Familie der Leguane. Die erwachsenen Männchen vieler Echsenarten haben breitere und anders gefärbte Köpfe als die Weibchen. Bei den männlichen Smaragdeidechsen sind die Kehlregionen der Männchen besonders zur Paarungszeit blau gefärbt. Männliche Zauneidechsen sind auf den Körperflanken grün und lassen sich leicht von den braunen Weibchen unterscheiden.

In der Vorstellung der meisten Menschen entwickeln alle Echsen an den Seiten ihres Rumpfes ein Paar Vorder- und ein Paar kräftige Hinterextremitäten. Zahlreiche Echsen, wie beispielsweise *Ophisaurus, Anguis, Rhineura* und andere haben jedoch keine Beine und werden somit vom Laien fälschlicherweise als Schlangen angesprochen. Alle Echsen aber, die keine äußerlich sichtbaren Gliedmaßen haben, weisen Spuren von solchen in ihrem Körperinneren auf. Im Gegensatz zu den Schlangen haben Echsen wenigstens Spuren eines Brust- und Beckengürtels, eine querverlaufende Analöffnung, in der Regel, jedoch nicht immer Augenlider, funktionsfähige Ohren, eine dicke, kurze Zunge, und die beiden Unterkieferäste sind durch eine Naht fest miteinander verbunden. Bei der amerikanischen Echsengattung Bipes sind nur 2 kleine Vorderbeine entwickelt, während äußerlich sichtbare Hinterextremitäten fehlen.

Schließlich sei noch auf die Bedeutung des Schwanzes bei den Echsen hingewiesen. Die Schwanzform variiert bei den Echsen in mannigfacher Weise. Es gibt Echsen mit kurzen Schwänzen. Bei manchen Echsen nimmt der Schwanz an Länge das Mehrfache des Kopfes und des gesamten Rumpfes ein. Manche Echsenschwänze sind horizontal, andere vertikal abgeflacht. Bei manchen Echsen ist der Schwanz so dick wie der Körper des Tieres. Andere Echsenschwänze sind dünn, fein und lang. Wie bei unserer heimischen, fast jedem bekannten Zauneidechse können die Schwänze zahlreicher anderer Echsengattungen bei Festhalten oder bei Berührung an bestimmten Bruchstellen abbrechen. Da die Schwänze nur schlecht durchblutet sind und es an der präformierten Bruchstelle schnell zu einer Blutgerinnung kommt, ist die Verletzung nur unwesentlich. Der abgebrochene Schwanz wird bei den meisten, jedoch nicht bei allen Echsenarten regeneriert. Bei den Geckos bricht der Schwanz äußerst leicht ab. Es wird somit verständlich, daß man bei verschiedenen Echsengattungen und -arten nur selten Exemplare mit einem intakten, noch nicht abgebrochenen Schwanz findet. Bei Echsen, deren Schwänze leicht abbrechen, ist das Regenerationsvermögen äußerst rasch. Die Regeneration eines Echsenschwanzes bezieht jedoch niemals die verlorengegangenen Wirbel mit ein. Der frisch regenerierte Schwanz weist Muskeln auf, die jeglicher Segmentation entbehren. Auch sind Färbung und Beschuppung bei dem meist kürzeren Regenerat anders als bei dem ursprünglichen Schwanz. Der Echsenschwanz funktioniert als Balancier-, als Greif-, als Verteidigungs- und als Speicherorgan. In den Schwänzen vieler Echsen sind Fette gespeichert, die als Nahrungsvorrat dienen und während der Überwinterung abgebaut werden. Besonders auffällig ist der dicke Fettschwanz bei den Krustenechsen, der ein Nahrungs- und vielleicht sogar ein Wasserspeicher ist.

Verbreitung und Lebensräume

Die Echsen kommen in fast allen wärmeren Teilen der Erde vor. In der Neuen Welt erstreckt sich ihre Verbreitung vom südlichen Kanada bis zum südlichsten Südamerika. In der Alten Welt auf dem europäischen Kontinent dringen die Echsen bis fast zum Polarkreis vor. Auf der östlichen Erdhalbkugel in Asien findet man sie vom südlichen Sibirien, von der südlichen Kamtschatka-Halbinsel bis in das südliche Australien hinein und in Tasmanien. Echsen kommen in ganz Afrika vor, und auf den meisten Inseln der Erde leben eine oder mehrere Echsenarten. Nur die Arktis und die Antarktis werden nicht von ihnen bewohnt.

Im Zuge geologischer Zeiträume sind nahezu alle Lebensräume der Erde von Echsen besiedelt worden. Der charakteristischste Echsenbiotop ist der Erdboden. In Anpassung an ihre Umwelt haben die meisten Echsenformen, die auf dem Erdboden leben, einen langen Körper und Schwanz und wohlentwickelte Gliedmaßen, dienlich zum Erjagen von Beutetieren und zum Aufsuchen von Versteckplätzen. Viele Vertreter der im Erdboden grabenden Echsenarten haben in Anpassung an ihren Lebensraum nicht nur ihre Gliedmaßen bis zum völligen Verlust eingebüßt, sondern auch die Augen und die Ohren wurden fast vollständig zurückgebildet. Echsen, die auf Felsen und Bäumen leben, haben nicht selten einen flachen Körperbau, wohlentwickelte Krallen und saugnapfähnliche Strukturen an ihren

Zehen. Nur den Luftraum haben sie nicht erobert, wenn man von den südasiatischen Flugdrachen der Gattung *Draco* absieht, die in elegantem Gleitflug mit ausgebreiteten Hautsäumen auf den Körperseiten von einem Baum zum anderen schweben können. Es gibt Echsen, die weitgehend zum Süßwasserleben übergegangen sind, wie zum Beispiel der auf Seite 106 beschriebene Mertens-Wasserwaran. An einigen Küsten dringen sie sogar in das Meer vor, wie zum Beispiel die Meerechsen der Gattung *Amblyrhynchus* auf Galapagos. Mit ihren scharfen Krallen halten sich die Meerechsen auf dem rauhen Lavagestein unter Wasser fest und grasen die Tangwälder ab. In manchen Gebieten, in denen die Lebensbedingungen nicht sehr vorteilhaft sind, trifft man nur eine geringe Anzahl von Echsen an. In anderen Landstrichen kommen Echsen als endemische Tierarten in ganz speziellen Lebensräumen vor, in die sich diese Reptilien in sogenannte ökologische Nischen vorteilhaft eingepaßt haben. Wenn die Lebensbedingungen wie z. B. Temperaturen und Nahrungsangebot günstig sind, bietet nicht selten eine begrenzte Fläche einer großen Anzahl von Individuen hinreichende Lebensmöglichkeiten. Faktoren, die die Wahl eines Biotopes bestimmen, sind hauptsächlich Temperaturen, einfallende Lichtmenge, Luft- und Bodenfeuchtigkeit, Beschaffenheit des Erdbodens, Versteckplätze, Vegetation und Nahrung.

Nahrung und Beuteerwerb

Nur eine geringe Anzahl von Echsen ernährt sich von Pflanzenteilen und Früchten, wobei sie gelegentlich auch tierische Nahrung zu sich nehmen. Fast gänzlich von Pflanzen leben die in Afrika und Asien beheimateten Dornschwänze. Die Hauptnahrung der großwüchsigen Leguanarten besteht vorwiegend aus allerlei Pflanzenstoffen wie Blättern, Stengeln, Blüten und Früchten, während junge Exemplare und kleine Arten dieser Familie mit Vorliebe Gliederfüßer, Schnekken und Regenwürmer verzehren. Die meisten Echsen sind jedoch Raubtiere, die sich von allen Lebewesen ernähren, die sie überwältigen können. Große Echsenarten schrecken nicht vor kleinen Säugetieren, Vögeln, Reptilien – sogar Giftschlangen und kleinere Schildkröten werden gefressen –, Amphibien, Fischen und niederen Tieren zurück, plündern die Nester von Vögeln aus und wagen sich sogar an die Gelege von Krokodilen, die sie in kurzer Zeit aus dem Erdboden ausscharren. Kleine Echsenarten nehmen hauptsächlich Insekten, Spinnen, Würmer und Schnecken zu sich. Die unverdaulichen Bestandteile der Nahrung wie Pflanzenteile, Chitinpanzer, Haare, Federn, Zähne, Klauen und Fingernägel dienen als notwendige Balaststoffe, die die Peristaltik anregen und mit dem Kot wieder ausgeschieden werden. Die Verdauung läuft um so schneller ab, je mehr sich die Temperatur dem Optimum nähert. Bei optimalen Temperaturen arbeiten die die Nahrung aufspaltenden Verdauungsenzyme besonders wirkungsvoll innerhalb von kurzer Zeit. Somit wird verständlich, daß Echsen bei warmer Witterung viel und bei niedrigen Außentemperaturen wenig Nahrung zu sich nehmen. Manche Arten wie die langsamen Krustenechsen können ohne Schaden lange Zeit ohne Nahrung auskommen. Alle Körper-, besonders aber die Verdauungsfunktionen der Echsen laufen nur bei Außentemperaturen zwischen 30 und 40 °C reibungslos und bestens ab. Temperaturen zwischen 40 und 45 °C wirken tödlich. Aus diesem Grunde sind die meisten Echsen des gemäßigten Klimas Tagtiere, die ihre volle Aktivität am späten Morgen erreichen und sich am Abend, in der Nacht und am frühen Morgen in ihren Schlupfwinkeln unter Steinen, Baumstämmen, unter Rinde, in Erdlöchern und unter allerlei Gegenständen wie Brettern, Blechen usw. verbergen. Bei kalter und nasser Witterung verlassen sie ihre Versteckplätze nicht, da sie bei niedrigen Temperaturen bewegungsträge sind, nur schlecht Beute erjagen und selbst Opfer von Feinden werden können. In subtropischen, in tropischen und in Wüstenzonen, in denen die Temperaturen in der Nacht nur geringfügig absinken, sind nachtaktive und zu dieser Zeit nahrungssuchende Echsenarten nicht selten.
Manch ein Exemplar der pflanzenfressenden Dornschwänze hat eine individuelle Geschmacksrichtung. Aber nicht nur der Geschmack spielt bei diesen Tieren eine Rolle, sondern auch die Farbe der Pflanzen, die verzehrt werden. Dornschwänze, deren Kostzettel unter Obhut des Menschen recht groß ist und die im Terrarium Gänseblümchen, Malvenblüten, Salat, Klee, Rosenkohl, Blumenkohl, allerlei Obst wie Bananen, Trauben, Sultaninen, Birnen, Apfelstücke, Reis, Hanfsamen, Hirse, Erbsen und Mais fressen, werden besonders von gelben Blüten angezogen, wohl deshalb, weil im Frühjahr in der Wüste zahlreiche Pflanzen mit gelber Blüte blühen, an die diese Agamen seit langen Zeiträumen angepaßt sind. Pflanzenfresser sind auch die heute stark gefährdeten Meerechsen der Galapagosinseln. Diese urtümlichen Leguane der monotypischen Gattung *Amblyrhynchus* leben in Scharen vereint auf Felsklippen. Mit ihren scharfen Krallen halten sie sich geschickt an den Lavafelsen

unter Wasser fest. Mit ihrer steil abgestutzten Schnauze weiden sie die auf den Felsen wachsenden Tange ab, indem sie abwechselnd mit der rechten und dann mit der linken Kieferseite die Vegetation abbeißen. Bei diesem Vorgang nehmen sie Salz auf, das sie durch ihre Nasenhöhlendrüsen wieder ausscheiden. Von Pflanzennahrung wie saftigem Kaktus und Guayavitabeeren leben auch die auf Galapagos beheimateten Landleguane *(Conolophus subcristatus)*. Die Kost der stimmfreudigen und weitgehend nachtaktiven Geckos – die anderen Echsenfamilien sind mit wenigen Ausnahmen stumm – besteht aus allerlei Gliederfüßern und Kerbtieren. Vereinzelte Gekkoarten, die auch Pflanzenstoffe und Früchte annehmen, verzehren im Terrarium sogar Pudding. Tokees *(Gekko gecko)* und andere große Geckoarten wie der Neukaledonische Riesengecko *(Rhacodactylus leachianus)* verschmähen auch kleinere Echsen, sogar kleinere Vertreter der eigenen Art, Mäuse und kleine Vögel nicht. Der Verfasser dieses Buches, der viele Tokees in der Natur beobachtet, gefangen und gepflegt hat, fütterte seine Exemplare hauptsächlich mit Grillen und unbehaarten Mäusen von der Pinzette. Tokees schleichen sich lautlos und vorsichtig an ihre Beute heran, packen sie plötzlich mit ihrem Maul und schlagen sie mit einer brüsken Kopfbewegung wuchtig gegen die Unterlage, um sie dann kauend hinunterzuwürgen.

Die Mehrzahl der echten Eidechsen, die Familie der *Lacertidae*, deren Verbreitung sich über Europa, Afrika und Asien erstreckt, erbeutet vorwiegend Insekten und allerlei Gliederfüßer. Einige Arten fressen auch Früchte, Sämereien und sogar Kot.

Besonders interessant ist der Beuteerwerb und die Nahrungsaufnahme der beiden Krustenechsenarten (Gattung *Heloderma*). Diese nordamerikanischen Wüstenechsen speichern in ihrem Schwanz Fett, das bei Bedarf abgebaut wird. In der Natur leben diese Reptilien hauptsächlich von Vogel- und Reptilieneiern und erbeuten nur selten ein kleines Wirbeltier. Das hängt sicherlich mit der langsamen, unbeholfenen Bewegungsweise, aber auch mit dem spezifischen Angebot an Beutetieren im natürlichen Lebensraum zusammen. Im Terrarium lassen sich Krustenechsen mit Hühnereiern, Fleisch, Mäusen, Ratten, Goldhamstern und Hühnerküken ernähren. Schnell nehmen die Krustenechsen das Ei wahr, das man in ihren Behälter legt: Sie bezüngeln es eingehend von allen Seiten und suchen eine geeignete Stelle, um es zu packen. Das Tier richtet seinen Vorderkörper durch Strecken der Vorderbeine leicht auf, beugt den Kopf nach unten, nimmt das Ei in Querlage ins Maul und drückt es dann gegen eine Unebenheit zwischen die Steine, so daß es nicht fortrutschen kann; mit einem einzigen kräftigen Biß durchlöchert es die Schale von einer Seite her und leckt dann den ausfließenden Inhalt auf. Schließlich steckt das Tier seine Schnauze in die Öffnung des angebrochenen Eies und nimmt die Flüssigkeit durch Lecken und kauende Bewegungen der Kiefer auf. In regelmäßigen Abständen hebt es langsam den Kopf und den Vorderkörper, so daß die Flüssigkeit in den Magen hinabläuft. Dabei schließt es die Augen und öffnet sie erst wieder, wenn es den Kopf senkt, um weiterzufressen. Die in ein Terrarium eingebrachten Nahrungstiere nimmt eine Krustenechse sowohl visuell durch deren Bewegungen als auch durch den Geruch wahr. Sie bezüngelt das Opfer, packt es plötzlich und läßt es dann nicht mehr los. Mit Hilfe der langen Zähne schlägt sie eine tiefe, blutende Wunde, in die das im Unterkiefer produzierte Gift-Speichel-Gemisch einfließt. Gebissene Futtertiere sterben meist nach 5, spätestens nach 30 Minuten; sobald sie sich dann nicht mehr bewegen, arbeiten sich die Kiefer der Krustenechse zum Kopf, seltener zum Rumpf des Beutetieres vor, und dann beginnt der Schlingakt, der in der Regel bei mausgroßen Futtertieren weniger als 5 Minuten dauert. In einem Falle packte das größte *Heloderma suspectum suspectum* des Verfassers ein über mittelgroßes Meerschweinchen von hinten und ließ es trotz heftiger Befreiungsversuche nicht mehr los; nach 30 Minuten gab der Nager noch schwache Lebenszeichen von sich, obwohl er bereits bis zum Becken verschlungen war. Der ganze Freßakt dauerte 90 Minuten. Bei Temperaturen zwischen 25 und 30 °C dauert die Verdauung 3 bis 4 Tage.

Die Warane sind ausschließlich Fleischfresser. Sie ernähren sich von allerlei lebenden Tieren, deren junger Nachkommenschaft, Eiern und verschmähen auch Aas nicht, welch letzteres vom Komodowaran sogar bevorzugt wird. Der Bindenwaran soll auf der Malayischen Halbinsel und auf den Inseln des Mergui-Archipels sogar von Leichen fressen, die zur Bestattung auf Bäume gelegt wurden. Warane nehmen ihre Beute unter Zuhilfenahme ihres gut entwickelten Gesichtssinnes und des Geruchssinnes wahr. Sich bewegende Beutetiere werden als solche sofort sicher erkannt. Ein beutesuchender Waran züngelt intensiv und nimmt auf diese Weise mit seiner Zungenspitze Duftstoffe auf. Er verfolgt die Spur eines Beutetieres zielsicher über eine längere Strecke, bis er es gefunden hat. Ein Waran, der ein Beutetier gesichtet hat, stürzt sich mit Vehemenz darauf, packt es mit den Kiefern, schlägt es durch rasche Kopfbewegungen hin und her und gegen den Boden, bis es kein Lebenszeichen mehr von sich gibt.

Große Nahrungsbrocken werden teilweise mit den scharfen Krallen der Vorderbeine zerrissen. Da sich die Schädelknochen und die Knochen des Unterkiefers elastisch gegeneinander bewegen, können Warane ähnlich wie Schlangen erstaunlich große Beutetiere hinunterwürgen. Beim Freßakt werden nicht selten Steine mit verschlungen. Warane können gewaltige Futtermengen verzehren. Als Beutetiere kommen die verschiedenartigsten Säugetiere in Betracht, hauptsächlich jedoch Mäuse und Ratten. Daneben werden Beuteltiere, kleine Raubtiere und Huftiere verzehrt. Der auf Komodo, Rindja, West-Flores und Padar lebende Komodowaran ernährt sich vorwiegend von Hirschen und Schweinen. Warane klettern mit großer Geschicklichkeit auf Bäume, jagen dort Vögel und verzehren deren Gelege. Nicht selten dringen diese gefräßigen Reptilien in Hühnerställe ein und rauben sie vollständig aus. Hier fallen ihnen auch häufig Ratten und Mäuse zum Opfer. Als Kulturfolger halten sich Warane selbst in großen Städten. Der Verfasser sah mehrfach große Binden- und Bengalenwarane auf hohen Bäumen an den Ufern der Klongs in Bangkok. Wie wenig diese dreisten und überlebenstüchtigen Echsen den Menschen meiden, sah ich auf Sri Lanka. Noch viel häufiger als in Bangkok beobachtete ich in Colombo und Kandy Bengalen- und Bindenwarane, die im dortigen Verkehrsgetümmel sogar am hellen Tage ohne Scheu gemächlich über die Straße liefen. Warane überwältigen auch die verschiedenartigsten Echsen. Selbst kleinere Artgenossen, Schlangen – auch giftige – und Schildkröten werden verzehrt. Der Nilwaran gräbt die Eier der Nilkrokodile aus und vernichtet auf diese Weise ganze Krokodilsgelege. Auf dem Speisezettel der Warane stehen neben Fröschen und Fischen eine Unzahl wirbelloser Tiere. Mehrfach sah ich Bindenwarane in Teichen und in Reisfeldern im flachen Wasser beim Frosch- und Fischfang. Auf der südthailändischen Insel Phuket traf ich regelmäßig im Mangrovendickicht Bindenwarane an, die hier zwischen den häufigen Sonneratiapflanzen Krebse, Schnecken, Muscheln und Seefische fangen. Fische werden nicht selten tauchend und schwimmend erbeutet. Wie die Krustenechsen, können auch die Warane schadlos längere Zeit ohne Nahrung auskommen, wobei die Fettvorräte im Schwanz und im Leibesinnern aufgebraucht werden.

In höchstem Maße ungewöhnlich ist der Beutefang der nur in der Alten Welt beheimateten *Chamäleons*. Neben einem bemerkenswerten Farbwechselvermögen haben diese recht langsamen und weitgehend baumbewohnenden Geschöpfe eine nicht alltägliche Eigenschaft. Wie ein Scharfschütze vermag ein Chamäleon seine lange, am Ende keulenartig verdickte Zunge weit vorzuschleudern und so ein Beutetier zu umfassen und festzukleben. Mit Hilfe der großen, halbkugelförmigen Augen, die sich unabhängig voneinander in jede beliebige Reihenfolge drehen können, nimmt ein Chamäleon ein sich bewegendes Beutetier wahr. Stets dreht es sich in Richtung auf das Beutetier hin. Mit seinem muskulösen Greifschwanz und den Zehen – die beiden äußeren und die drei anderen sind je bündelartig miteinander verwachsen – hält sich das Chamäleon auf einem Ast fest. Das Maul wird nur einen kleinen Spalt geöffnet, und im Bruchteil einer Sekunde schießt die Zunge vor, klebt und hält das Beutetier fest und verschwindet fast ebenso schnell wieder im Maul. Das Nahrungsobjekt wird nun unter Kauen hinuntergewürgt. Chamäleons ernähren sich von Insekten und allerlei wirbellosen Tieren. Einige große, in Afrika und auf Madagaskar vorkommende Chamäleonarten fressen sogar Mäuse und Vögel.

Fast alle Echsenarten trinken, indem sie ihre Zunge ins Wasser tauchen und wieder in die Mundspalte zurückziehen. Vielen Echsen genügt der Morgentau. Manche Echsen, unter ihnen besonders wüstenbewohnende Arten, können monatelang ohne Wasser auskommen. Sie beziehen ihre Feuchtigkeit aus der Nahrung.

Fortpflanzung

Bei den Echsen gibt es zwei unterschiedliche Geschlechter. Jungfernzeugung *(Parthenogenese)*, die eine eingeschlechtliche Fortpflanzungsweise – die Entstehung von Nachkommen aus unbefruchteten Eiern – darstellt, ist selten. Jungfernzeugung kommt unter anderem bei gewissen parthenogenetischen Rassen der kaukasischen Felseneidechsen aus der Gattung *Lacerta* und bei den amerikanischen Rennechsen aus der Gattung *Cnemidophorus* vor. *Parthenogenese* wurde weiterhin bei folgenden Echsenfamilien beobachtet: *Teiidae (Gymnophthalmus, Leposoma), Gekkonidae (Hemidactylus, Lepidodactylus, Gehyra), Agamidae (Leiolepis), Chamaeleonidae (Brookesia), Xantusiidae (Lepidophyma), Iguanidae (Basiliscus).*

Die Geschlechtsunterschiede, die ein sofortiges, richtiges Erkennen von Männchen und Weibchen erlauben, sind nicht selten deutlich ausgeprägt. Die Männchen sind oft bunter gefärbt, größer und von stattlicherem und kräftigerem Körperbau als die Weibchen. Das ist bei zahlreichen Echsen aus der Gattung *Lacerta, Podarcis*, weiterhin bei Leguanen, Agamen und Waranen der Fall. Zauneidechsenmännchen sind im Frühjahr auf den Flanken und auf der Bauchseite wunderschön grün gefärbt. Smaragdeidechsenmännchen haben zur Paarungszeit eine blaue Kehle. Männchen des nordamerikanischen Breitkopfskinkes *(Eumeces laticeps)* sind im Frühjahr ziegelrot gefärbt. Bei Echsen aus den gemäßigten Klimazonen in Nordamerika, Europa und Asien erwacht der Fortpflanzungstrieb im Frühjahr nach der Winterstarre. Die Männchen unserer heimischen Eidechsen sind zu dieser Zeit überaus streitsüchtig, sie imponieren einander und nehmen eine typische Drohgebärde ein. Die dickköpfigeren Männchen richten sich vorne empor, der Kopf wird nach unten geneigt, die Kehle vorgewölbt und der Körper seitlich abgeflacht. Oft verfolgen sie sich und beißen sich, wobei gelegentlich der Schwanz abreißt. Bei der Paarung ergreifen die Männchen die Weibchen mit dem Maul meist im Nackenbereich oder an den Körperseiten. Das Männchen liegt dabei mit seinem Bauch auf dem Rücken des Weibchens in gekrümmter Haltung. Durch Abdrehen des Rumpfes nähern Männchen und Weibchen ihre Kloaken einander. In der Regel legt das Männchen eine seiner Vordergliedmaßen auf den Rücken des Weibchens.

Mit Ausnahme der Bergeidechse – diese bringt lebende Junge zur Welt – legen die europäischen Lacertiden Eier – gelegentlich über 20 an der Zahl – in den lockeren Erdboden, unter Steine, in Felsspalten, unter umgefallene Baumstämme, unter Rinde, in Moos usw. Tropische Echsen vergraben ihre Eier zuweilen in den Erdboden, legen sie in hohlen Bäumen ab, kleben sie an Wände, an Bretter oder unter Dächern an oder vertrauen sie Termitennestern an, wie das der Nilwaran tut.

Die Eier, die eine pergamentähnliche bis lederartige Außenhaut besitzen, sind gelegentlich klumpenartig zu einem Gelege verklebt. Meist liegen sie jedoch unverklebt neben- und übereinander. Je nach jeweiligen Umgebungstemperaturen und Luftfeuchtigkeit beträgt die Inkubationsdauer wenige Wochen bis mehrere Monate. Zahlreiche Echsen bringen lebende Junge in einer dünnhäutigen, transparenten Eischale zur Welt.

Wachstum und Lebensdauer

Jeder Organismus vermehrt seine lebende Substanz durch Aufnahme von Nahrung. Während der Wachstumsvorgänge kommt es zu irreversiblen Formveränderungen des Körpers, die mit einer bleibenden Volumenzunahme gekoppelt sind. Das unter natürlichen Bedingungen ablaufende Wachstum von Echsen ist bisher kaum bekannt. Das Wachstum hängt weitgehend von der Futtermenge und von den Umgebungstemperaturen ab. Die meisten Angaben über das Wachstum von Echsen beziehen sich auf Tiere, die in Terrarien gepflegt werden. Echsen wachsen in der ersten Zeit ihres Lebens rasch, danach langsamer. Die nun folgenden Angaben stammen von Echsen, die unter Obhut des Menschen geboren wurden und aufwuchsen. Ein junges Zwergchamäleon *(Chamaeleo pumilus)* erreichte in den ersten 3 Lebensmonaten zwei Drittel der Größe seiner Eltern. Junge Mauereidechsen *(Podarcis muralis)* waren bei hinreichender Fütterung bereits nach 6 Monaten halbwüchsig. Eine junge Krustenechse *(Heloderma suspectum cinctum)* des Verfassers vermehrte seine Körperlänge innerhalb von einem Jahr von 16 auf 40 cm. Junge Grüne Leguane *(Iguana iguana)* wuchsen in 11 Monaten von 23 cm auf 65 cm heran. Nach 3 Jahren hatten die gleichen Tiere eine Körperlänge von 100 cm erreicht. Leierkopfagamen *(Lyriocephalus scutatus)*, die bei der Geburt eine Körperlänge von 56 bis 61 mm hatten, wuchsen in einem Jahr auf 17,5 bis 17,8 cm heran. Taggeckos *(Phelsuma standingi)* wuchsen innerhalb von 2 Monaten von 75 bis 85 mm auf 150 bis 170 mm heran. Junge Helmbasilisken *(Basiliscus plumifrons)* verdoppelten fast ihre Körperlänge im Verlauf von 4 Monaten von 13 cm auf 25 cm. Agamen der Gattung *Phrynocephalus* können in den ersten 4 Lebenswochen pro Tag mehr als einen halben Millimeter wachsen. Bei einem Halsbandleguan *(Crotaphytus collaris)* stellte man in den ersten Lebenswochen ein Wachstum von 1 mm pro Tag fest. Im Laufe von 8 Wochen wachsen Halsbandleguane auf die doppelte Länge heran. Die Geschwindigkeit, mit der Echsen wachsen, variiert sogar innerhalb der gleichen Art sehr. Einzelne Individuen überholen die Geschwistertiere an Körperlänge in der gleichen Zeit.

Die regelmäßig erfolgenden Häutungen von Echsen hängen nicht nur von hinreichender Nahrungsaufnahme, dem Gesundheitszustand der Tiere, der Umgebungstemperatur und der Feuchtigkeit ab, sondern auch vom Wachstum. Während des Wachstums und während der Aktivitätsperiode häuten sich Echsen durchschnittlich alle 4 bis 6 Wochen. Die Haut wird stets in Fetzen abgestreift. Die meisten Echsen verlangsamen ihr Wachstum oder stellen es gänzlich ein, wenn sie die Geschlechtsreife erreichen. Panzerechsen wachsen hingegen bis zu ihrem Lebensende.

Die meisten Altersangaben von Echsen stammen ebenfalls von Tie-

ren, die unter Gefangenschaftsbedingungen gehalten wurden. Eine bedeutsame Rolle für die Langlebigkeit gewisser Echsen spielt die Dauer der Überwinterung. Echsen aus dem Norden ihres Verbreitungsgebietes leben länger als Exemplare aus südlichen Gebieten. Wegen der höheren Durchschnittstemperatur sind die in wärmeren Gebieten lebenden Echsenpopulationen über das ganze Jahr aktiv, während die in kühleren Zonen lebenden Artvertreter eine mehrmonatige Winterpause einschalten. Unter dem Einfluß einer erhöhten Dauertemperatur altern die Tiere schneller. Zaunleguane *(Sceloporus undulatus)* aus Florida erreichen ein Lebensalter von kaum 2 Jahren, während Tiere der gleichen Art aus dem kühlen Norden eine Überwinterung von 5 bis 6 Monaten einschalten und dabei 4 bis 8 Jahre alt werden. Die meisten Amphibien und Reptilien, die Echsen mit eingeschlossen, erreichen unter Terrarienbedingungen ein höheres Alter als in der Natur. Bei sachgerechter Pflege werden Echsen auch in Terrarien einer mehrmonatigen Überwinterung bei niedrigen Temperaturen ausgesetzt. Die Terrarienpfleglinge sind überdies vor Freßfeinden geschützt, und viele Krankheiten und Parasiten werden mit modernen Heilmitteln wirkungsvoll bekämpft.
Der amerikanische Herpetologe Goin gibt für einige Echsen das folgende Maximalalter an: Mauergecko *(Tarentola mauritanica)* 7 Jahre, Drusenkopf *(Conolophus subcristatus)* 15 Jahre, Australische Wasseragame *(Physignathus lesueuri)* 6 Jahre, Cunninghams Dornschwanzskink *(Egernia cunnignhami)* 20 Jahre, Riesengürtelschweif *(Cordylus giganteus)* 5 Jahre, Schwarzweißer Teju *(Tupinambis teguixin)* 13 Jahre, Blindschleiche *(Anguis fragilis)* 54 Jahre, Krustenechse oder Gila-Tier *(Heloderma suspectum)* 20 Jahre – ein Gila-Tier des Verfassers lebt bereits seit 34 Jahren in Gefangenschaft –, Buntwaran *(Varanus varius)* 7 Jahre. Besonders detaillierte Altersangaben von 127 Echsenarten aus 14 Familien gibt Kevin Bowler in seiner Broschüre: «Longevity of Reptiles and Amphibians in North American Collections».

Giftige Echsen

Mit Ausnahme der Krustenechsen sind alle Echsen ungiftig. Zu den bemerkenswertesten Vertretern der nordamerikanischen Echsenwelt gehört die erdgeschichtlich alte Familie der Helodermatidae. Wir unterscheiden 2 rezente Arten: das Gila-Tier, auch Krustenechse *(Heloderma suspectum)* genannt, und die Skorpionskrustenechse *(Heloderma horridum)*. Das Gila-Tier spaltet sich in 2 und die Skorpionskrustenechse in 3 Unterarten auf. Durch ihre gedrungene Gestalt und den dicken Schwanz, der als Nahrungs- und vielleicht auch als Wasserspeicher dienen kann, unterscheiden sie sich schon äußerlich von den meisten Echsen; ihre auffällige schwarz-rosa oder schwarz-gelbe Körperfärbung dürfte eine Warntracht darstellen. Der Giftapparat, der hier im Gegensatz zu den Schlangen im Unterkiefer liegt, dient vorwiegend der Verteidigung, denn die Krustenechsen fressen hauptsächlich Eier sowie nestjunge Nager und Vögel, die sie auch ohne Gift bewältigen können. Allerdings dürfte das Gift, wie bei den Schlangen, beim Fermentations- und Verdauungsprozeß eine Rolle spielen: Von *Heloderma horridum* und von *Heloderma suspectum* gebissene Mäuse und Ratten gehen schneller in Verwesung über als andere, gleichzeitig getötete.
Heloderma horridum ist im zentralen und südlichen Mexiko im Bereich der Westküste und im Norden Guatemalas beheimatet. Die Lebensräume dieser Art sind savannenartige, lichte Laub- und Kiefernwälder, weiterhin Gegenden mit niedrigem, dornigem Gestrüpp in Höhenlagen zwischen 300 und 1200 m. Die jährlichen Niederschläge, die hauptsächlich im Juli und August fallen, betragen ungefähr 70 cm. Die Trockenzeit ist im März, April und Mai. Das Verbreitungsgebiet von *Heloderma suspectum* erstreckt sich über Teile von Nevada, Utah, Arizona, Neumexiko und das nordwestliche Mexiko, weiterhin über die Providence Mountains in Südostkalifornien. Der natürliche Lebensraum des Gila-Tiers sind die Sonora-, die Chihuahua- und Teile der Mohave- und Coloradowüsten, deren Vegetationsbilder von Charakterpflanzen wie den riesigen Sahuarokakteen *(Carnegeia gigantea)*, Paloverdebäumen *(carcidium microphyllum)*, Kreosotbüschen *(Larrea divaricata)*, Ocotillos *(Fouquieria splendens)*, Mesquiten *(Prosopis juliflora)* und allerlei xerophilen Gräsern repräsentiert werden. Die drei erstgenannten Pflanzenarten sind so bestimmend für dieses Gebiet, daß überall dort, wo sie auftreten, mit größter Regelmäßigkeit auch *Heloderma suspectum* angetroffen wird. Erwähnenswert ist die Tatsache, daß in diesen heißen, aber nicht allzu trockenen Wüsten während des Sommers hohe Niederschläge zwischen 23 und 37 cm Höhe zu verzeichnen sind. Wegen ihrer prächtigen Körperfärbung, ihrer interessanten Verhaltensweisen und ihrer einfachen Pflege gehören Krustenechsen beider Arten zu den Juwelen privater und öffentlicher Reptiliensammlungen. Der Bodengrund eines Krustenechsenterrariums sollte aus einem etwa ca. 15 bis 20 cm tiefen Sand-Kies-Gemisch bestehen. Wegen der

meist nächtlichen Wühltätigkeit der Giftechsen müssen die Steine, die die Schlupfwinkel bilden, fest einzementiert werden. Krustenechsen baden mit Vorliebe stundenlang. Daher darf ein größeres Gefäß mit frischem Wasser nie fehlen. Auch eine Bodenheizung, die lokal eine milde Wärme von 30 bis 35 °C abgibt, ist stets angezeigt. Die Beleuchtung, die den Behälter mit hellem Licht durchfluten soll, sollte 12, besser 14 Stunden täglich in Betrieb sein. Tagestemperaturen zwischen 28 und 35 °C sind günstig. Am besten liegt die Wärme zwischen 28 und 30 °C. Ein Fallen der nächtlichen Temperatur auf 18 bis 20 °C kommt natürlichen Bedingungen nahe.

Während des Tages liegen Krustenechsen oft bewegungslos, häufig mit geschlossenen Augen vor oder in ihrem Versteck. Beim Schlaf liegen die Tiere lang ausgestreckt auf dem Bauch, Vorder- und Hintergliedmaßen sind dabei seitwärts nach hinten abgespreizt. Zuweilen wird der Körper s-förmig gekrümmt oder so kreisförmig eingebogen, daß Kopf und Schwanz sich berühren. Eine charakteristische Schlafstellung ist die Seitenlage, bei der die Vorder- und Hinterextremität einer Körperseite abgespreizt werden. Nur selten liegt ein Gila-Tier auf dem Rücken und streckt alle viere von sich, so daß man den Eindruck hat, das Tier sei tot.

Krustenechsen kriechen mit gesenktem Kopf meist züngelnd umher. Ihre eigentliche Bewegungsaktivität verlegen die scheinbar so trägen Echsen in die beginnende Dämmerung und in die Nacht. Stundenlang wandern sie umher. Mit Vorder- und Hinterextremitäten wühlen sie im Boden herum und schlüpfen in selbstgegrabene Höhlen. Ihr Klettervermögen ist hervorragend. Über Beutefang und Nahrungsaufnahme von Krustenechsen wurde bereits im Kapitel «Nahrung und Beuteerwerb» berichtet.

Wie bei den meisten Echsen verläuft die Häutung von Krustenechsen in unregelmäßigen Zeitabständen in Fetzen. Sie beginnt meist unter dem Bauch und an den Körperseiten und schreitet gegen den Rücken hin vor.

In den Sommermonaten legen Krustenechsen 4 bis 13 Eier. Diese sind länglich-oval und haben eine pergamentähnliche Haut. Bei Temperaturen zwischen 25 und 30 °C schlüpfen die Jungen nach 3 bis 4 Monaten. Bei der Geburt haben sie eine Länge von ungefähr 16 cm. Nach Aufzehren des letzten Dottermaterials in ihrer Bauchhöhle fressen sie nackte Mäuse und Eigelb. Bei hinreichendem Nahrungsangebot ist das Wachstum kleiner Krustenechsen auffallend rasch. Nach 2 bis 3 Jahren ist die Geschlechtsreife erreicht.

Echsen als gefährdete Tiere

In der irrigen Vorstellung, Amphibien und Reptilien seien glitschig, schleimig, widerlich, schädlich und gefährlich, hat der Mensch diese Tiere aus purer Unkenntnis in den vergangenen Jahrhunderten bis in die Jetztzeit gezielt verfolgt. Unter solchen Vorurteilen hatten nicht nur Frösche, Kröten, Molche, Salamander, Schlangen und Schildkröten zu leiden, sondern im besonderen Maße auch die Panzerechsen- und Echsenwelt. Wenn hier nicht eine Umkehr erfolgt, wird die gesamte Reptilienwelt in absehbarer Zeit der Vergangenheit angehören.

Für die meisten Menschen spielen Echsen eine recht untergeordnete Rolle, da sie keinen oder nur einen geringen ökonomischen Wert zu haben scheinen. Wegen ihrer oft versteckten Lebensweise sind sie nur schwierig zu beobachten, und als jagdbare Tiere kommen sie kaum in Betracht. Vergessen wird allerdings oft, daß diese Tiere im ökologischen Gesamtgefüge ihren sinnvollen Platz haben.

So spielen zum Beispiel Leguane und Warane im Leben der Menschen eine große Rolle. Sie sind nicht nur wegen ihres wertvollen Leders, sondern in zahlreichen Ländern auch als Fleischlieferanten sehr geschätzt. Alle größeren Warane sind eifrige Mäuse- und Rattenjäger. Diese Nager verzehren besonders in den unterentwikkelten Ländern Afrikas und Südasiens einen beträchtlichen Teil der Getreideernte oder machen das Getreide durch ihren Kot und Urin unbrauchbar. Somit schädigen sie die hungernde Bevölkerung. Wo Warane und Schlangen – wie es in Indien der Fall war – durch menschliche Eingriffe vermindert wurden, vermehrten sich die Mäuse und Ratten.

Kleine Echsen, wie zum Beispiel Geckos, ernähren sich weitgehend von Insekten, auch solchen, die dem Menschen auf vielfache Weise schaden, sei es als Parasiten wie Malariamücken oder als Schmarotzer auf Nutzpflanzen. Dies nur ein paar Beispiele: sie machen deutlich, welche Rolle Echsen bei der biologischen Schädlingsbekämpfung spielen und wie groß unser Interesse an ihrem Schutz sein sollte.

Aus verschiedenen Gründen sind aber zahlreiche Echsenarten selten geworden, in ihrer Existenz bedroht oder stehen gar vor der unmittelbaren Ausrottung. Ernst ist die Lage auf Inseln, einzelnen Bergen und anderen kleinflächigen Gebieten, in die sich manche Echsenarten im Zuge langer Zeiträume in sogenannte ökologische Nischen harmonisch eingepaßt haben. Auf Inseln kommen nicht selten die

eigenartigsten Tiergestalten vor, die nirgends sonst zu finden sind. Die in ökologischen Nischen lebenden Echsenpopulationen kommen meist nur in begrenzter Anzahl vor. Auf Eingriffe von seiten des Menschen reagieren sie empfindlich mit Verminderung oder völligem Erlöschen ihrer Bestände.
Die Umgestaltung des natürlichen Lebensraumes durch Vernichtung der Pflanzendecke wirkt sich auf alle Tiere einschließlich der Echsen verheerend aus. Ein besonders schwerwiegendes Beispiel ist dem Verfasser aus den Tagen seiner Jugend im Gedächtnis haften geblieben. Die Kirchhellener Heide bei Bottrop war nach dem Zweiten Weltkrieg bis in die fünfziger Jahre hinein ein Paradies für verschiedene heimische Amphibien- und Reptilienarten. Der letzte Weltkrieg brachte der dortigen Tierwelt eine erfreuliche Schonzeit. Hier gab es Bergeidechsen, Zauneidechsen, Moorfrösche, Wasserfrösche in Hülle und Fülle, dazu Blindschleichen, Schlingnattern, Kreuzottern, Erdkröten, Kreuzkröten, Bergmolche, Teichmolche und Kammolche. Ein Teil der Kirchhellener Heide war wegen seiner zahlreichen Zauneidechsen unter der Bezeichnung «Eidechsenkammer» allgemein bekannt. Dieses teilweise feuchte, an verschiedenen Stellen auch trockene Sandgebiet war weitflächig von Heidekrautbeständen überwachsen. Die vereinzelt stehenden Birken und Kiefern ließen hinreichende Helligkeit und Sonne zum Boden durch und dienten den Echsen darüber hinaus auch als Schlupfwinkel. An einem Sommermorgen des Jahres 1952 zählte ich im Verlauf von zwei Stunden auf einer Fläche von ungefähr 10 000 m^2 65 Zauneidechsen. Wo man ging, raschelte es, und wieder verschwand eine Zauneidechse im Heidekraut. In den siebziger Jahren besuchte ich das bezeichnete Gebiet wieder. Die einst so hübsche Landschaft war wohl im Sinne der Flurbereinigung so sehr umgestaltet worden, daß ich die Örtlichkeiten, die ich als Junge so häufig besucht hatte, nicht mehr wiedererkannte. Die «Eidechsenkammer» existierte nicht mehr. Birken und Kiefern waren der Säge zum Opfer gefallen. Die sanften Hügel hatte man eingeebnet. Wo früher Calluna, Erica, Moosbeeren, Wollgras und Sonnentau in natürlicher Ordnung wuchsen, herrschte jetzt perfekte menschliche Disziplin mit eintönigem, niederem Graswuchs. Mehrere Stunden suchte ich das Gelände nach Zauneidechsen ab. Mein Suchen war ohne Erfolg. Ich konnte nicht ein einziges Exemplar finden. Das Absinken der Zauneidechsenpopulationen geht auf die Erweiterung der landwirtschaftlich genutzten Fläche zurück und auf das Abbrennen von Böschungen und Hecken im Frühjahr.
So wie es der Eidechsenkammer ergangen ist, so dürfte es vielen anderen naturnahen und natürlichen Lebensräumen auf der Erde ergangen sein. Mit der Zerstörung der natürlichen Umwelt verschwinden Pflanzen und Tiere. In höchstem Maße verheerend wirkt sich das Abholzen der tropischen Regenwälder aus. Es werden nicht nur Bäume, Sträucher und Bodenkräuter zerstört, sondern die gesamte dort lebende Tierwelt ausgerottet. Es verschwinden die asiatischen Elefanten, die Nashörner, die Tapire, die Affen, die Faultiere, die Tiger, die bunten Vögel, die Insekten, die Spinnen, die Landschildkröten, die Schlangen und die Echsen. Durch die Vernichtung der Bäume droht zahlreichen Schlangen- und Echsenarten, die an ein Leben auf Bäumen angepaßt sind, wie vielen Geckos, Chamäleons, Leguanen, Anolis, Waranen, Agamen und wenigen Skinken der unwiderrufliche Untergang. Der größte aller Skinke, der Salomonen-Riesenskink *(Corucia zebrata)* ist ein Tropenwaldbewohner und lebt auf Bäumen. Werden die Bäume abgesägt, ist den Salomonen-Riesenskinken und anderen baumbewohnenden Echsen die Existenzgrundlage entzogen.
Die Trockenlegung von Feuchtgebieten, Sümpfen und Mooren zerstört die dort lebenden Pflanzen und wirkt sich äußerst negativ auf die dort lebenden Tiere aus. Bergeidechsen verschwinden oder werden selten, wenn Moore drainiert werden. In den Tropen werden Warane, Wasseragamen, Segelechsen und andere am Wasser lebende Echsen in ihrer Existenz gefährdet, wenn der Lebensraum Wasser angegriffen oder zerstört wird. Selbst in Wüstengebieten hat das Wasser einen Einfluß auf das Leben der Reptilien. Wenn den durch Wüsten fließenden Flüssen aus irgendwelchen Gründen das Wasser entzogen wird, sinkt der Grundwasserspiegel. Der feuchte Sand unter der Wüstenoberfläche wird trocken. Dadurch schrumpfen die Eigelege von Echsen und Schlangen ein und kommen nicht mehr zur Entwicklung. Derartiges spielt sich augenblicklich in der Umgebung von Tozeur in der südtunesischen Wüste ab, wo einem Oued das Flußwasser zum Waschen von Phosphaten entzogen wird.
Werden die Legesteinmäuerchen in den Weinbergen durch fugenlose Betonmauern ersetzt, nehmen die Mauereidechsen an Zahl ab.
Wie schon gesagt, sind auf Inseln lebende Tiere in höchstem Maße empfindlich für Biotopveränderungen und Eingriffe in ihren Lebenszyklus. Die größte Inselechse der Erde ist der auf Rintja, Padar, West-Flores und Komodo lebende, über 3 m lang werdende Komodowaran. Der Niedergang der Komodowarane hängt mit dem Anzünden des hohen Savannengrases zusammen, ebenso sehr wie mit

dem exzessiven Fang dieser Tiere für zoologische Gärten. Das Fleisch des Komodowarans wird gegessen. Die Chinesen verwenden das Öl aus den beiden Fettkörpern des Komodowarans als begehrtes Heilmittel.
Die Faraglione-Eidechse *(Podarcis sicula coerulea)* lebt nur auf einigen kleineren Inseln bei Capri. Die sehr schönen Eidechsen sind durch eingeschleppte Ratten gefährdet wie auch durch Fänge für den Tierhandel. Die Meerechsen *(Amblyrhynchus cristatus)* und die Drusenköpfe *(Conolophus cristatus)* sind ausschließlich auf den Galapagosinseln beheimatet. Auch sie sind von der Ausrottung bedroht. Typische Inselfaunen beherbergen die Antillen, Madagaskar, Sri Lanka, die Sundainseln und andere Inseln. Die Echsenwelt dieser Inseln ist durch menschliche Einflüsse in unterschiedlichem Maß bedroht.
Großen Schaden unter der Tier- und Pflanzenwelt richten Pestizide und andere Chemikalien an, die vom zivilisierten Menschen bedenkenlos ausgestreut werden. Echsen werden durch Pestizide nicht nur direkt vergiftet, sondern die ihnen als Nahrungstiere dienenden Insekten gehen gleichfalls zugrunde. Pestizide wirken nicht nur spezifisch auf eine Art von Schädlingen, sondern sie vernichten auch alle anderen Lebewesen, die mit diesen Giften in Berührung kommen.
Durch Entlaubungsaktionen in tropischen Regenwäldern sind auf weite Flächen zahlreiche, verschiedenartige Echsenpopulationen für immer ausgelöscht worden.
Wenn fremde Tierarten in Gebiete eingeführt werden, in denen sie vorher nicht vorkamen, spricht man von Faunenfälschung. Wo Menschen leben, gibt es Mäuse und Ratten. Als treue Begleiter des Menschen werden diese Nagetiere überall hin verschleppt. Sie vernichten nicht nur die Vegetation, sondern auch kleinere Echsen und deren Gelege. So sind Mäuse und Ratten an der Verminderung von Kielschwanzleguanen auf Galapagos mitbeteiligt. Genauso gefährlich wie Nagetiere sind verwilderte Haustiere. Katzen und Hunde machen Jagd auf Echsen. Schweine buddeln deren Eigelege aus und fressen sie. Wo Haustiere wildern, werden auch die Echsen selten.
Eine äußerst ungünstige Wirkung auf die Tierwelt hat der moderne Autoverkehr. Asphaltstraßen zerschneiden ehemals gesunde Biotope. Zahlreiche Tierformen gewöhnen sich auch nach längerer Zeit nicht an derartige Eingriffe. Besonders hoch sind die Opfer unter Fröschen, Kröten und Salamandern, die vor allem nach Regenfällen totgefahren werden. Auch viele Schlangen und Echsen – besonders nachtaktive Formen, die umherwandern – werden durch das Automobil getötet. In den südwestlichen USA werden Krustenechsen häufig in der Nacht und am frühen Morgen überfahren. Ich sah in den USA und in Mexiko verschiedenartige Leguane, in Europa Blindschleichen, Scheltopusiks, Smaragdeidechsen, Riesensmaragdeidechsen, Perleidechsen und Mauereidechsen, in Nordafrika Dornschwanzagamen und in Südostasien Warane und Skinke, die zu Verkehrsopfern geworden waren.
Auch ein verantwortungsloser Tierhandel ist an der Ausrottung zahlreicher Echsenarten mitbeteiligt. Besonders bedroht ist eine Schar von Echsenarten, die selten geworden und daher besonders begehrt sind. Für solche Echsen werden oft hohe Preise gezahlt. Zu erwähnen wären hier besonders verschiedene seltene Leguane *(Cyclura cornuta)*, Warane (alle australischen Arten), Agamen *(Amphibolurus barbatus, Hydrosaurus amboinensis, Chlamydosaurus kingi)*, Chamäleons (alle madagassischen Arten), Geckos *(Chondrodactylus angulifer, Hemitheconyx caudicinctus)*, Skinke *(Corucia zebrata)* und die beiden Arten von Krustenechsen *(Heloderma horridum, Heloderma suspectum)*.
Direkter Mord an Panzerechsen und Echsen, «aus Spaß an der Freud» oder «just for fun» kommt gelegentlich vor. Bei den Panzerechsen wurde schon im Kapitel «Krokodile als gefährdete Lebewesen» darauf hingewiesen. Zahlreiche Drusenköpfe wurden Opfer von Soldaten, die im Zweiten Weltkrieg auf den Galapagosinseln stationiert waren und aus Langeweile auf diese seltenen Tiere schossen.
In vielen Ländern Afrikas, Südasiens, Mittel- und Südamerikas sind größere Echsen als Fleischlieferanten besonders geschätzt. So werden auf den Märkten Lateinamerikas Leguane, in Nordafrika Wüstenwarane und in Asien Bengalenwarane und Bindenwarane zu Speisezwecken meist von der ärmeren Bevölkerungsschicht gekauft. Auch Waraneier, die wie Schildkröteneier schmecken sollen, werden gegessen.
Schlangen, kleine Krokodile und Kaimane, Schildkröten und allerlei Echsen werden in tropischen Ländern oft in großer Anzahl getötet und in Souvenirläden für billiges Geld an Touristen verkauft. Trockenpräparate der genannten Reptilien wurden mir in größter Zahl in Nordafrika und in Thailand angeboten.
Da zahlreiche Arten, von denen viele einst häufig waren, durch die Unvernunft und Rücksichtslosigkeit des Menschen teilweise oder ganz von der Ausrottung bedroht sind, wurde am 3. März 1973 das

«Abkommen über den internationalen Handel mit gefährdeten Arten freilebender Tiere und Pflanzen» (Washingtoner Artenschutzübereinkommen) unterzeichnet. Diesem Abkommen traten im Lauf der Jahre zahlreiche Staaten bei. In der Bundesrepublik Deutschland erlangte es im Juni 1976 Gesetzeskraft. Dem Gesetz sind bisher Anhang I und Anhang II angegliedert. In Anhang I sind Formen aufgeführt, die völlig unter Schutz stehen; ein Handel mit den dort verzeichneten Arten ist nur noch in Ausnahmefällen und auf Grund besonderer Genehmigungen möglich. Mit Arten, die in Anhang II aufgeführt sind, darf nur noch gegen Vorlage einer amtlichen Genehmigung des exportierenden Staates gehandelt werden.

Unter Anhang I fallen zum Beispiel sämtliche Panzerechsen mit Ausnahme des Mississippi-Alligators, die Krustenechsen, verschiedene Leguane und Warane.

Noch wird allerdings in vielen der in Frage kommenden Länder das Washingtoner Artenschutzgesetz kaum wirklich angewandt; der Bevölkerung ist es sogar häufig unbekannt.

Es ist der Wunsch des Verfassers, Panzerechsen und Echsen so vielen Menschen wie nur möglich nahezubringen und so wenigstens einen kleinen Beitrag zum Schutz dieser Lebensformen zu leisten. Wie alle anderen Organismen dieser Erde sind auch sie, die so oft «Geächteten des Tierreichs», gleichwertige Integrationsstufen einer lebenden und all-einen Natur mit dem gleichen selbstverständlichen Existenzrecht, das der Mensch so selbstherrlich für sich in Anspruch nimmt. Wir müssen begreifen lernen, daß jegliche Naturerhaltung nicht nur eine ethische Pflicht, sondern auch eine Überlebensnotwendigkeit ist. Wie der Ganges-Gavial, die Krustenechse oder die Blindschleiche hängt auch der Mensch von einer vielfältigen Natur ab; zerstört er sie, gefährdet er sich selber. Sondert er sich in der gleichen Geisteshaltung wie bisher zunehmend aus dem lebenden Gesamtgefüge ab, so wird er diese Welt nur noch so lange als «Herr» verwalten können, bis er selbst untergeht.

Echsen

Geckos

Die Familie der Geckos, auch Haftzeher genannt, tritt in über 80 Gattungen und in über 650 Arten auf. Diese kleinen Echsen bewohnen die gemäßigten, die subtropischen und die tropischen Gebiete der Erde, wo sie in den unterschiedlichsten Lebensbereichen anzutreffen sind. Der Kopf der Geckos ist in der Regel groß und setzt sich deutlich vom Hals ab. Die recht großen, vorstehenden Augen können bei den meisten Geckos nicht geschlossen werden, da die Lider vor dem Auge zu einer Kapsel verwachsen sind. Die Pupille bildet im hellen Licht einen senkrecht verlaufenden Spalt. Auf der Körperoberseite und auf den Flanken ist die dünne Haut von kleinen, körnchenähnlichen Schuppen bedeckt. Auf der Unterseite der Finger und Zehen befinden sich lamellenartige Haftpolster. Diese bestehen aus Reihen mikroskopisch kleiner Hakenzellen. Mit Hilfe der Hakenzellen können Geckos auch an ziemlich glatten Flächen Halt finden und laufen. Manche Geckos haben am Schwanz zusätzliche Haftorgane. Der Schwanz kann auch verdickt sein und als Nahrungsspeicher dienen. Zahlreiche Geckos sind in der Lage, ihre Körperfärbung kurzzeitig zu ändern. Ein besonderes Charakteristikum der Geckos ist, daß sie stimmbegabt sind. Die Nahrung besteht weitestgehend aus Gliederfüßern. Hin und wieder werden auch Echsen – sogar Vertreter der eigenen Art –, junge Schlangen, kleine Mäuse und nestjunge Vögel erbeutet. Nur wenige Geckos nehmen pflanzliche Stoffe auf. Die Haut wird von Zeit zu Zeit abgestoßen und aufgefressen. Die meisten Geckos vermehren sich durch Eier, die an Steine oder an Baumrinde angeklebt werden. Nur wenige Arten bringen lebende Junge zur Welt.

Abbildung 23
Deutscher Name: Sandgecko
Wissenschaftliche Bezeichnung: *Chondrodactylus angulifer*
Länge: Gesamtlänge 15 cm.
Körpermerkmale: Der Sandgecko besitzt einen großen, klobigen Kopf und eine kurze, abgerundete Schnauze. Die Ohröffnung, ein schrägverlaufender Schlitz, ist im Durchmesser halb so groß wie das Auge. Die Anzahl der Oberlippenschilde beträgt 8 bis 11, die der Unterlippenschilde 10 bis 12. Der Rumpf ist kurz und stämmig. Die Gliedmaßen sind dünn, die Zehen sehr kurz und zylindrisch. Die Unterseite der Zehen, die ein geschwollenes Aussehen haben, sind von kleinen, spitzen Schuppen besetzt. Die Schnauze und die Oberseite des Kopfes sind von kleinen, vieleckigen Schuppen bedeckt. Auf der Oberseite des Rumpfes und der Gliedmaßen befinden sich unregelmäßige, flache, körnchenartige Schuppen, die von mäßig großen, abgerundeten, glatten oder gekielten, knötchenartigen Schilden durchsetzt sind. Die Kehlschilde sind klein und ebenfalls knötchenförmig. Der zylindrische und spitz zulaufende, unsegmentierte Schwanz ist auf der Oberseite von unregelmäßigen, flachen und regelmäßigen, länglichen Reihen vergrößerter konischer Schuppen bedeckt. Die Körperoberseite ist gelblich bis braun und von 4 Binden überzogen. Ein dunkles Band zieht sich vom Lippenschild zum Auge. Der Schwanz ist von dunkelbraunen oder schwarzen Binden umgeben. Die Bauchseite ist weiß.
Verbreitung: *Chondrodactylus angulifer* ist in Südwest- und in Südafrika beheimatet.
Biotope: Dieser große Sandgecko bewohnt Wüstengebiete, wo er hauptsächlich im Sand und in ausgetrockneten, sandigen Flußbetten lebt.
Verhalten: Sandgeckos leben hauptsächlich in selbstgegrabenen Höhlungen bis zu einer Länge von 90 cm oder aber in verlassenen Skorpionslöchern, welche von den Geckos vergrößert werden. Hier verbringt der merkwürdige Wüstenbewohner den Tag und kommt erst in der Nacht hervor, um nach Nahrung zu suchen, die hauptsächlich aus Termiten und Käfern besteht. In ihren Bewegungen sind diese Tierchen langsam und unbeholfen. Beim Gehen werden Kör-

per und Schwanz in die Höhe gehoben und berühren den Erdboden nicht. Bei Behelligung gehen Sandgeckos in eine eigenartige Verteidigungsstellung: sie erheben den Kopf, zischen und springen den Feind an. Den gebissenen Körperteil halten sie längere Zeit zwischen den Kiefern fest. Wie alle anderen Geckos ist auch diese Art ein völlig harmloser Vertreter der Echsenwelt. In Unkenntnis der Dinge wird der Sandgecko von der weißen und farbigen Bevölkerung Südafrikas als sehr giftig angesehen, gefürchtet und getötet. Wie die meisten Geckos legt *Chondrodactylus angulifer* Eier.

Abbildung 24
Deutscher Name: Tokee
Wissenschaftliche Bezeichnung: *Gekko gecko*
Länge: 35 cm.
Körpermerkmale: Der Tokee hat einen wuchtigen, breiten, vom Hals abgesetzten Kopf und eine stumpfe Schnauze. Die Anzahl der Oberlippenschilde variiert zwischen 12 und 14, die der Unterlippenschilde zwischen 10 und 12. Die Kehlregion ist von kleinen, flachen Körnchen bedeckt. Auf der Kopfoberseite befinden sich zahlreiche, vieleckige Schüppchen, auf der Bauchseite große, abgerundete Schilde. Die Zehen sind freistehend und von flachen Häuten umgeben. Auf der Unterseite der 4. Zehe sind 20 bis 23 Lamellen. Der Schwanz ist im Querschnitt oval und von glatten Schuppen bedeckt. Die Männchen haben auf der Unterseite der Hinterextremitäten 10 bis 24 große Präanalporen. Die Grundfärbung des Tokees ist grau, blaugrau oder grauviolett und von zahlreichen ziegelroten und blauen Flecken durchsetzt, welche auf der Rückenseite in 7 oder 8 Längsreihen angeordnet sind.
Verbreitung: Der Tokee bewohnt ein riesiges Gebiet, das sich von Nordost-Indien über Süd-China, Hinterindien und die Malayische Halbinsel bis zu den Andamanen und Sunda-Inseln hin erstreckt.
Biotope: Dieser große Gecko ist ein Kulturfolger und lebt vor allem in Häusern unter Dächern, zwischen Dachlatten und Brettern, in Baracken, in Holzstapeln und in sonstigem Gerümpel.
Verhalten: Er fängt Insekten, Junge der eigenen Art, aber auch andere Geckos wie die kleinen, ebenfalls in Häusern lebenden Hausgeckos *(Hemidactylus frenatus),* weiterhin kleine Schlangen, kleine Vögel und kleine Säugetiere. Der Verfasser, der diese Art sehr oft in ihrem natürlichen Lebensraum beobachtet hat, sah mehrfach Tokees riesige Schaben erbeuten und verzehren. In seiner Heimat ist der Tokee fast jedem durch seine lauten «Tokee»-«Tokee»-Rufe bekannt, die fast immer an Abenden und in der Nacht vier- oder fünfmal hintereinander ausgestoßen werden. Diese Rufe der Männchen – Weibchen rufen nicht – beginnen meist im Dezember und erreichen ihren Höhepunkt von März bis Mai, um danach seltener zu werden. Wenn der Tokee ergriffen wird, läßt er seine quäkende Stimme erschallen und beißt kräftig zu, wobei er dem Angreifer schmerzende und blutende Wunden beibringt. Tokees legen auf Holz oder auf Steinen 2 zusammenklebende Eier ab, aus denen unter Terrarienbedingungen nach ungefähr 120 Tagen die etwas über 10 cm messenden Junggeckos schlüpfen. Nach Daniel findet die Eiablage in Indien in der Natur im Juli statt und der Schlupf der jungen Tokees 64 Tage später.

Abbildung 25
Deutscher Name: Brasilianischer Nacktfingergecko
Wissenschaftliche Bezeichnung: *Gymnodactylus geckoides*
Länge: Ungefähr 12 cm.
Körpermerkmale: Der Brasilianische Nacktfingergecko besitzt keine Lamellen auf der Unterseite seiner Zehen, diese tragen am Ende spitze Krallen. Die Nasenöffnung ist von 4 Schuppen umgeben. Der Rücken ist von kleinen, körnchenartigen und eingestreuten großen Schuppen bedeckt, die in 12 Längsreihen angeordnet sind. 37 bis 46 knötchenartige Schuppen befinden sich in einer Reihe auf dem Rücken. Je nach Lichtintensität ist die Pupille mehr oder weniger zu einem senkrechten Schlitz verengt. Die Körpergrundfärbung variiert zwischen gelblichbraun und grauschwarz. Auf dem Rücken befinden sich winzige weiße Tupfen, die in Längsreihen angeordnet sind.
Verbreitung: Der in 3 geographische Rassen aufgegliederte Brasilianische Nacktfingergecko beschränkt sich in seiner Verbreitung ausschließlich auf Brasilien.
Biotope: *Gymnodactylus geckoides* lebt in Trockengebieten wie auch an den Rändern und in Regenwäldern, wo er unter Steinen und unter altem Holz angetroffen wird.
Verhalten: Das kleine Geschöpf, das zu einem physiologischen Farbwechsel befähigt ist, lebt weitgehend dämmerungs- bis nachtaktiv. Nur sehr gelegentlich setzt es sich den Sonnenstrahlen aus. Die Nahrung besteht aus kleinen Gliederfüßern und aus Insekten, die nicht verfolgt, sondern im Vorüberlaufen geschnappt werden. *Gymnodactylus geckoides* legt ein, seltener zwei Eier, die von einer Kalkschale umgeben sind, unter Steinen ab.

Abbildung 26
Deutscher Name: Ägäischer Nacktfingergecko
Wissenschaftliche Bezeichnung: *Cyrtodactylus kotschyi*
Länge: 10 cm.
Körpermerkmale: Dieser schlanke Gecko, der an den Zehen keine Haftscheiben, dafür aber charakteristisch winkelig nach oben gebogene Endglieder besitzt, weist auf der Körperoberseite kleine rundliche und größere gekörnte Schuppen auf. Die Körperoberseite ist einfarbig grau oder braun mit dunkelbraunen, winkelig eingebogenen Querbinden auf der Rückenmitte, deren hintere Ränder eine helle Tönung aufweisen. Die Bauchseite ist porzellanfarben.
Verbreitung: Diese Art, die in ungefähr 20 geographischen Rassen auftritt, hat eine weite Verbreitung von Süd-Europa bis nach West-Asien.
Biotope: *Cyrtodactylus kotschyi* kommt auf Felsen, in Geröllhalden, auf Legesteinmäuerchen, in Steinansammlungen sowie gelegentlich in Holzhaufen vor.
Verhalten: Dieser weitgehend tagaktive Gecko, der sich am Morgen und am Nachmittag oft auf Steinen sonnt, ernährt sich von Spinnen und allerlei Insekten. Der Ägäische Nacktfingergecko stößt quiekende Töne aus, wenn er gefangen wird. Bei hohen Temperaturen und in Erregung ist er zu einem physiologischen Farbwechsel befähigt. Die braune Körperoberseite nimmt dann ein schwarzes Aussehen an. Die Fortpflanzung geschieht durch Ablage von 2 Eiern in der gleichen Weise wie bei anderen europäischen Geckos. Die Jungen erscheinen im September oder Oktober und können gelegentlich sogar im Ei überwintern, um im kommenden Frühjahr zu schlupfen.

Abbildung 27
Deutscher Name: Gefleckter Halbfingergecko
Wissenschaftliche Bezeichnung: *Hemidactylus maculatus*
Länge: 24 bis 25 cm.
Körpermerkmale: *Hemidactylus maculatus,* der in 2 geographischen Rassen auftritt, besitzt eine stumpfe Schnauze, 10 bis 12 Oberlippen- und 9 bis 10 Unterlippenschilde. Hinter dem dreieckigen Kinnschild befinden sich 2 Paare von Schilden, von denen die beiden inneren größer als die äußeren sind. Die Schnauze ist von aufgewölbten Schuppen bedeckt. Auf der Kopfoberseite befinden sich kleine, körnchenartige Schuppen und größere, konisch gestaltete Tuberkeln. Den Rücken zieren kleine Schuppen und ungefähr 15 bis 20 Längsreihen von Tuberkeln, die in der Rückenmitte am kleinsten sind. Die Bauchschilde sind glatt und abgerundet. Die Männchen weisen 19 bis 25 Femoralporen auf dem Oberschenkel jedes Hinterbeines auf. Auf der Zehenunterseite sind gerade verlaufende Lamellen; die innere Zehe weist 9 oder 10 und die 4. Zehe 11 bis 13 Lamellen auf. Die Körperoberseite ist braun und dunkel gefleckt. Die Flecken bilden nicht selten breite Binden mit einem hellen Kern im Zentrum. Auf beiden Kopfseiten verlaufen 2 mehr oder weniger deutliche schwarze und weiße Linien. Der Schwanz ist dunkel und hell gebändert.
Verbreitung: Der Gefleckte Halbfingergecko ist in der Nominatform über Vorderindien und in der geographischen Rasse *maculatus hunae* über Sri Lanka verbreitet.
Biotope: *Hemidactylus maculatus* lebt in Felsspalten, in altem Gemäuer, in Steinhaufen und dringt auch in Häuser ein.
Verhalten: Der weitgehend dämmerungs- bis nachtaktive Gefleckte Halbfingergecko ernährt sich von allerlei Insekten und Gliederfüßern und gelegentlich von anderen Geckos. An gewissen Örtlichkeiten kleben viele dieser Geckos gemeinsam ihre Eier an Felswände. Die Eier, die 19 mm mal 16 mm messen, haben viereckige Muster auf den Schalen, diese Muster werden von aderähnlichen Aufwölbungen gebildet. Die Jungen messen beim Schlüpfen 65 bis 66 mm.

Abbildung 28
Deutscher Name: Europäischer Halbfingergecko
Wissenschaftliche Bezeichnung: *Hemidactylus turcicus*
Länge: 8 bis 10 cm.
Körpermerkmale: Der Rücken und die Körperseiten des Europäischen Halbfingergeckos sind von kleineren und größeren Körnerschuppen bedeckt, die auf dem Rumpf 14 bis 16 Längsreihen bilden. Die stark geschindelten, sechseckigen Schuppen der Bauchseite sind an den Rändern abgerundet. Die Endglieder der Finger und Zehen weisen auf der Unterseite 2 Längsreihen von ovalen Lamellen auf. Die beiden letzten Lamellen setzen sich deutlich von der verbreiterten Haftscheibe ab. Die Krallen sind kurz und spitz. Der Europäische Halbfingergecko ist in der Regel fleischfarben bis braun und auf dem Hinterkopf und Rumpf unregelmäßig dunkel gefleckt. Der Schwanz ist dunkel gebändert. Wie der Mauergecko, so ist auch der Europäische Halbfingergecko zu einem physiologischen Farbwechsel befähigt. Das kleine Geschöpf ändert seine Färbung von fleischfarben über grau bis nach grauschwarz. Die Farbänderung kann von Tages- oder Nachtzeit, Temperatur, Umgebung oder momentaner Stimmung verursacht werden.
Verbreitung: Der in 2 Unterarten vorkommende Europäische Halbfingergecko ist in den Mittelmeerländern und auf den Mittelmeerinseln, in den Küstenländern des Roten Meeres bis nach Vorder-Indien und nach Nord-Kenia hin verbreitet. Der Mensch hat diesen Gecko bis nach Amerika verschleppt, wo man ihn heute an vereinzelten Stellen in Florida, in Kuba und in Mexiko (Yukatan) antrifft.
Biotope: *Hemidactylus turcicus* lebt in trockenen und steinigen Gebieten, die von der Sonne rasch erwärmt werden. Hier hält sich die kleine Echse unter Steinen, in Legesteinmauern, an Felswänden, unter Rinde und an ähnlichen Versteckplätzen auf.
Verhalten: Der Europäische Halbfingergecko lebt weitgehend dämmerungs- bis nachtaktiv und sonnt sich am Tage nur sehr gelegentlich. In seinen Bewegungen ist das Tierchen sehr wendig und läuft mit großer Geschicklichkeit unter Steinen, an senkrechten Wänden und an Decken entlang, um hier nach Insekten zu jagen. *Hemidactylus turcicus* besitzt die lauteste Stimme aller Mittelmeergeckos. Seine miauenden Rufe klingen wie «gäk gäk» oder «not not». In Erregung stellt *Hemidactylus turcicus* den Schwanz steil nach oben. Die Paarung findet im Frühjahr nach einer kürzeren oder längeren Überwinterung statt. Das Weibchen legt ungefähr 2–3 Wochen nach der Kopulation 2 Eier, die zu ihrer Entwicklung ungefähr 2–3 Monate benötigen. In Dalmatien wird die harmlose Kreatur als sehr giftig und gefährlich angesehen und oft getötet.

Abbildung 29
Deutscher Name: Madagassischer Taggecko
Wissenschaftliche Bezeichnung: *Phelsuma madagascariensis*
Länge: 20 bis 26 cm.
Körpermerkmale: Der prachtvoll gefärbte Madagassische Taggecko hat 7 bis 10 Oberlippen- und 6 bis 9 Unterlippenschilde. Die winzig kleinen Schuppen auf dem Rücken und die größeren auf den Körperseiten sind bei erwachsenen Exemplaren gekielt. Die Bauchschuppen sind glatt. Das Männchen hat auf jedem Oberschenkel seiner Hinterbeine 17 bis 25 Femoralporen. Der fast runde Schwanz ist in wenig deutliche Segmente aufgegliedert. *Phelsuma madagascariensis* ist wohl einer der schönsten Geckos überhaupt. Die papageien- bis hellgrüne Echse hat auf dem Rücken und oft auch auf dem Kopf scharlachrote Flecken. Eine rote Linie zieht sich von der Schnauzenspitze durch das Auge bis in die Region oberhalb vom Mundrand. Die Bauchseite weist ein weißgraues, gelbliches oder bräunliches Kolorit auf. Je nach Lichteinfall und Temperatur ändert dieses Prachttier seine Körperfärbung.
Verbreitung: Dieser in mehreren Unterarten vorkommende Gecko ist auf Madagaskar, Nossi Bé, Sainte Marie und auf den Seychellen beheimatet.
Biotope: *Phelsuma madagascariensis* lebt auf Bäumen, Sträuchern, Felsen und kommt ebenfalls in den Hütten der Eingeborenen vor.
Verhalten: Dieser tag- und nachtaktive Gecko, der in seiner Heimat mit Vorliebe auf Kokospalmen lebt, ist ein rauflustiger Geselle. Die Männchen beißen den Weibchen nicht selten die Schwänze ab und verursachen Hautverletzungen, wobei entsprechende Narben zurückbleiben. Die Stimme des Madagassischen Taggeckos erinnert an das Quaken eines Frosches. Neben seiner hervorragenden Farbanpassung an das Grün der Sträucher und Bäume, auf denen er lebt, hat er zusätzlich eine artspezifische Fluchtreaktion entwickelt. Wird er aus der Luft von einem Greifvogel angegriffen, so läßt er sich auf allen Vieren in das Laub fallen und eilt blitzschnell davon. Die Nahrung des Madagassischen Taggeckos besteht aus allerlei Insekten, Gliederfüßern und auch aus süßem Obst. Unter Obhut des Menschen zeigt er eine besondere Vorliebe für Honig. Die Weibchen setzen mehrmals im Jahr je 2 Eier ab, aus denen nach 60 bis 65 Tagen die ungefähr 6 cm langen Junggeckos schlüpfen, die bei hinreichender Nahrungsaufnahme nach einem Jahr geschlechtsreif sind.

Abbildung 30
Deutscher Name: Europäischer Blattfingergecko
Wissenschaftliche Bezeichnung: *Phyllodactylus europaeus*
Länge: 7 cm.
Körpermerkmale: Dieser kleinste der 4 europäischen Geckoarten besitzt einen breiten und flachen Kopf, einen langen Rumpf und relativ kurze Beine. Die großen Augen sind senkrecht geschlitzt. Das Trommelfell ist deutlich sichtbar. Der Rücken ist von feinen, flachen oder körnigen Schuppen bedeckt. Auf dem Rücken fehlen Höcker. Der nicht selten regenerierte Schwanz ist in der Regel verdickt. Die Endglieder der Vorder- und Hinterbeine sind mit Krallen und blattähnlich verbreiterten Haftscheiben ausgestattet. Die schwärzliche, graue bis rotbraune Körperoberseite ist dunkel, rötlichbraun oder hell gesprenkelt und gefleckt. Die Fleckung bildet häufig ein Quer- oder Netzmuster. Von der Schnauzenspitze ausgehend, zieht sich eine dunkle Linie durch das Auge. Die Körperunterseite ist einfarbig grauweiß.
Verbreitung: *Phyllodactylus europaeus* lebt als Endemismus in der Toskana auf dem Monte Argentario, auf den Mittelmeerinseln Korsika, Sardinien, Pendus, den Iles d'Hyères, den Tyrrhenis-Inseln und auf dem Galita-Archipel.
Biotope: Der Europäische Blattfingergecko hat seinen Lebensraum unter Steinen, in Felsspalten und besonders unter der trockenen und rissigen Rinde der Korkeichen.
Verhalten: Der Europäische Blattfingergecko führt eine verborgene Lebensweise. Er verläßt seine Schlupfwinkel meist erst in der Abenddämmerung und kommt höchstens am Morgen zum Vorschein, um sich den milden Sonnenstrahlen auszusetzen. In seinen Körperbewegungen ist er äußerst geschickt. Unbemerkt schleicht er sich an kleine Insekten heran und erbeutet sie im Sprung. Die Eier, die er im Juni in Felsspalten ablegt, sind ungefähr erbsengroß. Nach einer Entwicklungsdauer von 2 Monaten schlüpfen die jungen, ungefähr 3 cm langen Geckos.

Abbildung 31
Deutscher Name: Kanaren-Gecko
Wissenschaftliche Bezeichnung: *Tarentola delalandii*
Länge: 12 cm.
Körpermerkmale: Dieser stämmig gebaute Gecko hat einen breiten, wuchtig gebauten Kopf und im Licht senkrecht geschlitzte Pupillen. Von den 8 bis 11 Oberlippenschilden ist das letzte am kleinsten. Die Rückenpartie ist von 8 bis 20 Längsreihen großer, flacher Tuberkelschuppen bedeckt. Die Haftscheiben auf der Unterseite der Zehen sind ziemlich breit. In der Färbung ist der Kanaren-Gecko dem Mauergecko *(Tarentola mauritanica)* äußerst ähnlich. Die Körpergrundfärbung ist grau. Auf der Rückenmitte befinden sich 5 helle und 5 dunkle Sattelflecken. Die Kopfoberseite sieht aus, als wäre sie leicht gepudert.
Verbreitung: Diese endemische, in 4 Unterarten aufgespaltene Geckoart lebt auf den Kanarischen und Kapverdischen Inseln.
Biotope: *Tarentola delalandii* ist meist ein Bodenbewohner, der sich unter Steinen, in Legesteinmäuerchen, an Tamarisken, in Ruinen und gelegentlich in Häusern aufhält.
Verhalten: Diese kleinen Geckos, die meist in der Nacht munter sind, sonnen sich nicht selten am Tage auf Steinen. Beim Sonnenbad ist ihr Körper dunkel oder schwarz verfärbt. Ihre Nahrung, die sie meist in der Nacht erbeuten, besteht aus allerlei Kerbtieren und Insekten. Wird der Kanaren-Gecko gefangen und in die Hand genommen, so gibt er quiekende Laute von sich. Die Eiablage fällt in die Monate zwischen April und August. Die ein oder zwei Eier (12 mm mal 9 bis 10 mm) werden in Felsspalten, unter Steinen und in den Sand abgelegt. Nach der Ablage der Eier hält sich das Weibchen noch einige Tage am Legeplatz auf. Die Jungen sind beim Schlüpfen ungefähr 38 mm lang.

Abbildung 32
Deutscher Name: Mauergecko
Wissenschaftliche Bezeichnung: *Tarentola mauritanica*
Länge: 16 cm.
Körpermerkmale: Der Kopf ist breit. Der plump wirkende Körper wird von Höckerschuppen bedeckt, die in Querreihen angeordnet sind. Sehr deutlich ausgebildet sind die Höckerschuppen am Ende der Schwanzwurzel, wo sie dornenähnlich hervortreten und dem Tier ein rauhes Aussehen verleihen. Die Pupille und die Ohröffnung stehen senkrecht. Die Zehen des Mauergeckos, die mit Ausnahme der 3. und 4. Zehe krallenlos sind, tragen auf ihrer Unterseite querstehende Haftlamellen. Die Körperoberseite ist hellbraun. Der Mauergecko ändert seine Färbung nach der Umgebung, Temperatur, oder auch, wenn er erschreckt wird. In der Sonne ist er meist dunkel, gegen Abend hell, grau gelblich, braun oder einfarbig beige gefärbt. Nicht selten zeigt er auf dem Rücken eine deutliche Querstreifung. Die regenerierten Schwänze, die keine Höcker aufweisen, sind einfarbig.
Verbreitung: Der Mauergecko ist im westlichen Mittelmeergebiet, auf den Kanarischen Inseln und von Marokko bis nach Ägypten hin verbreitet. Lokal tritt er in Südost-Europa in Dalmatien, auf dem griechischen Festland, auf den Ionischen Inseln und auf Kreta auf.
Biotope: Der Mauergecko kommt in Küstennähe, aber auch im Inland vor, wo er sich an Häuserwänden, auf altem Mauerwerk, unter Steinen, in Felsspalten, in Geröllhalden, unter Holzhaufen, unter altem Gerümpel usw. aufhält.
Verhalten: Das Wärme und Trockenheit liebende Geschöpf ist im Frühjahr meist am Morgen, jedoch auch am Tage außerhalb seiner Verstecke anzutreffen, die es im Sommer fast nur gegen Abend verläßt. Mit Vorliebe hält sich der weitgehend dämmerungs- bis nachtaktive Mauergecko an belichteten Häuserwänden auf, um hier Jagd auf die vom Licht angelockten Insekten zu machen. Mit Hilfe seiner Haftlamellen vermag der Mauergecko selbst an glatten, senkrechten Wänden mit großer Geschwindigkeit zu laufen. Er kann kopfunter an Steinen hängen. Wird ein Stein, unter dem ein derartiges Tier haftet, umgedreht, so läuft das kleine Geschöpf geschickt auf die andere Seite und springt erst im Augenblick größter Gefahr auf den Erdboden. Wie die anderen der ungefähr 650 Geckoarten, die den Erdball bevölkern, so hat auch der Mauergecko eine Stimme. Wird der Mauergecko ergriffen, so stößt er quietschende Laute aus und beißt zu. *Tarentola mauritanica* paart sich im Frühjahr meist am

Abend oder in der Nacht. Die ungefähr 13 mal 10 mm großen Eier werden unter Steinen, in Mauerritzen und in Felsspalten abgelegt. Die anfangs weiche Eischale wird innerhalb der ersten 3 Tage nach der Eiablage hart. Die 3 bis 4 cm langen Jungtiere schlüpfen nach einer Entwicklungszeit von ungefähr 5 Wochen bis 4 Monaten. Die Überwinterung dauert in kalten Höhenlagen von Oktober oder November bis Februar oder März. Im Bereich des milden mediterranen Küstenstreifens überwintern Mauergeckos oft nicht.

Abbildung 33
Deutscher Name: Przewalskiis Wundergecko
Wissenschaftliche Bezeichnung: *Teratoscincus przewalskii*
Länge: 10 bis 14 cm.
Körpermerkmale: Przewalskis Wundergecko hat einen nach vorn hin zugespitzten Kopf mit abgerundeter Schnauze, einen mäßig länglichen Körper und Schwanz. Die Kopfoberseite und die beiden Schnauzenseiten sind von kleinen Körnerschuppen bedeckt, die zur Schnauzenspitze hin größer werden. Die Anzahl der Oberlippenschilde beträgt 9 bis 10, die der Unterlippenschilde 10 bis 11. Der Rumpf ist von großen, rundlichen Schuppen bedeckt, die zur Bauchseite hin an Größe zunehmen. Die graugrüne bis gelbliche Körpergrundfärbung ist auf dem Rücken von braunem Farbton. Der Kopf ist gelbbraun und von undeutlichen, graubraunen Ringen bedeckt. 6 unregelmäßige, undeutliche, breite, braune Querstreifen finden sich auf dem Rumpf und 2 auf dem Schwanz. Die Körperseiten sind schwarz gefleckt. Schwarze Flecken sind auch auf der Kopfoberseite verstreut. Die Bauchseite ist braun oder gelb.
Verbreitung: *Teratoscincus przewalskii* ist in der Mongolei und in der Provinz Sinkiang in China verbreitet.
Biotope: Przewalskiis Wundergecko bewohnt von kärglichem Pflanzenwuchs durchsetzte Sand- und Lehmwüsten.
Verhalten: Diese nachtaktive Geckoart gräbt tiefe Wohnröhren in den sandigen und lehmigen Untergrund. Es sieht recht merkwürdig aus, wenn die Tierchen auf ihren dürren Beinchen hoch aufgerichtet umherstolzieren. Über das Verhalten von Przewalskiis Wundergecko in freier Natur ist kaum etwas bekannt. Die Weibchen legen mehrmals im Jahr 2 Eier in ihren Wohnröhren oder unter Steinen ab. Die Nahrung besteht aus allerlei Insekten und Gliederfüßern.

Leguane

Die Familie der Leguane, die in 5 Unterfamilien, in über 50 Gattungen und in mehr als 700 Arten auftreten, bewohnen den amerikanischen Kontinent vom Süden Kanadas bis zur Südspitze Südamerikas. Auch auf zahlreichen, dem amerikanischen Festland nahen Inseln kommen sie vor, sowie auf Madagaskar, auf den Tonga- und auf den Fidschi-Inseln. Sie bewohnen sehr unterschiedliche Biotope von der Wüste über die Savanne bis zum tropischen Regenwald. In ihrem äußeren Habitus erinnern die Leguane oft an die altweltlichen Agamen, mit denen sie nahe verwandt sind. Von den Agamen lassen sie sich sicher an ihren seitlich auf der Kieferkante stehenden Zähnen unterscheiden. Bei den Agamen stehen die Zähne oben auf der Kieferkante. Typisch für Leguane sind Hautfortsätze wie Kämme, Helme und Kehllappen, die im männlichen Geschlecht oft stärker entwickelt sind. Die Körperschuppen wie auch die Kopfschilde sind meist klein. Die meist unregelmäßig angeordneten Bauchschilde sind größer. Die Schwänze, die oft zum Abbrechen neigen, weisen in der Regel die einfache oder mehr als doppelte Körperlänge auf. Manche Arten, z. B. die Anolis, zeigen einen äußerst gut funktionierenden physiologischen Farbwechsel. Überwiegend ernähren sich die Leguane von allerlei Kleintieren wie Würmern, Gliederfüßern, aber auch von Reptilien, kleinen Vögeln und Säugetieren. Einige Arten sind fast ausschließlich Pflanzenfresser. Die meisten Leguane vermehren sich durch Eier. Nur wenige Arten bringen lebende Junge zur Welt.

Stachelleguane

Abbildung 34
Deutscher Name: Wüsten-Stachelleguan
Wissenschaftliche Bezeichnung: *Sceloporus magister*
Länge: 22 bis 28 cm.
Körpermerkmale: 26 bis 37 große Schuppen, die in einer Reihe stehen, bedecken die Rückenseite zwischen dem Hinterrand des Kopfes und der Schwanzbasis. Zwischen der Kehlregion und dem Afterfeld befinden sich 40 bis 51 große Schuppen in je einer Reihe. 32 bis 39 Schuppen umgeben die Körpermitte. Die Anzahl der Femoralporen beträgt 10 bis 16. Auf der Kopfoberseite befinden sich jeweils 5 große Oberaugenschilde, von denen die beiden hinteren mit den kleinen Schuppen auf der Kopfmitte in Verbindung stehen. Eine Kehlfalte fehlt. Die Männchen haben eine braune Rückenseite und manchmal dunkle Querbinden, die sich über die Rückenmitte ziehen. Die Flanken, die dunkler als der Rücken sind, weisen hellgraue Binden auf. Der Schwanz ist mehr oder weniger deutlich gebändert. Vor jeder Vorderextremität befindet sich ein dreieckiger, dunkler Schulterfleck. Der Bauch ist auf beiden Seiten dunkelblau mit hellblauen, diagonal stehenden Flecken. Der Brustbereich, die Bauchmitte, die Unterseite der Vorder- und Hinterbeine sind weiß. Bei Weibchen und Jungtieren treten die Rückenbinden deutlicher hervor.
Verbreitung: *Sceloporus magister* bewohnt den Südwesten der Vereinigten Staaten und das nordwestliche Mexiko.
Biotope: Der Wüsten-Stachelleguan ist ein bodenbewohnendes Reptil, das in Halbwüsten und Wüsten vorkommt. Das Tier lebt nicht selten in zerfallenden Laubhäufen, die die Büsche umgeben, weiterhin in Steinhäufen, an Felsrändern, in ausgetrockneten Bachbetten, an Bahndämmen und in zerfallenden Gebäuden. Der Wüsten-Stachelleguan benötigt schützendes Buschwerk. In der offenen Wüste, wo keine niedere Vegetation wächst, fehlt er.
Verhalten: Wüsten-Stachelleguane sind überaus vorsichtig. Sie halten sich stets in der Nähe ihrer Schlupfwinkel auf, die sie bei der geringsten Gefahr sofort geräuschvoll aufsuchen. Wenn sie ihr Schlupfloch im Boden nicht sofort finden, drücken sie sich gegen eine Opuntie, in deren Nähe sie oft leben. Da ihre Körperfärbung so sehr mit der Färbung der Basis des Opuntienstammes übereinstimmt, sind sie dort nur schwer zu entdecken. Ihre Nahrung besteht aus Insekten, vor allem aus Ameisen und Käfern, aber auch aus Pflanzen, von

denen sie Kakteenblüten bevorzugen. Auch vor Bienen und anderen stechenden Insekten schrecken sie nicht zurück. Zuweilen erbeuten sie auch kleine Eidechsen. Sie überwintern im Erdboden in ungefähr 40 cm Tiefe. *Sceloporus magister* ist zu einem intensiven Farbwechsel befähigt. Das Zeichnungsmuster ist bei fressenden und erregten Exemplaren kräftiger ausgeprägt. Der Farbwechsel hängt weitgehend von der Temperatur ab. *Sceloporus magister* paart sich im Frühling und im frühen Sommer. Zwischen Mai und Juli werden 7 bis 19 Eier abgelegt, aus denen nach 8 bis 11 Wochen die Jungen schlüpfen.

Abbildung 35

Deutscher Name: Jarrovs Zaunleguan (Dieser kleine Leguan wird so genannt, weil er zuweilen auf Zaunpfählen sitzt und sich hier sonnt.)

Wissenschaftliche Bezeichnung: *Sceloporus jarrovi*

Länge: 13 bis 22 cm.

Körpermerkmale: 38 bis 46 große Rückenschuppen stehen in einer Reihe zwischen dem Kopfende und der Schwanzbasis. Auf der Unterseite der Oberschenkel befinden sich 13 bis 18 Femoralporen. Nur eine Reihe von kleinen Oberaugenschilden sind vorhanden. Die erwachsenen Männchen haben einen schwarzen Rücken. Jede Schuppe ist im Kern leuchtend weiß gefärbt. Das schwarze Halsband, das nicht bis zur Rückenmitte reicht, ist am Hinterrand weiß eingefaßt. Auf dem Nacken und dem Kopf befinden sich einige helle Längsstreifen. Der dunkel gebänderte Schwanz hat eine schwarze Spitze. Die Bauchseite ist weitgehend blau und schwarz. Die nicht so intensiv gefärbten Weibchen sind unregelmäßig gefleckt und getupft.

Verbreitung: Das Verbreitungsgebiet dieser Art erstreckt sich von Zentral-Arizona bis nach dem westlichen Neu-Mexiko und im Süden bis nach Nordwest-Mexiko.

Biotope: *Sceloporus jarrovi* ist eine Bergform, die in Höhenlagen zwischen 1500 und 3000 m in von Felsen durchsetzten Eichen- und Kiefernwäldern angetroffen wird. Hier lebt das Tierchen nahezu überall: an Mauern, an Felshängen, in Felsspalten, an Felsen entlang von Bächen, auf Bäumen und auf umgefallenen Baumstämmen, in zerfallenen Häusern, in Abfallhaufen und in Bretteransammlungen.

Verhalten: Jarrovs Zaunleguan verläßt im Frühjahr seine Schlupfwinkel und sonnt sich an warmen Tagen auf Felsen und auf Baumstümpfen, die ihm als Unterschlupf dienen. *Sceloporus jarrovi* ist in keiner Weise scheu und läßt sich daher leicht fangen. Die Männchen verteidigen ihre Reviere durch Imponiergehabe, das schließlich in Beißereien endet. Die Nahrung dieses Zaunleguans besteht aus allerlei Insekten wie Ameisen und Käfern. Hin und wieder beißen sie die Schwänze von Artgenossen ab und verzehren sie. Eigenartigerweise legt diese Art keine Eier, sondern bringt im frühen Sommer 3 bis 13 lebende Junge von ungefähr 6 cm in einem zarten Eihäutchen zur Welt.

Abbildung 36
Deutscher Name: Mittelamerikanischer Zaunleguan
Wissenschaftliche Bezeichnung: *Sceloporus malachiticus*
Länge: 20 cm.
Körpermerkmale: Zwischen dem Hinterrand des Kopfes und der Schwanzbasis befinden sich 30 bis 39 Schuppen in je einer Reihe. Die Anzahl der Ventralschuppen zwischen Kehlregion und Afterfeld beträgt 36 bis 48. Die Rumpfmitte umgeben 30 bis 45 Schuppen. Auf den Oberschenkeln der Hinterbeine finden sich 11 bis 17 Femoralporen. In ihrem smaragdgrünen Farbkleid stellt diese Eidechse eine der schönsten Reptilienerscheinungen dar. Das Männchen besitzt einen leuchtend grünen Körper, von dem sich der türkisblaue Schwanz wirkungsvoll abhebt. Vor den Vorderextremitäten befinden sich, ausgehend oberhalb der Schultern, 2 blauschwarze, dreiekkige Flecken, die sich auf der Ventralseite fortsetzen und das Halsband bilden. Die sehr unterschiedlich gefärbte Kehlregion der Männchen kann vorne grünlich und hinten blau sein, oder die Farbtöne zeigen sich in folgender Reihenfolge: grün, orangegelb oder bräunlich, türkisblau, schwarz. Die Körperseiten sind smaragdgrün. Von hier aus setzt sich auf die Bauchregion ein orangebräunliches, dann ein Längsband fort, das in der Bauchmitte an einen schwarzen, dann an einen weißgrauen oder bläulichen Saum angrenzt. Die Weibchen sind ein wenig unscheinbarer gefärbt. Den laubgrünen Rücken zieren paarweise angeordnete Flecken. Die Bauchseite ist schwarz längsgestreift.
Verbreitung: *Sceloporus malachiticus* ist eine mittelamerikanische Art, deren Verbreitungsgebiet sich von Süd-Mexiko über El Salvador, Honduras, Nicaragua, Costa Rica bis nach Panama hin erstreckt.
Biotope: Der Verfasser beobachtete *Sceloporus malachiticus* in dem mexikanischen Bundesstaat Jalapa in Höhenlagen zwischen 1000 und 2000 m. Diese Eidechse lebt hier in Kiefernwäldern und ist recht häufig. Meist halten sich die Tiere – nicht selten paarweise – an oder in der Nähe von Baumstümpfen auf, um sofort auf letztere zu flüchten, wenn sich ihnen ein Mensch nähert.
Verhalten: Der Mittelamerikanische Zaunleguan ist ein unverträgliches Geschöpf. Den Männchen ist ein ausgesprochener Territorialsinn zu eigen, und männliche Rivalen werden sofort aus dem Revier vertrieben. Dabei passiert es, daß ein Männchen die Schwanzspitze des anderen abbeißt und wohl auch auffrißt. So konnte ich in der Natur mehrere Tiere sehen, denen die Schwanzspitzen fehlten. Die abgebissenen Schwanzspitzen kommen kaum auf das Konto eidechsenfressender Schlangen oder Vögel, sondern rühren eben von männlichen Rivalenkämpfen her. Das Männchen macht vor der Paarung – meist im Juli – vor dem Weibchen nickende Kopf- und Körperbewegungen, indem es die Vorderbeine hochdrückt und senkt. Während der Paarung beißt sich das Männchen am Weibchen fest. 3 bis 4 Monate nach der Paarung setzt das Weibchen 3 bis 5 Jungtiere ab, die eine Länge zwischen 5 und 6 cm aufweisen. Die Nahrung des Mittelamerikanischen Zaunleguans besteht aus allerlei Insekten.

Kielschwanzleguane

Abbildung 37
Deutscher Name: Glattkopfleguan
Wissenschaftliche Bezeichnung: *Leiocephalus schreibersii*
Länge: 22 cm.
Körpermerkmale: Die Rückenschuppen sind groß, geschindelt und stark gekielt. In der Mitte befindet sich ein flacher Rücken- und Schwanzkamm. Die Schuppen der Körperseiten sind klein. Auf beiden Flanken ist eine deutliche Seitenfalte vorhanden. Die wesentlich größeren Männchen haben 4 bis 6 vergrößerte Postanalschildchen und weisen rötliche Farbtöne, kadmiumgelbe Kopfflecken und blaue Kehlen auf. Der Rücken der beiden Geschlechter ist hellbraun. Die Körperseiten sind ziegelrot und blaugrün punktiert. Auf der Bauchseite befinden sich 5 rotbraune Querbinden, die von gelbgrünen Punkten durchsetzt sind. Die Querbinden vereinigen sich auf der Bauchmitte mit denen der gegenüberliegenden Seite. Die Vorder- und Hinterbeine sind oben braun und unten weiß. Die Oberschenkel zeigen auf der Vorderseite rote und weiße Tupfen. Die Schwanzoberseite ist graubraun.
Verbreitung: Diese Art lebt auf den Großen Antillen auf den beiden Inseln Haiti und Great Inagua.
Biotope: *Leiocephalus schreibersii* ist eine an das Trockenleben angepaßte Art, die Kakteensteppen, Buschlandschaften und Gärten bewohnt.
Verhalten: Diese scheuen, flinken und tagaktiven Bodenbewohner flüchten bei Annäherung eines Feindes blitzschnell in ihr Schlupfloch im Erdboden. Mit Hilfe ihrer eigenartigen Grabschuppen an den Fingern und – noch stärker entwickelt – an den Zehen vermögen sie sich ohne Schwierigkeiten in den lockeren Boden einzuwühlen. Beim Laufen wird der Schwanz nach oben gekrümmt. *Leiocephalus schreibersii* ist ein Gemischtköstler, der Insekten und Pflanzen verzehrt. Die Fortpflanzung geschieht durch Eierlegen.

Leguane im eigentlichen Sinn

Abbildung 38
Deutscher Name: Nashornleguan
Wissenschaftliche Bezeichnung: *Cyclura cornuta*
Länge: 120 cm.
Körpermerkmale: Dieser Wirtelschwanzleguan, der mehrere Unterarten ausbildet, ist ein stämmiges Geschöpf mit seitlich zusammengedrücktem Rumpf und einem auffälligen Rückenkamm, der sich auch über die Schwanzmitte hinzieht. Das männliche Geschlecht hat drei kurze, kegelartige Nasenhörner auf dem Kopf; bei den Weibchen sind diese nur angedeutet. Die alten Männchen haben auf beiden Seiten des Hinterkopfes einen mächtigen Wulst, der bei den Weibchen nur andeutungsweise vorhanden ist. Durch diesen Wulst unterhalb des Ohres erscheint der Hinterkopf besonders breit. Ein auffälliger Kehllappen ist vorhanden. Der Schwanz ist von wirtelartigem Aussehen mit stacheligen Schuppen. Der Körper zeigt ein braunschwarzes bis düster graues Kolorit mit oft kaum erkennbaren, dunklen Querbinden auf den Flanken.
Verbreitung: *Cyclura cornuta* ist auf Haiti und einigen angrenzenden Inseln beheimatet.
Biotope: Diese bemerkenswerte Großechse kommt in trockenen, öden Gegenden vor, wo sie besonders in der Dornbuschsteppe und Kakteensavanne anzutreffen ist.
Verhalten: Der Nashornleguan ist ein lebhaftes, scheues und vorsichtiges Geschöpf, das bei Annäherung eines Menschen blitzschnell im undurchdringlichen Dickicht verschwindet und, wenn es gefangen wird, mächtig zubeißt und wuchtige Schwanzschläge austeilt. Als tagaktiver Bewohner hat der Nashornleguan seine Verstecke in Erdlöchern, Felsspalten und Baumhöhlen. Sein Nahrungsspektrum besteht aus kleinen und mittelgroßen Wirbeltieren, aus Pflanzenteilen und auch aus süßem Obst. Unter Obhut des Menschen verzehren diese Tiere auch Fleisch, Kartoffelbrei, gekochten Reis und gekochten Grieß und eingeweichte Brötchen. *Cyclura cornuta* setzt pro Gelege 15 bis 20 Eier ab. Die stattliche Kreatur ist von der Ausrottung bedroht. Der Mensch hat den Nashornleguan nicht nur in großer Anzahl gefangen und getötet, sondern auch seine ursprünglichen Biotope weitgehend zerstört. Auf Haiti lebt er noch in abgelegenen Gebieten, auf den Cayman-Inseln besteht jedoch nur wenig Hoffnung für sein Überleben.

Abbildung 39
Deutscher Name: Grüner Leguan
Wissenschaftliche Bezeichnung: *Iguana iguana*
Länge: 1,4 bis 1,6 m, Maximallänge bis zu 2,2 m.
Körpermerkmale: Dieser riesige, baumbewohnende Leguan hat einen im Querschnitt zylindrischen Körper und einen seitlich zusammengedrückten Schwanz, der etwa zwei Drittel der Gesamtlänge ausmacht. Ein gesägter, bis zu 8 cm hoher Rückenkamm verläuft vom Hinterkopf bis über den Schwanz. Ein langer Kehllappen und eine sehr große Schuppe unter dem Ohr sind bezeichnend für diese Art. 183 bis 231 Schuppen umgeben die Körpermitte. Auf dem Nacken befinden sich einige Längsreihen vergrößerter, konischer Schuppen. Zahlreiche Femoralporen sind auf den Oberschenkeln der Hinterbeine vorhanden. Die Färbung der Körperoberseite ist grasgrün, diejenige der Bauchseite ein wenig heller. Bei erwachsenen Exemplaren geht die Farbe der Oberseite in blaugrau über. Deutlich dunkle, manchmal hell gesäumte Querbinden zieren Rumpf und Schwanz. Die Unterseite ist weiß oder gelblich. Jungtiere sind ganz ohne Zeichnung.
Verbreitung: Der Grüne Leguan ist vom südlichen Mexiko aus über ganz Mittelamerika bis in das nördliche und mittlere Südamerika (Brasilien, Bolivien, Paraguay) hin verbreitet.
Biotope: Der Grüne Leguan lebt in seiner feuchtheißen Heimat vorwiegend auf Bäumen. So konnte der Verfasser vom Boot aus am Ufer des Rio Paraguay in Mato Grosso im tropischen West-Brasilien zwei Exemplare auf Bäumen beobachten. Während das erwachsene Tier hinter dem Baum verschwand, blieb das junge ruhig sitzen. Grüne Leguane steigen aber auch auf den Waldboden herab. Weniger häufig werden sie im tropischen Regenwald weit abseits von Gewässern gefunden. Zuweilen besiedeln sie auch Sümpfe, stille Buchten, Savannen und dringen gelegentlich sogar in Gärten ein. Die Anwesenheit von Wasser scheint wichtig, aber nicht lebensnotwendig zu sein.
Verhalten: Der Grüne Leguan ist eine tagaktive Echse, die sich fast ausschließlich von Pflanzenstoffen wie Beeren, Früchten und Blättern ernährt und nur ganz gelegentlich Kerbtiere als Beikost verzehrt. Wenn der Grüne Leguan in die Enge getrieben wird, setzt er sich heftig zur Wehr. Er zischt, faucht, bläht seinen Kehlsack auf, springt den Gegner an und teilt mit seinem Schwanz schmerzhafte Schläge aus. Er beißt kräftig zu. Ein Biß läßt rasiermesserscharfe Wunden zurück. Bei Annäherung eines Feindes verschwindet er nicht selten im Blattwerk oder läßt sich ins Wasser fallen, wo er eine beträchtliche Strecke taucht und sich so den Blicken entzieht. Nach der Paarung erscheinen die Weibchen meist in der Nähe von Sandbänken und scharren schräg verlaufende Nestgruben von 60 bis 90 cm aus. An das Ende dieser Höhlungen legen sie ihre Eier ab – meist 25 bis 50 an der Zahl. Die ellipsenförmigen Eier sind mehr als 4 cm lang und 2,5 cm breit. Die Inkubationszeit beträgt ungefähr 3 Monate. Erwachsenen Leguanen stellen außer dem Menschen Raubkatzen, Vögel und Boas nach. Das Fleisch und die Eier des Grünen Leguans werden in ihren Heimatländern als Delikatesse verspeist.

24

26

25

27

28

29

30

31

32

33

39

Basilisken

Abbildung 40
Deutscher Name: Federbuschbasilisk
Wissenschaftliche Bezeichnung: *Basiliscus plumifrons*
Länge: Bis zu 70 cm.
Körpermerkmale: Die Männchen dieser herrlichen Echsenart zeichnen sich durch eine große Haube auf dem Kopf mit einem emporstehenden Auswuchs auf der Stirn und einen 6 cm hohen, von Knochenleisten gestützten häutigen Rückenkamm aus, welcher im Bereich der Hinterextremitäten eingebuchtet ist. Der Kamm auf dem Schwanz ist besonders zackig. Die Haube und der Kamm des Weibchens sind nicht so stark entwickelt. Die Färbung der Körperoberseite und der Körperseiten ist laubgrün, die der Bauchseite gelblich. Zu beiden Seiten der Haube sind hellgrüne, auf den Körperseiten bläuliche Flecken. Der Schwanz ist dunkel geringelt.
Verbreitung: *Basiliscus plumifrons* ist über Panama, Costa Rica und Nicaragua verbreitet.
Biotope: *Basiliscus plumifrons* bewohnt die Ufer der Bäche und der Flüsse des feuchtwarmen, tropischen Regenwaldes.
Verhalten: Dieser Bewohner feuchter Tropen ernährt sich von Würmern, allerlei Insekten, Fischen, Echsen und sogar von kleinen Säugetieren wie Mäusen; auch Früchte verschmäht er nicht. In seinen Bewegungen ist er äußerst behende und vermag bei Gefahr auf seinen langen Hinterbeinen in schräger bis fast aufrechter Stellung davonzurennen. In dieser Stellung kann er auch mit großer Geschwindigkeit über die Wasseroberfläche laufen. Sein Schwimm- und Tauchvermögen sind hervorragend entwickelt. *Basiliscus plumifrons* pflanzt sich durch Eier fort. Ein Gelege kann aus mehr als 10 Eiern bestehen. Je nach Höhe der Temperatur schlüpfen die Jungen nach 60 bis 80 Tagen.

Abbildung 41
Deutscher Name: Helmkopfbasilisk
Wissenschaftliche Bezeichnung: *Laemanctus serratus*
Länge: Bis 70 cm.
Körpermerkmale: Von der Seite her gesehen hat der Helmkopfbasilisk einen dreieckigen Kopf. Ein Kranz spitzer, dreieckiger Schuppen befindet sich am Hinterkopf. Der Körper ist seitlich zusammengedrückt und die Rückenmitte kantig. Der Schwanz ist rund. Die Hinterbeine und Zehen sind äußerst lang. 57 bis 61 Schuppen umgeben die Körpermitte. Die Schuppen der kantigen Rückenmitte sind mehr oder weniger gesägt. *Laemanctus serratus* hat einen grünen Körper und braunen Schwanz. Ein braunes Band, das von schwarzen Flecken in gleichmessenden Abständen durchsetzt ist, beginnt am Hinterkopf, zieht sich über die Rückenmitte und verschmilzt mit der braunen Färbung des Schwanzes. Hinter den Augen beginnt ein braunes Band, das sich auf jeder Körperseite über den Oberschenkelansatz bis zum Schwanz hinzieht. Die Oberseiten der Vorder- und Hinterextremitäten sind braun, die Unterseiten sind grauweiß bis grün.
Verbreitung: *Laemanctus serratus* ist von Süd-Mexiko bis nach Honduras verbreitet.
Biotope: *Laemanctus serratus* ist ein Regenwaldtier, das auf Büschen und Bäumen lebt.
Verhalten: Der Helmkopfbasilisk ist bei Erregung zu einem deutlichen physiologischen Farbwechsel befähigt. Bei Erregung geht das grüne Kolorit in ein Weißgrün über. Mit Hilfe seiner langen Zehen vermag sich das Tier geschickt im Geäst zu bewegen. Wie sehr diese Art an ein Leben auf Büschen und Bäumen angepaßt ist, zeigt die Tatsache, daß Helmkopfbasilisken sich auf dem Boden äußerst ungeschickt bewegen. Alle bisher gesammelten Tiere wurden auf Büschen und Bäumen gefangen. Die Nahrung besteht aus allerlei Insekten. Über das Fortpflanzungsverhalten liegen kaum Angaben vor. Es werden pro Gelege 3 bis 5 Eier abgesetzt.

Anolis

Abbildung 42
Deutscher Name: Spitzkopfleguan
Wissenschaftliche Bezeichnung: *Polychrus acutirostris*
Länge: Ungefähr 30 cm.
Körpermerkmale: Der Körper dieser trägen Baumechse ist seitlich zusammengedrückt. Typisch für den kleinen Leguan sind die spitze Schnauze, die kleinen, vorstehenden Augen, die glatten Kehlschilde, die gekielten Rückenschuppen und der längliche Greifschwanz, welcher die doppelte oder mehr als doppelte Länge des Rumpfes aufweist. Der Rücken ist bräunlich bis olivfarben, die Flanken sind hellgrau. Über den Hals und über den Rumpf verlaufen schräg von vorne nach hinten ungleichmäßige, dunkle, eckige Streifen. Zwei dunkle Streifen ziehen sich in leichtem Bogen zum Hals.
Verbreitung: Der Spitzkopfleguan ist in Südbrasilien, Uruguay, Paraguay, Argentinien und Ost-Bolivien beheimatet.
Biotope: *Polychrus acutirostris* lebt auf Bäumen und Sträuchern. Der Verfasser fing ein Einzelstück dieser Art in einer sumpfigen Wiese am Rio Jequitai in Minas Gerais (Brasilien). Die schmucke Echse saß in einer charakteristischen Stellung mit dem Kopf nach unten auf einem dicken Grasstengel.
Verhalten: Wie ein Chamäleon ist der Spitzkopfleguan zu einem raschen, physiologischen Farbwechsel befähigt, wobei sich der Körper bis zu einem hellen Grau aufhellt. Hell ist das Tier auch bei erhöhter Temperatur und im Zustand der Erregung. Bei niederen Temperaturen nimmt der Körper dunkle Farbtöne an. Die Augen bewegen sich unabhängig voneinander. Wenn der Spitzkopfleguan ergriffen wird, beißt er. Die Nahrung besteht aus allerlei Insekten und Gliederfüßern und gelegentlich aus Früchten. Das Gelege von *Polychrus acutirostris* besteht aus 7 bis 8 Eiern.

Abbildung 43
Deutscher Name: Rotkehlanolis
Wissenschaftliche Bezeichnung: *Anolis carolinensis*
Länge: 12 bis 20 cm.
Körpermerkmale: *Anolis carolinensis* ist eine schlanke Echse mit einem roten, ausdehnbaren Kehlsack beim männlichen Geschlecht, einem langen, flachen Kopf und stark gekielten Schuppen auf der Körperoberseite. Mit Ausnahme des ersten Fingers sind die Finger und Zehen an den Spitzen eigenartig verbreitert. Die erweiterten Finger- und Zehenspitzen weisen zahlreiche feine Lamellen auf. Femoralporen fehlen, aber breite Postanalschilde sind vorhanden. Der Schwanz ist drehrund. Gewöhnlich ist der Rotkehlanolis grün. In wenigen Sekunden kann er seine Färbung ändern und erscheint dann in einem gelben und braunen Kolorit.
Verbreitung: Das Verbreitungsgebiet dieses Saumfingers erstreckt sich von Süd-Virginia bis nach Süd-Florida und im Westen bis nach Oklahoma und bis zum Rio Grande in Texas.
Biotope: *Anolis carolinensis* hält sich auf Büschen, Bäumen und sonstiger Vegetation auf, wie er auch auf Zäunen und zuweilen in alten Gebäuden anzutreffen ist. Die schmucke Kreatur bevorzugt schattige Örtlichkeiten und wird in relativ trockenen Gebieten an den feuchtesten Stellen gefunden.
Verhalten: Wie die meisten Echsen Nordamerikas ist der Rotkehlanolis ein tagaktives Geschöpf, das am frühen Morgen munter wird, wenn die Temperatur ansteigt. Die Nahrung besteht weitgehend aus kleinen Insekten. Die Haut, die dieser kleine Leguan mehrmals im Jahr abstreift, wird in der Regel verzehrt. Die charakteristischste Eigenart dieser Echse besteht in der bereits erwähnten raschen Farbänderung der Haut. Der rasche Farbwechsel hat dem Rotkehlanolis die Bezeichnung «Amerikanisches Chamäleon» eingetragen, obwohl *Anolis carolinensis* in keiner Weise mit einem Chamäleon verwandt ist. Die Paarung, die von März bis Mai stattfindet, kann sich gelegentlich bis in den September erstrecken. Die Männchen verfolgen die Weibchen. Gewöhnlich werden von April bis September 2 Eier in Laub, in Steinhäufen oder in sonstiges feuchtes Substrat abgesetzt. Die Entwicklungszeit der Jungen bis zum Schlüpfen dauert 5 bis 7 Wochen.

Abbildung 44
Deutscher Name: Jamaika-Anolis
Wissenschaftliche Bezeichnung: *Anolis garmani*
Länge: 30 cm.
Körpermerkmale: Der lange, flache und zur Schnauze hin zugespitzte Kopf ist von kleinen, länglichen Schuppen bedeckt, die auf der Schnauzenspitze länglich und gekielt sind. Oberhalb des Auges befinden sich 9 gekielte Schuppen. Die Anzahl der Oberlippenschilde beträgt 5. Die Ohröffnung ist klein und oval. Der Rücken und die Körperseiten sind von einheitlich gekielten, grieskornähnlichen Schuppen bedeckt. Auf der Mitte des Halses, des Rumpfes und auf den Schwanz übergehend erhebt sich ein niedriger Kamm. Der seitlich abgeflachte Schwanz ist von flachen, gekielten Schuppen bedeckt. Eine Doppelreihe tuberkelähnlicher Schuppen ziert den gelben und im Kern orangefarbigen Kehlsack. Die Färbung variiert von blattgrün bis dunkelbraun oder schwarz mit oder ohne gelbliche Seitenstreifen. Beide Geschlechter haben eine grünlichweiße Bauchseite.
Verbreitung: Diese Art ist in ihrer Verbreitung auf die Antillen-Insel Jamaika beschränkt.
Biotope: *Anolis garmani* lebt in Wäldern auf Bäumen.
Verhalten: Der weitgehend an das Baumleben angepaßte Jamaika-Anolis steigt häufig von den Bäumen herab, um auf Grillen, Schaben und andere Insekten Jagd zu machen; er ernährt sich auch von pflanzlichen Stoffen als Zukost. Wie andere Anolis, so vermehrt sich auch der Jamaika-Anolis durch Eier, wobei die Weibchen im Jahr mehrere Gelege absetzen können. Die Eier, die eine Länge von 12 mm aufweisen, benötigen zu ihrer Entwicklung 60 bis 64 Tage. Die ungefähr 7,5 cm langen Jungtiere sind nach 9 Monaten geschlechtsreif.

Abbildung 45
Deutscher Name: Brauner Anolis
Wissenschaftliche Bezeichnung: *Anolis sagrei*
Länge: *13 bis 21 cm.*
Körpermerkmale: Der konisch zugespitzte Kopf ist relativ kurz. Die Kopfschuppen sind einfach oder mehrfach gekielt. Zwischen den beiden Nasenöffnungen liegen 6 Schuppen. Die Schläfenschilde wie die Rücken- und Flankenschuppen sind gekielt. Die Anzahl der Oberlippenschilde beträgt 6. Der Rumpf ist kurz und stämmig, der Schwanz seitlich zusammengedrückt. Die Zehen sind am Ende verbreitert. Die graue bis braune Körpergrundfärbung ist von hellen Flecken und Querbinden durchsetzt, welch letztere schwarz gesäumt sind. Bei den Männchen verblaßt diese Musterung mit zunehmendem Alter zu einem einfarbigen Braun. Die Männchen sind nicht nur größer als die Weibchen, sondern haben auch ein größeres Afterschild.
Verbreitung: *Anolis sagrei* kommt in Guatemala, in Mexiko, auf Kuba, auf Jamaika, auf den Bahamas und eingeschleppt in Süd-Florida vor.
Biotope: Der natürliche Lebensraum des Braunen Anolis sind Bäume, niederes Gestrüpp, Zäune, Mäuerchen und Steinhaufen. Hier hält sich das hübsche Tier oft bis zu 2 m oberhalb der Erdoberfläche auf.
Verhalten: Obwohl *Anolis sagrei* häufig auf Bäumen und Büschen angetroffen wird, so ist diese kleine, tagaktive Echse doch ein entschiedenes Bodentier. Nie steigt sie hoch die Bäume empor. Wenn sie auf einem Busch oder Baum sitzt, so ist der Kopf stets zum Erdboden hin gerichtet, den sie bei Bedrohung schnell aufsucht, um hier ein schützendes Versteck zu finden. Der Verfasser konnte den Braunen Anolis auf den Bimini-Inseln südlich der Spitze Floridas in größerer Anzahl beobachten. Die Tiere lassen den Menschen auf 3 bis 4 m, manchmal auch näher an sich herankommen. In Erregung geratene Männchen stellen ihre gelblichen bis orangefarbenen Kehllappen fächerförmig auf und drohen einem Rivalen, der in ihr Territorium eingedrungen ist, welches sie hartnäckig verteidigen. Die Nahrung besteht aus allerlei Insekten wie Ameisen, Käfern, Heuschrecken usw. Auch andere Beutetiere werden in raschem Vorstoß gepackt. *Anolis sagrei* paart sich im Frühjahr und im Sommer. Mehrfach wird ein einzelnes Ei abgelegt, das in 30 Tagen schlüpft. Die Eier werden von Juni bis September abgelegt.

Agamen

Die ausschließlich altweltlichen Agamen, die von Südost-Europa aus über Afrika, Asien und Australien verbreitet sind, treten in etwa 30 Gattungen mit mehr als 300 Arten auf. Die Agamen sind das altweltliche Gegenstück zu den neuweltlichen Leguanen. Die Agamen haben meist kräftig entwickelte Gliedmaßen, Hautfortsätze in Form von Helmen, Stacheln, Hörnern, Nacken-, Rücken- und Schwanzkämmen, Kehlsäcken und Halskrausen. Die Zunge ist meist dick und fleischig. Die Augen haben eine runde Pupille. Die Agamen sind an sehr unterschiedliche Lebensräume gebunden. Sie kommen in Steppen, in Savannen, in Wüsten, im tropischen Regenwald, im und am Wasser, auf dem Erdboden, auf Felsen und auf Bäumen vor. Im Zuge der Stammesgeschichte haben einige Arten sogar den Luftraum erobert und sind zu einem Gleitflug befähigt, wobei sie die lockere Haut zwischen den Vorder- und Hintergliedmaßen fallschirmähnlich ausspannen. Zahlreiche Arten haben einen physiologischen Farbwechsel. Einige wenige Arten sind sogar zu Stimmäußerungen befähigt. Die meisten Agamen leben räuberisch. Wenige ernähren sich weitgehend vegetarisch. Die Agamen haben ein ausgeprägtes Balz-, Droh- und Warnverhalten, das sich durch Kopfnicken und gleichzeitige liegestützartige Bewegungen des Vorderkörpers äußert. Bis auf zwei Gattungen (Cophotis, einige Phrynocephalusarten) pflanzen sich diese imposanten Echsen durch Ablage von Eiern fort.

Abbildung 46
Deutscher Name: Winkelkopfagame
Wissenschaftliche Bezeichnung: *Acanthosaura armata*
Länge: 25 bis 28 cm.
Körpermerkmale: Der kurze, breite Kopf endet nach vorne hin in einer spitzen Schnauze. Hinter den beiden starken Augenwülsten erheben sich 2 lange, stachelartige Fortsätze. Über die Nackenmitte verläuft ein Kamm, aus dem mehrere stachelähnliche Fortsätze hervorragen. Seitlich in Höhe des Trommelfells erhebt sich je ein weiterer langer Stachel. Einige Millimeter hinter dem Nackenkamm ist eine freie Zone, hinter der sich der Rückenkamm – dieser besteht aus sägeartigen Schuppen – erhebt und auf den Schwanz fortsetzt. Die Mundränder sind von 10 bis 13 Oberlippen- und ebenso vielen Unterlippenschilden bedeckt. Die Rücken- und Seitenschuppen sind gekielt und sehr klein. Zwischen diesen liegen größere, ebenfalls gekielte Schuppen. Der Schwanz ist seitlich zusammengedrückt. Das olivfarbene, graue, braune oder schwärzliche Kolorit ist auf den Körperseiten von dunklen und hellen Makeln durchsetzt. Die Kopfoberseite ist dunkel und oft quergebändert. Das Auge ist dunkel eingefaßt. Die Bauchseite kann weißlich, einfarbig oder schwarz gefleckt sein.
Verbreitung: *Acanthosaura armata* kommt in Süd-Thailand bis zum Isthmus von Kra, auf der gesamten Malayischen Halbinsel südlich des Isthmus von Kra, in Süd-Burma (Tenasserim) und auf Sumatra vor.
Biotope: *Acanthosaura armata* ist ein Waldtier, das am Boden und an Bäumen lebt.
Verhalten: Über das Verhalten dieser seltenen Winkelkopfagame ist so gut wie nichts bekannt. Nach Cantor tritt *Acanthosaura armata* lokal und nicht sehr zahlreich auf. Frisch gefangene Exemplare besitzen ein stürmisches Naturell und sind im Erregungszustand zu einem physiologischen Farbwechsel befähigt. Das Tier ernährt sich von allerlei Gliederfüßern und Würmern, die es mit seinen Vorderfüßen aus der Fallaubschicht wühlt. Die Fortpflanzung geschieht durch die Ablage von Eiern.

Abbildung 47
Deutscher Name: Nackenstachler
Wissenschaftliche Bezeichnung: *Acanthosaura crucigera*
Länge: 20 cm und mehr.
Körpermerkmale: *Acanthosaura crucigera* stimmt in der Beschuppung weitgehend mit *Acanthosaura armata* überein, wie Malcolm Smith diese Art auch als geographische Rasse zu armata stellt. *Acanthosaura crucigera* unterscheidet sich von *Acanthosaura armata* jedoch durch einen mehr oder weniger langen Kehlsack. Die Stacheln des Nacken- und Rückenkammes sind an der Basis breiter. Die Nackenstacheln variieren sehr in der Länge. Bei manchen Exemplaren sind sie lang, bei anderen sehr kurz. Der Kopf, die Schläfen und der Rücken sind schwarzgrau. Vom Rücken aus gehen helle, zackige Binden auf die Körperflanken über, welch letztere hellgrau und von dunklen Makeln durchsetzt sind. Die schwarzgrauen Vorder- und Hinterbeine sind von kleinen, hellen Flecken übersät. Der dunkelgraue Schwanz zeigt eine helle Bänderung. Die Bauchseite ist porzellanfarben.
Verbreitung: Thailand, Laos, Kambodscha und Vietnam sind das Verbreitungsgebiet dieser Art.
Biotope: Der Verfasser, der diese Art häufig in der Natur beobachtet hat, kennt *Acanthosaura crucigera* aus dem Khao Yai Nationalpark in Zentral-Thailand. Das Tier lebt dort im schattigen Regenwald in Höhenlagen zwischen 600 und 1000 m.
Verhalten: *Acanthosaura crucigera* ist ein entschiedener Regenwaldbewohner, der auf dem Erdboden nach Insekten, allerlei Gliederfüßern und Würmern kratzt. Beutetiere erhascht er im Sprung, wie er sich auch Feinden springend und laufend entzieht. Wegen der hervorragenden Tarnfärbung und des guten Farbanpassungsvermögens wird diese Agame in ihrem natürlichen Umfeld oft übersehen. Nicht selten sitzt die Echse auf verrottenden und von Pflanzen überwucherten Baumstämmen, auf die das Licht der frühen Morgensonne und das Schattengewirr von Blättern und Ästen fällt. Direktes, intensives Sonnenlicht wird gemieden. *Acanthosaura crucigera* ist eine eierlegende Art.

Abbildung 48
Deutscher Name: Atlasagame
Wissenschaftliche Bezeichnung: *Agama bibronii*
Länge: 20 bis 25 cm.
Körpermerkmale: *Agama bibronii* besitzt einen breiten und zur Schnauze hin zugespitzten Kopf mit 3 Reihen spitzer Schuppen an dessen Hinterseite. Die Rumpfschuppen sind gleich groß und gekielt. Der Schwanz des Männchens, der ein wenig zusammengedrückt ist, weist einen niedrigen Schuppenkamm auf. Femoralporen fehlen. Die gelbköpfigen Männchen, die in der Paarungszeit besonders bunt gefärbt sind, sind graugrün, der Rücken ist blau und die stachelähnlichen Schuppen im hinteren Kopfbereich sind rötlich. Auf dem gelben Rücken der Weibchen verlaufen rostrote Seitenbinden. Die Kopfseiten haben einen leicht bläulichen Anflug.
Verbreitung: *Agama bibronii* ist in Marokko, Algerien und Tunesien beheimatet, wo sie vornehmlich die Atlasgebirge bewohnt.
Biotope: Die Atlasagame, die im gleichen Gebiet oftmals mit dem Dornschwanz *(Uromastyx acanthinurus)* vergesellschaftet lebt, hält sich weitgehend auf einem von spärlicher Vegetation und vereinzelten Steinen und Felsblöcken übersäten Gelände auf. Der Verfasser beobachtete *Agama bibronii* überaus häufig auf steinigem und von niedrigem Gebüsch durchsetzten Gelände in Zentral-Marokko.
Verhalten: Das sonnenhungrige Geschöpf, das zuweilen in größeren Kolonien auftritt, setzt sich bei günstiger Witterung mit Vorliebe auf großen Steinen und Felsblöcken den intensiven Sonnenstrahlen aus. Zur heißesten Zeit des Tages verschwindet es jedoch in seinem Bau und kehrt erst am späten Nachmittag zum Sonnenbad zurück. Bei Gefahr flieht es blitzartig zum nächsten Versteck unter einen Baum oder in eine Felsspalte – meist sind die Eingänge der Schlupfwinkel durch dichte Vegetation verborgen – und verweilt hier unter Umständen viele Stunden. Bei regnerischem und windigem Wetter hält es sich in seinem Unterschlupf verborgen. Wenn es ergriffen wird, fällt es nicht selten in einen Starrezustand. Die Nahrung besteht hauptsächlich aus hartschaligen Insekten, Spinnen und kleineren Echsen, aber auch aus Pflanzenteilen, denen die Echse das Wasser entzieht, das in ihrem Lebensraum rar ist. Die Paarung fällt in das Frühjahr und in die Zeit der Herbstregen. Die 10 bis 15 Eier, die meist im Mai und Juni, aber auch am Ende des Sommers und sogar im Herbst in den Sand oder unter Felsen abgesetzt werden, sind ungefähr 16 bis 18 mm lang und 10 mm breit. Die ungefähr 7 cm langen Jungtiere schlüpfen nach ungefähr 3 Monaten.

Abbildung 49
Deutscher Name: Hardun oder Schleuderschwanz
Wissenschaftliche Bezeichnung: *Agama stellio*
Länge: 25 bis über 35 cm.
Körpermerkmale: *Agama stellio* ist eine stämmig gebaute Agame mit flachem, dreieckigem Kopf, mit einem leicht abgeflachten Rumpf, mit einem rundum stachelbesetzten Schwanz und mit verhältnismäßig langen Beinen. Der Hinterkopf wie auch der Hals sind von einem Kranz stacheliger Schuppen besetzt. Auf dem Rumpf stehen die Schuppen in Querreihen in Form von Höckern. Auf der Kopfoberseite finden sich unregelmäßige, vieleckige und zum Teil stachelig zugespitzte Schilde und Schuppen. Die Färbung und die Zeichnung können sehr unterschiedlich sein. Die Körperoberseite ist meist schwärzlich, braun oder braungelb. Auf der Rückenmitte stehen gelbliche, rautenförmige Flecken in einer Längsreihe. Der Schwanz ist gelb und braun geringelt. Der Kopf des Männchens ist rötlich getönt. Die stachelartig ausgebildeten Schuppen der hinteren Kopfseiten und des Rumpfes sind beim erwachsenen Männchen oft blau gefleckt. Die grauweiße Kehle zeigt häufig schwarze, gelbe und rötliche Flecken.
Verbreitung: Der Schleuderschwanz kommt im südöstlichen Europa (Korfu, Mykonos, Delos, Paros, Antiparos, Naxos, in der Gegend um Saloniki), in Kleinasien und im nordöstlichen Afrika vor.
Biotope: *Agama stellio* bevorzugt trockene, dem Sonnenlicht besonders ausgesetzte Örtlichkeiten. Er hält sich an Felsen, altem Gemäuer und an Baumstämmen auf. Besonders häufig fand ich die genannte Agama in den Ruinen bei Selçuk in der asiatischen West-Türkei.
Verhalten: Diese stellenweise nicht seltene Agame ist ein scheues Tier, das bei Annäherung eines Feindes in rasendem Tempo in sein Versteck in einer Fels- oder Mauerspalte flüchtet. Dank seiner abstehenden Körperschuppen ist es nur mit Mühe aus seinem Unterschlupf herauszuziehen. Wird der Schleuderschwanz trotzdem gefangen, so beißt er kräftig zu und kratzt. Je nach Temperatur-, Licht- und psychischen Einflüssen vermag er seine Grundfärbung hell und dunkel zu verändern. Die Männchen sitzen oft hoch oben im Mauerwerk oder auf Bäumen, spreizen die Kehlsäcke ab, nicken eifrig mit dem Kopf und geben so ihrem Territorialempfinden Ausdruck. Der Hardun frißt allerlei Insekten und Gliederfüßer, aber auch Eidechsen und Pflanzen. Nach der Überwinterung im März, April und Mai paaren sich die Hardune. Im Juni werden um die 10 Eier abgelegt. Im August und im September schlüpfen die 4 cm langen Jungen.

Abbildung 50
Deutscher Name: Bartagame
Wissenschaftliche Bezeichnung: *Amphibolurus barbatus*
Länge: 60 cm, Maximallänge bis 70 cm.
Körpermerkmale: Die Kinnfalte, der Hinterkopf und die Kopfseiten hinter dem Ohr sind mit spitzen, gekielten und stachelartigen Schuppen besetzt. Der Schädel ist breit und abgeflacht. Der Rücken ist von zahlreichen kleinen und vereinzelt großen, spitzen Schuppen bedeckt. Große gekielte Schuppen umgeben auch die Schwanzbasis. Die Ohröffnung, die sich hinter dem Auge befindet, ist deutlich sichtbar. Die Anzahl der Präanal- und der Femoralporen beträgt zwischen 10 und 30. Von den echten Agamen unterscheiden sich diese Bodenagamen durch das Vorhandensein von Poren in den Schuppen vor dem After. In der Färbung ist die stattliche Wasseragame außerordentlich variabel. Die Körperfärbung kann blaßgrau, braun, schwarz oder ziegelrot sein. Erwachsene Exemplare sind mehr oder weniger einfarbig mit dunklen Flecken auf dem Rücken. Jüngere Tiere weisen auf dem Rücken 2 Reihen länglicher Flecken auf. Hinter dem Auge verläuft ein dunkler Streifen bis zum Ohr. Der Schwanz ist oft gebändert. Die Kehle ist braun oder schwarz. Braune oder schwarze Flecken bedecken Brust und Bauch.
Verbreitung: *Amphibolurus barbatus,* der in 4 Unterarten auftritt, ist über den größten Teil Australiens verbreitet.
Biotope: Bartagamen halten sich auf Bäumen, Baumstümpfen, umgefallenen Baumstämmen, Zaunpfählen, Telegraphenmasten oder an Böschungen auf. Sie kommen ebensowohl in feuchten Küstenwäldern wie im trockenen Inland des fünften Kontinents vor.
Verhalten: Bartagamen vertrauen auf ihre Tarnfärbung. Werden sie jedoch entdeckt und angegriffen, so gehen sie in ihre artcharakteristische Verteidigungsstellung; sie reißen das Maul auf und spreizen die bartähnlichen Schuppen im Kopf- und Halsbereich wie auch die Rippen ab und erscheinen dadurch größer und furchterregender. Die Nahrung dieser in Australien stellenweise nicht seltenen Echse besteht aus Insekten, Gliederfüßern, Würmern, Echsen, Mäusen, aber auch aus Blüten und zarten Blättern, wobei sie besonders Löwenzahn bevorzugt. Bartagamen legen bis zu 25 Eier – diese sind ungefähr 3 cm lang und knapp 2 cm breit – in eine Höhlung, die sie mit den Vorder- und Hinterbeinen ausgehoben haben. Nach der Eiablage scharren sie das Loch wieder mit der lockeren, aufgeworfenen Erde zu und drücken die Erdoberfläche mit den Füßen und dem Kopf flach. Die Jungen schlüpfen nach ungefähr 90 Tagen.

Abbildung 51
Deutscher Name: Sägerückenagame
Wissenschaftliche Bezeichnung: *Calotes calotes*
Länge: Über 50 cm.
Körpermerkmale: Der kurze, wuchtige Kopf setzt sich deutlich vom Hals ab und ist im Backenbereich wie angeschwollen. Die ungekielten Schuppen auf der Kopfoberseite weisen unterschiedliche Größen auf. Oberhalb des Trommelfells befinden sich 8 bis 9 zusammengedrückte Stacheln in einer Reihe. Der Körper ist seitlich abgeflacht. Die großen Rückenschuppen, die manchmal glatt, manchmal schwach gekielt sind, sind nach oben und unten gerichtet. Die gleich großen Bauchschuppen zeigen eine starke Kielung. 30 bis 35 Schuppen umgeben die Mitte des Rumpfes. Eine schräge Falte vor der Schulter ist mit kleinen, körnchenartigen Schuppen bedeckt. Der Hinterhaupts- und Rückenkamm besteht aus lanzenähnlichen Stacheln gleicher Größe. Neben den großen Stacheln befinden sich kleinere Stacheln. Die Gliedmaßen sind mäßig lang. Der Schwanz ist sehr lang und dünn. Über die smaragdgrüne Rumpfseite ziehen sich 4 oder 5 bläulichweiße oder dunkelgrüne Querbinden. Die Binden sind auch auf dem Schwanz festzustellen. Der Kopf zeigt eine gelblichgrüne oder bläuliche Färbung. Die Kehle ist rot, manchmal ist auch der gesamte Kopf rot. Unter dem Auge und dem Ohr befindet sich je ein türkisblauer Fleck.
Verbreitung: *Calotes calotes* ist über Süd-Indien, Sri Lanka und die Nicobaren verbreitet.
Biotope: Auf Sri Lanka beobachtete der Verfasser *Calotes calotes* auf Büschen. Die genannte Agamenart bewohnt auch lichte Wälder und ist im Hügelland häufiger als in der Ebene.
Verhalten: Wie fast alle Schönechsen, so ist auch die langschwänzige Sägerückenagame ein Tagtier. Wegen ihrer bunten Färbung und der eigenartigen Haltung – sie liegt stets mit leicht angehobenem Vorderkörper und Kopf auf einem Ast oder hängt in der gleichen Stellung an einem Baumstamm – fällt sie schon von weitem auf. Bei Erregung und bei Temperaturänderung zeigen die Tiere einen raschen Farbwechsel. Ihre Nahrung besteht aus allerlei Insekten, Gliederfüßern und kleinen Echsen. *Calotes calotes* legt 6 bis 12 Eier in den aufgescharrten Erdboden, der danach wieder zugedeckt und mit dem Kopf glatt gemacht wird. Aus den 18,5 mal 12,5 mm großen Eiern schlüpfen die Jungen nach einer Inkubationsdauer von 79 bis 84 Tagen.

Abbildung 52
Deutscher Name: Hinterindische Schönechse
Wissenschaftliche Bezeichnung: *Calotes emma*
Länge: 35 cm.
Körpermerkmale: Der kurze Kopf ist zur Schnauze hin zugespitzt. Die ungleichgroßen Kopfschuppen sind gekielt oder runzlig. Zwei große Schuppen befinden sich auf der Stirn. Im Bereich des Hinterkopfes wird ein großer Stachel von einigen kürzeren Stacheln umgeben. Oberhalb des Trommelfells ragt je ein ähnlicher Stachel empor. Es sind 9 bis 11 Oberlippen- und 8 bis 9 Unterlippenschilde vorhanden. Ein Kehlsack ist kaum ausgebildet. Vor der Schulter befindet sich eine Falte, die an eine dreieckige Region grenzt, welche von winzigen schwarzen Schuppen bedeckt ist. Ein Rückenkamm, der auf der Hinterkopfmitte beginnt, endet im Bereich der Hinterextremitäten. Die stark gekielten Rücken- und Flankenschuppen sind nach oben und nach unten gerichtet. 46 Schuppen umgeben die Rumpfmitte. Die Vorder- und Hinterbeine sind stark entwickelt. Der Kopf zeigt ein dunkel rotbraunes Kolorit, welches zum Hals- und Rumpfbereich hin rötlich oder rosafarben wird. Eine dunkle Binde beginnt am Auge und endet am Ohr. Die schwärzliche Kehle ist von roten Flecken durchsetzt. Der gelbbraune bis rehbraune Körper weist 6 Querflecken auf, die auf der Rückenmitte und auf den Flanken eine Aufspaltung erfahren. Der Schwanz ist dunkeloliv und dunkelgrau gebändert.
Verbreitung: Die in zwei Unterarten aufspaltende Schönechse ist über Süd-China und Hinterindien verbreitet.
Biotope: Der Verfasser fand die genannte Art verschiedentlich auf der südthailändischen Insel Phuket, wo das Tier an Gebüschrändern in Sekundärwäldern und in Kautschukplantagen lebt.
Verhalten: *Calotes emma* ist weitgehend ein Baumbewohner, der gelegentlich auch auf den Erdboden herabsteigt. Er lebt in der Ebene und ist im Gebirge oberhalb von 1000 m nicht mehr zu finden. Die Nahrung besteht aus Insekten, Gliederfüßern und kleinen Echsen. Im Erregungszustand werden die Kehle und die Binde, die vom Auge zum Ohr verlaufen, schwarz. *Calotes emma* legt 4 bis 12 Eier, die 17 mm lang und 11 mm breit sind.

Abbildung 53
Deutscher Name: Nashornagame
Wissenschaftliche Bezeichnung: *Ceratophora tennenti*
Länge: 20 bis 22 cm.
Körpermerkmale: *Ceratophora tennenti* besitzt einen ovalen, zusammengedrückten, schuppigen Rostralfortsatz auf der Schnauzenspitze. Die Kopfschuppen sind klein, von unregelmäßiger Gestalt und gekielt. Von den 11 Oberlippen- und 11 Unterlippenschilden weist jedes 5 bis 10 Poren auf. Hinter dem Auge liegen 3 bis 4 konisch vergrößerte Schuppen. Die unregelmäßig gestalteten Rückenschuppen sind schwach gekielt, die der Körperseiten sind glatt oder schwach gekielt. Die Bauchschuppen sind klein und schwach gekielt. 18 bis 23 Schuppen stehen in einer Mittellinie auf der Kehle. 52 bis 58 Schuppen verlaufen von der Kehle zur Kloake und 42 bis 43 Schuppen umgeben die Rumpfmitte. In der Körperfärbung ist *Ceratophora tennenti* äußerst polymorph. 5 hauptsächliche Färbungen sind bekannt: grau, grün, blaugrün, braun oder rötlich. Über den Rücken können eine Reihe dunkelbrauner Dorsalflecken verlaufen.
Verbreitung: *Ceratophora tennenti* kommt im Bergland von Sri Lanka vor.
Biotope: Die Biotope dieser Art sind die montanen Feuchtwälder und die Cardomonplantagen. Ich fand Nashornagamen bei Gammaduwa oberhalb der Teeplantagen in über 1000 m Höhe und im Udawattakele Regenwald bei Kandy. Der Niedergang dieser Art ist hauptsächlich durch Pestizide und durch Biotopveränderungen bedingt.
Verhalten: Die Nashornagame ist ein ausgesprochenes Tagtier, das im niedrigen, feuchten Gras läuft, aber auch auf moosbedeckten Bäumen in einer Höhe von 90 bis 120 cm sitzt und in dieser Hinsicht ihrer nächsten Verwandten – *Ceratophora stoddarti* – sehr ähnelt. Von Baum zu Baum springend erhascht *Ceratophora tennenti* ihre Beutetiere; sie sucht aber auch am Erdboden nach Insekten und Würmern. In ihren Bewegungen ist *Ceratophora tennenti* nicht sehr schnell. *Ceratophora tennenti* legt Eier, aus denen nach 2 Monaten die ungefähr 4 cm langen Jungtiere schlüpfen.

Abbildung 54
Deutscher Name: Segelechse
Wissenschaftliche Bezeichnung: *Hydrosaurus amboinensis*
Länge: 100 bis 110 cm.
Körpermerkmale: Diese größte aller Agamen besitzt einen kleinen Kopf, in Anpassung an das Leben am und im Wasser eine spitze Schnauze, einen seitlich zusammengedrückten Rumpf und Schwanz, welch letzterer die doppelte Länge von Kopf und Rumpf aufweist. Die erwachsenen Männchen besitzen einen niedrigen Rückenkamm und einen hohen Hautsaum auf dem vorderen Teil des Schwanzes. Die Finger und Zehen weisen lappenartige Hautsäume auf. Die kleinen und gekielten, nach oben gerichteten Rückenschuppen sind von großen runden und gekielten Schuppen durchsetzt. Die in Querreihen stehenden Bauchschilde sind größer als die Rückenschilde und ungekielt. Auf der Unterseite jedes Oberschenkels finden sich 7 bis 16 Femoralporen. Die olivgrüne Körpergrundfärbung des Tieres ist von schwarzen Flecken durchsetzt.
Verbreitung: *Hydrosaurus amboinensis* ist auf dem Indoaustralischen Archipel einschließlich Neuguineas beheimatet.
Biotope: Die Segelechse, in ihrer Heimat auch Soa-Soa genannt, lebt auf Bäumen an Ufern von Flüssen und Seen im tropischen Regenwald.
Verhalten: Segelechsen halten sich stets in der Nähe des Wassers auf und vermögen mit Hilfe ihres abgeplatteten Schwanzes ausgezeichnet zu schwimmen. Meist liegen sie am Morgen und am Abend auf Ästen, die über der Wasseroberfläche hängen. Da erwachsene Exemplare kaum Feinde haben, lassen sie den Menschen bis auf wenige Meter an sich herankommen. Wenn sie jedoch erschreckt werden, stürzen sie sich ins Wasser und verschwinden am anderen Ufer. Ihre Nahrung besteht vornehmlich aus Pflanzen, jedoch werden auch Insekten, allerlei Gliederfüßer und gelegentlich Fische als Beikost verzehrt. *Hydrosaurus amboinensis* ist ein ruhiges und schwerfälliges Geschöpf, das sich leicht fangen läßt und daher an vielen Stellen selten geworden ist. In der heißen Jahreszeit machen Segelechsen einen Trockenschlaf durch. An einer warmen Stelle werden die Eier 20 bis 30 cm tief in den Erdboden abgelegt.

Abbildung 55
Deutscher Name: Schmetterlingsagame
Wissenschaftliche Bezeichnung: *Leiolepis belliana*
Länge: 40 bis 50 cm.
Körpermerkmale: Diese prächtige Agame hat einen kurzen, abgestumpften Kopf, einen abgeflachten Rumpf und einen langen, an der Basis leicht plattgedrückten, am Ende rundlichen Schwanz. Die Kehlfalte steht quer. Ein Kehlsack wie auch ein Rückenkamm fehlen. Das Trommelfell ist deutlich entwickelt. Die Körperoberseite ist von kleinen Schuppen bedeckt. Entlang der beiden Körperseiten verläuft je eine Hautfalte, die unter Zuhilfenahme der langen Rippen fächerartig ausgebreitet werden kann. Sämtliche Rückenschuppen sind klein und gekielt. Die Bauchschuppen stehen in 40 Längsreihen. 17 bis 18 Femoralporen befinden sich auf den Oberschenkeln. Die Körperoberseite ist auf rehbraunem oder olivgrünem Grund von rundlichen, gelben Flecken und kleinen Tupfen übersät. Die Flecken können zu Längsbändern, die auf dem Hinterkopf beginnen und an der Schwanzwurzel enden, zusammenfließen. Die Hautfalten zu beiden Seiten des Rumpfes sind rotschwarz gestreift. Die Körperunterseite ist orangegelb, einfarbig oder blauschwarz marmoriert.
Verbreitung: *Leiolepis belliana,* die in 3 Unterarten aufgegliedert ist, bewohnt das südliche Vorder-Indien, Süd-China, den gesamten hinterindischen Raum und den Indo-Australischen Archipel.
Biotope: Auf Phuket (Süd-Thailand) – dieses Reptil wird hier Jäh genannt – habe ich dieses schmucke Geschöpf häufig gefunden. Es ist fast ganztägig außerhalb seiner Schlupfwinkel anzutreffen, von denen es sich nicht weit entfernt. In der Lebensweise erinnert die Schmetterlingsagame ein wenig an den nordafrikanischen Dornschwanz *(Uromastyx acanthinurus)*. Wie dieser ist sie nicht nur sehr sonnenhungrig, sondern gräbt auch Röhren mit 2 oder 3 Öffnungen in den festen, grobkörnigen Sandboden. Wenn man ein derartiges Tier erbeuten will, muß man zuerst eine Öffnung verstopfen, da die Echse sonst dort mit blitzartiger Geschwindigkeit heraussaust. Wenn eine Schmetterlingsagame davonstürmt, breitet sie ihre Hautfalten im seitlichen Körperbereich aus und rennt nur auf den Hinterbeinen. *Leiolepis belliana* lebt streng monogam. In ihren Tunneln, die nicht selten bis zu 50 oder 60 cm in die Tiefe hinabgehen, leben in der Fortpflanzungszeit ein Männchen und ein Weibchen dieser überaus scheuen Tiere. Zur Paarungszeit dehnen die Männchen vor den Weibchen wie auch vor Rivalen ihre Hautlappen aus und imponieren auf diese Weise. Die Jungtiere verbleiben nach dem Schlüpfen noch eine Zeitlang in der Höhle ihrer Eltern. Die Nahrung dieser Art besteht aus allerlei Insekten und Gliederfüßern; auch zarte Pflanzenteile werden verzehrt.

Abbildung 56
Deutscher Name: Leierkopfagame
Wissenschaftliche Bezeichnung: *Lyriocephalus scutatus*
Länge: 20 bis 34 cm.
Körpermerkmale: Der Kopf ist breit, kurz und geht zur Schnauze hin in einen knopfartigen Fortsatz über, der beim Männchen größer als beim Weibchen und von ungleichmäßigen, glatten Schuppen bedeckt ist. Der Augenbrauenbogen oberhalb und hinter den Augen endet in einem hornähnlichen Fortsatz. Die Kopfoberseite ist von unregelmäßigen, schwach gekielten Schuppen bedeckt. Auf den Kopfseiten befinden sich große, hornartige Schuppen. Die Anzahl der Oberlippenschilde schwankt zwischen 12 und 15, die der Unterlippenschilde zwischen 11 und 14. Eine Ohröffnung ist nicht sichtbar. Beide Geschlechter haben einen Kehlsack, welcher beim Männchen größer ist als beim Weibchen. Auf der Schnauze erwachsener Tiere erhebt sich ein auffälliger rundlicher Höcker. Der Nackenkamm besteht aus kurzen Schuppen. Die Schuppen des kurzen, kräftigen Rückenkamms werden durch Zwischenräume voneinander getrennt. Der Körper ist seitlich zusammengedrückt. Der Schwanz, der auf der Oberseite einen kurzen Kamm trägt, ist auf den Seiten und auf der Unterseite von stark gekielten Schuppen bedeckt. *Lyriocephalus scutatus* ist auf der Körperoberseite grasgrün, an der Kehle dotterblumengelb und auf der Körperunterseite bläulich bis weißgrau. Die Färbung und das Zeichnungsmuster können jedoch unterschiedlich sein und hängen von verschiedenen Faktoren wie Alter, Temperatur und momentanem Erregungszustand ab.
Verbreitung: In ihrer Verbreitung ist die Leierkopfagame auf den Südwesten Sri Lankas beschränkt.
Biotope: Diese prachtvolle Agame, die der Verfasser in einem Exemplar in den feuchten Bergwäldern oberhalb der Teeplantagen von Gammaduwa beobachtete, gehört sicherlich zu den seltensten Echsen des Landes. Das Tier hing, den Kopf nach oben gerichtet, an einem Baumstamm und ließ mich bis auf 50 cm herantreten. *Lyriocephalus scutatus* kommt auch im Udawattakele Regenwald bei Kandy und im hochgelegenen Nuvara Eliya vor. Meine dortige Suche war aber erfolglos.
Verhalten: Dieses eindrucksvolle Geschöpf, das ein entschiedener Waldbewohner ist, ernährt sich von Würmern, Insekten und Gliederfüßern und soll gelegentlich auch Früchte und andere pflanzliche Stoffe verzehren. Wenn die Leierkopfagame mit der Hand ergriffen wird, reißt sie das Maul auf, zeigt das rote Maulinnere und beißt kräftig zu. Leierkopfagamen sind zu einem deutlichen physiologischen Farbwechsel befähigt. Ein derartiger Farbwechsel stellt sich beispielsweise ein, wenn zwei Männchen einander imponieren und dabei mit dem Kopf nicken und den Kehlsack und den Nackenkamm abspreizen. Bei der Paarung klammern sich die Männchen auf dem Rücken der Weibchen fest, verbeißen sich in das Nackensegel und führen einen ihrer Hemipenisse in die Kloake der Weibchen ein. Die Weibchen graben vor der Eiablage eine 25 cm tiefe und ungefähr 30 cm breite Grube aus. Die Eier – 4 bis 10 an der Zahl – sind ungefähr 18 mm lang und 12 mm breit. Die 5 bis 6 cm langen Jungtiere schlüpfen nach 4 bis 5 Monaten.

Abbildung 57
Deutscher Name: Cochinchina-Wasseragame
Wissenschaftliche Bezeichnung: *Physignathus cocincinus*
Länge: 60 bis 80 cm.
Körpermerkmale: Hinter dem wuchtigen Kopf beginnt ein Halskamm, der sich über die Nacken- und Rückenmitte hinwegzieht. Auf der Dorsalseite des Schwanzes erhebt sich ein weiterer Kamm. Diese Kämme werden von lanzenähnlichen Stacheln gebildet. Bei den Männchen sieht die Backengegend wie angeschwollen aus. Die kleinen Kopfschuppen sind gekielt. Die Lippenränder sind von 12 bis 14 Ober- und 10 bis 12 Unterlippenschilden bedeckt. Der Rumpf ist seitlich zusammengedrückt. Die kleinen, gleichmäßig gestalteten Rückenschuppen weisen stumpfe Kiele auf. Die größeren Bauchschuppen sind ungekielt. Ein Kehlsack fehlt, aber eine wohlausgeprägte Gularfalte ist vorhanden. Der seitlich zusammengedrückte Schwanz ist auf der Oberseite von kleinen, kaum gekielten Schuppen und auf der Unterseite von großen, kräftig gekielten Schuppen bedeckt. Die Unterseiten der Oberschenkel weisen 4 bis 8 Femoralporen auf. Die Körperoberseite erstrahlt in einem dunkelgrünen Kolorit. Noch dunkler sind die Kopfoberseite und die Oberseite der Gliedmaßen. Über jede Körperseite ziehen sich 3, 4 oder 5 enge, helle Binden, die bei erwachsenen Exemplaren verblassen oder vollständig fehlen. Die bläulich gefleckte Bauchseite ist blaßgrün oder weißlich. Der Schwanz zeigt eine dunkelbraune Bänderung.
Verbreitung: *Physignathus cocincinus* ist vom südostasiatischen Festland von Süd-China aus über Hinter-Indien verbreitet.
Biotope: Das tagaktive Geschöpf kommt in der Ebene und im niederen Hügelland an Gewässern vor, wo es meist auf Büschen und Bäumen anzutreffen ist.
Verhalten: Über das Verhalten von *Physignathus cocincinus* in freier Natur ist nur wenig bekannt. Der Verfasser kennt diese Art aus der Umgebung von Pak Chong in Zentral-Thailand. Die auf Bäumen lebenden und gelegentlich zum Erdboden herabsteigenden Tiere kommen an Bächen und Flüssen vor, in welche sie sich bei Gefahr fallen lassen. Sie schwimmen und tauchen hervorragend. Wasseragamen sind zu einem schwachen physiologischen Farbwechsel von hell nach dunkel befähigt. Ihre Nahrung besteht aus Gliederfüßern, Insekten, Echsen, kleinen Vögeln sowie gelegentlich auch Früchten. Die Männchen wachen eifersüchtig über ihr Territorium und vertreiben ihren Gegner oft beißend. Das Männchen beißt sich oberhalb der Hinterbeine des Weibchens fest und kopuliert mit letzterem. Nach einigen Tagen sucht das Weibchen eine geeignete Stelle, gräbt hier eine Legehöhle aus und legt 10 bis 16 Eier ab. Das Gelege wird mit Erde zugedeckt. Die Jungen schlüpfen nach 60 bis 100 Tagen.

Abbildung 58
Deutscher Name: Afrikanischer Dornschwanz
Wissenschaftliche Bezeichnung: *Uromastyx acanthinurus*
Länge: 40 cm.
Körpermerkmale: Der Dornschwanz ist eine stämmige, plumpe Echse mit kurzen, kräftigen Gliedmaßen. Der breite, flache Schwanz ist von stacheligen Wirteln umgeben. Die großen Rückenschuppen liegen wie Dachziegel übereinander. Der Kopf ist verhältnismäßig klein und flach. Eine senkrecht stehende Ohrspalte ist vorhanden. Junge Dornschwänze zeigen auf grauer Körpergrundfärbung helle und dunkle Flecken. Erwachsene Exemplare weisen eine sehr variable Färbung auf. Manche sind grünlich, ockergelb, graubraun oder rötlich und dunkel marmoriert. Die Bauchseite schwankt in der Färbung von weiß bis schwarzgrau und ist gefleckt oder ungefleckt.
Verbreitung: *Uromastyx acanthinurus* bewohnt die Wüstengebiete Nordafrikas von Marokko bis nach Ägypten. Genaue Verbreitungsgrenzen sind nicht bekannt.
Biotope: Der Dornschwanz bevorzugt felsiges Wüstengelände mit kargem Pflanzenwuchs. Oft kommt er an Berghängen und am Rande von Hochplateaus vor.
Verhalten: Dieser tagaktive Bodenbewohner sonnt sich auf einem großen Stein, vor einem Felsen oder vor seiner Höhle und nimmt dabei seine arttypische Körperhaltung ein. Der Kopf ist fast senkrecht nach oben gerichtet und der Vorderkörper wie im Liegestütz angehoben. Dornschwänze graben ihren Unterschlupf in den festen Sandboden. Die Höhlung hat eine Länge zwischen 80 cm und 3 m. Meist wird die Höhle unter einem sehr großen Stein, unter einem Felsen oder unter dem überhängenden Ufer eines nicht mehr wasserführenden Oueds angelegt. Dornschwänze haben zuweilen ihren ständigen Unterschlupf auch in Felsspalten. Bei Gefahr streben sie sofort ihrem Versteck entgegen. Sie warten vor dem Eingang zu ihrem Unterschlupf, bis die Gefahr vorüber ist, um dann zu ihrem Sonnenplätzchen zurückzukehren. Wenn man einen Dornschwanz aus seiner Wohnröhre zu holen versucht, stemmt er seine Beine gegen die Wände der Wohnröhre und ist nur unter größten Schwierigkeiten aus dem Loch herauszuziehen. *Uromastyx acanthinurus* ernährt sich von Pflanzen. Gelegentlich verzehrt er Insekten. Die Paarungszeit fällt in das Frühjahr. Die Eier – ungefähr 10 an der Zahl – werden im Juni oder Juli abgelegt.

41

42

44

43

45

46

47

48

50

52

53

54

55

56

58

57

Chamäleons

Diese auch dem Laien wenigstens dem Namen nach bekannten Echsen kommen in den beiden Gattungen Chamaeleo und Brookesia vor. Die Chamäleons sind an wenigen Küstenstrichen Süd-Europas, in Afrika, auf Madagaskar, in Vorderasien, auf dem indischen Subkontinent und auf Sri Lanka beheimatet, wo sie Steppen, Wüsten, Ödländer und Regenwälder in unterschiedlichen Höhenbereichen bewohnen. Diese hochspezialisierten, meist busch- oder baumbewohnenden Kriechtiere sind nahe mit den Agamen und Leguanen verwandt. Der Körper ist seitlich abgeflacht. Auf dem hohen, schmalen Kopf erhebt sich oft ein knöcherner Helm und nicht selten sind Hörner, Schnauzenfortsätze und Kämme anzutreffen. In Anpassung an das Leben auf Büschen und Bäumen – wenige Arten wie beispielsweise Chamaeleo chamaeleon und die Gattung Brookesia leben auch auf dem Erdboden – sind die Vorder- und Hintergliedmaßen zu Greifbeinen umgeformt. Bei den Vorderbeinen sind die beiden äußeren und drei inneren, bei den Hinterbeinen die drei äußeren und die beiden inneren Zehen miteinander verwachsen. Auf der Zeheninnenhaut befinden sich winzig kleine Haftborsten. Der oft überkörperlange Schwanz dient als Greiforgan und kann als solches um Äste gewickelt werden. Die kugelförmigen Augen – diese sind von winzigen Schuppen umgeben – können unabhängig voneinander bewegt werden. Die Augenlider sind miteinander verwachsen. Die Pupille ist rund. Von allen Reptilien sind die Chamäleons zu dem ausgeprägtesten physiologischen Farbwechsel befähigt. Der Farbwechsel wird von der farblichen Umgebung, der Temperatur und dem Erregungszustand des Tieres gesteuert. Das Farbspektrum reicht von weißlich über gelblich und von grün über blau und braun bis nach blauschwarz, wobei die beiden zuletzt genannten Farbtöne meist im physischen Zustand des Erschreckens und der Unterlegenheit gezeigt werden. Eine weitere Anpassung stellt die oft mehr als körperlange, weit vorschnellbare Zunge dar, die die Beutetiere – allerlei Gliederfüßer, kleine Wirbeltiere, seltener Schnecken und Würmer – wie mit einem Saugstempel festhält. Die Chamäleons legen Eier, nur wenige gebären lebende Junge. Zur Eiablage steigen die Weibchen von den Gebüschen auf den Erdboden herab, in welchem sie meist 20 bis 30 Eier vergraben.

Abbildung 59
Deutscher Name: Europäisches Chamäleon
Wissenschaftliche Bezeichnung: *Chamaeleo chamaeleon*
Länge: 20 bis 30 cm.
Körpermerkmale: Bei dieser unverwechselbaren Echse hebt sich der Kopf deutlich vom Rumpf ab und bildet einen dreiseitigen «Helm», der den Nacken überragt. Die Augen treten kugelig hervor. An den Vorderfüßen sind die beiden äußeren und die drei inneren Zehen miteinander verwachsen. Der Schwanz kann wie ein Greifschwanz spiralig eingerollt werden und dient als «fünftes Bein», mit dem diese eigenartige Echse Zweige umfaßt. Die Körperfarben des Europäischen Chamäleons variieren von weiß über orange, gelb, gelbgrün, blattgrün, blaugrün, grau, braun bis nach schwarz, wobei die unterschiedlichsten Zwischentöne auftreten können. Jede Körperseite besitzt zwei helle, parallel verlaufende Binden und dunkle Flecken, die zwar verblassen können, aber ihren Ort nicht verändern. Der vom Kinn bis zum After verlaufende gelbe Streifen und die gelbe Innenseite der Beine verblassen nicht. Auf der Rückenmitte verläuft ein bis zur Hälfte gezackter Kamm. Ein weiterer Kamm zieht sich vom Kinn bis zum After.
Verbreitung: *Chamaeleo chamaeleon* kommt in Süd-Portugal, in Süd-Spanien, auf Kreta, auf Chios, auf Samos und außerhalb Europas auf den Kanarischen Inseln (hier eingeführt!), auf Zypern, in Nord-Afrika, in Syrien, in Arabien und im westlichen und südwestlichen Kleinasien in mehreren geographischen Rassen vor.
Biotope: Der Verfasser beobachtete diese Echsen in Süd-Spanien und in der Türkei auf Granatapfelbäumen und in niederem Strauchwerk. Sie umklammerten mit ihren Greifzehen Zweige und Äste, die dem Sonnenlicht nicht zu sehr ausgesetzt waren. In Nord-Afrika kommt *Chamaeleo chamaeleon* sogar in der Wüste vor. Hier hält es sich auf niedrigem, kargem Gestrüpp auf und wird stellenweise sogar zum rein bodenbewohnenden, in Sandlöchern lebenden Tier.
Verhalten: Während das Europäische Chamäleon seinen Beutetieren auflauert, sind die unabhängig voneinander beweglichen Augen ununterbrochen in Tätigkeit. Mit erstaunlicher Geduld geht es auf Insektenjagd. Es klettert einem den Platz wechselnden Beutetier langsam, aber unablässig nach. Wenn es in Reichweite seiner Beute gekommen ist, wendet es ihr den Kopf und die Augen entgegen, öffnet langsam das Maul, und im nächsten Augenblick schnellt die klebrige Zunge blitzschnell hervor. Das Insekt wird an dem kolbenartigen Ende der Zunge festgeleimt und wird wie von einer Greifzan-

ge umfaßt in das Maul hineingezogen. Die Zunge, die im Maul in wulstige Falten gelegt ist, kann, wenn sie herausschnellt, das Mehrfache der eigenen Körperlänge erreichen. Das Europäische Chamäleon pflanzt sich im Spätsommer und im Herbst fort. Die Männchen und oft auch die Weibchen kämpfen vor und während der Paarung miteinander, indem sie sich gegenseitig kräftig beißen. Das Weibchen legt 2 oder 3 Monate später 30 längliche Eier in ein in die Erde gegrabenes Loch. Die Inkubationszeit dauert mehr als 200 Tage. Die 6 cm langen Jungen schlüpfen erst im darauffolgenden Sommer.

Abbildung 60
Deutscher Name: Kammchamäleon
Wissenschaftliche Bezeichnung: *Chamaeleo cristatus*
Länge: 20 bis 30 cm.
Körpermerkmale: Das Kammchamäleon besitzt einen flachen Helm, der hinten erhöht, zugespitzt oder abgerundet sein kann. Der Rükken und die Schwanzbasis sind von einem gezackten, flossenartigen Hautsaum überzogen. Letzterer wird von den Dornfortsätzen der Rückenwirbel gestützt. Ein Kehlkamm wie ein Bauchkamm fehlen. Der Schwanz ist bedeutend kürzer als der Körper. Zahlreiche höckerige Schuppen umgeben die Unterkiefergegend. Der Körper ist von Körnerschuppen bedeckt, die von vereinzelten größeren, runden und flachen Plattenschuppen durchsetzt sind. Das Tier ist prachtvoll smaragdgrün. Die Kehlhaut ist rotgelb gefärbt. Auf dem Bauch verläuft eine weiße Mittellinie.
Verbreitung: *Chamaeleo cristatus* bewohnt West-Afrika (Kalabar, Kamerun bis Gabun, Fernando Po).
Biotope: Vor allem im Küstengürtel. Im Gebirge steigt das Tier nur bis zu mittleren Höhenlagen empor.
Verhalten: Über das Verhalten (Beuteerwerb, Nahrungspräferenzen, Territorialverhalten, Fortpflanzung usw.) ist so gut wie nichts bekannt. Das in seinen Körperbewegungen recht träge und langsame Kammchamäleon zeigt jedoch ein ungewöhnliches Farbänderungsvermögen. Im Erregungszustand geht die grüne Körperfärbung in ein dunkles Schwarzgrün über. Wo der Schatten eines Gegenstandes auf die Haut des Tieres fällt, färbt es sich hell.

Abbildung 61
Deutscher Name: Dreihornchamäleon
Wissenschaftliche Bezeichnung: *Chamaeleo jacksonii*
Länge: 20 cm, maximal bis 35 cm.
Körpermerkmale: Das Dreihornchamäleon besitzt einen flachen, hinten stumpfwinkligen Helm und einen niedrigen Rückenkamm. Männchen haben 3 lange, geringelte und nach vorn gerichtete Kopfhörner, welche beim Weibchen nur angedeutet sind oder fehlen. Am Hinterkopf sind die unterschiedlich großen Kopfschuppen am größten. Die Körnerschuppen des Körpers, die von Tuberkelschuppen durchsetzt sind, haben eine unterschiedliche Größe. Kehlkamm und Bauchkamm fehlen. Der Schwanz ist ungefähr ebenso lang wie der Körper. Dreihornchamäleons haben eine grüne bis gelbbraune Körpergrundfärbung, zuweilen mit hellen oder bräunlichen Flecken.
Verbreitung: Die Art ist in Tansania und Kenia beheimatet.
Biotope: *Chamaeleo jacksonii* bewohnt dichte Waldgebiete und steigt im Gebirge bis zu über 3000 m empor.
Verhalten: Da *Chamaeleo jacksonii* in Höhenlagen bis zu mehr als 3000 m angetroffen wird, ist es nicht sonderlich wärmeempfindlich. Wie andere Chamäleons, so ist auch diese Art zu einem raschen Farbwechsel befähigt, wobei das Körperkolorit von dunkelgrün über gelbbraun nach lauchgrün mit rotbraunen Flecken hin wechselt. Zuweilen erinnert das Tier an eine flechtenbewachsene Baumrinde. Die Nahrung dieser Art besteht aus allerlei Insekten. Die sich bewegende Beute wird von den sich unabhängig voneinander bewegenden Augen fixiert. Dann nähert sich das Chamäleon in gleichförmig langsamen Körperbewegungen sachte der Beute. Im nächsten Augenblick schnellt die Zunge blitzartig hervor, umfaßt das Insekt mit dem kolbenartigen Zungenende und klebt es fest. Danach wird die Zunge wieder in das Maul zurückgezogen. Die Männchen des Dreihornchamäleons sind ungewöhnlich streitsüchtig. Wenn sich zwei gleich starke Partner begegnen, bekämpfen sie sich, indem sie zunächst eine Drohhaltung einnehmen. Danach beißen sie sich, bis der Unterlegene die Flucht ergreift. Unter dem Einfluß der Erregung findet vor derartigen Kämpfen stets ein intensiver Farbwechsel statt. Dem Menschen droht das Dreihornchamäleon mit aufgerissenem Maul und verhält sich scheu und bissig. Bei der Paarung steigt das Männchen auf den Rücken des Weibchens. Beide Tiere drücken ihre Kloaken gegeneinander. Das Männchen führt einen seiner Hemipenisse in die Kloake ein. Das Weibchen ist über mehrere Tage paarungsbereit. Dreihornchamäleons sind lebendgebärend. Die Trächtigkeitsdauer beträgt etwa 6 Monate. Die Jungen sind bei der Geburt 5 cm lang und nach 9 bis 10 Monaten geschlechtsreif.

Abbildung 62
Deutscher Name: Parsons Chamäleon
Wissenschaftliche Bezeichnung: *Chamaeleo parsonii*
Länge: Um die 60 cm.
Körpermerkmale: Der Helm ist bei *Chamaeleo parsonii* stark erhöht. Das Männchen besitzt 2 aufwärts und nach außen gerichtete, seitlich zusammengedrückte, knöcherne und beschuppte Schnauzenfortsätze, die über die Schnauzenspitze hinwegragen. Die Kopfschuppen weisen eine unterschiedliche Größe auf. Die Beschuppung des Rumpfes wie die der Beine ist einheitlich. Der Schwanz ist länger als der Körper. Die Gliedmaßen weisen keine vergrößerten Tuberkelschuppen auf. *Chamaeleo parsonii* ist grün. Der Körper wird von schräg verlaufenden hellen Binden überzogen. Der Schwanz zeigt eine deutliche Bänderung. Die hellen Schwanzbinden sind von grünen Flecken durchsetzt. Ein helles Band verläuft von der Schulter zum Oberschenkelansatz. Die Schnauzenränder sind hell.
Verbreitung: *Chamaeleo parsonii* ist im Osten, im Zentrum und im Süden Madagaskars heimisch und kommt auch auf den Inseln Nossi Bé, Sainte-Marie und Mauritius vor.
Biotope: Dieses imposante Tier ist ein ausgesprochener Waldbewohner, der dort, wo er auftritt, der häufigste Vertreter der madagassischen Chamäleonenwelt ist.
Verhalten: Nach *Chamaeleo oustaleti* ist *Chamaeleo parsonii* eines der größten Chamäleons. Über das Verhalten dieser Chamäleonart ist nur sehr wenig bekannt, da sie weder in ihrer Heimat noch unter Obhut des Menschen eingehend beobachtet wurde. Die Nahrung von *Chamaeleo parsonii* besteht aus großen Insekten. Parsons Chamäleon ist zu einem bemerkenswert intensiven Farbwechsel fähig, wobei es die unterschiedlichsten Farbtönungen von grün über azurblau bis nach gelb und rotbraun annimmt. Wie alle anderen Chamäleons kann *Chamaeleo parsonii* seine Augen unabhängig voneinander bewegen, die Zunge zum Beutefang blitzartig vorschnellen lassen und Bewegungen im Zeitlupentempo ausführen. In der Regenzeit im Oktober oder November legt es länglich-elliptische Eier ab.

Glattechsen

Die Glattechsen, auch Skinke genannt, bewohnen in über 50 Gattungen und in ungefähr 800 Arten die Tropen, die Subtropen und viele Gebiete mit gemäßigtem Klima. Diese Echsen haben meist einen spitzen Kopf, einen walzenförmigen Rumpf und einen langen Schwanz. Die Schuppen sind glatt, selten schwach gekielt und glänzend. Der kräftige Schädel ist ziemlich hoch. Die äußere Ohröffnung ist bei vielen Skinken klein, oder sie wird ganz von Schuppen bedeckt. Der Schwanz bricht leicht ab. Die Gliedmaßen sind klein. Es gibt auch gliedmaßenlose Vertreter unter den Glattechsen. Die meisten Skinke sind Bodentiere. Viele Arten wühlen im Sand oder Erdboden, wobei sie unterirdische Gänge graben. Nur wenige Arten sind an das Baumleben angepaßt. Die meisten Skinke ernähren sich von Insekten, einige größere Arten verzehren auch Pflanzen. In der Mehrzahl der Fälle bekommen die Skinke lebende Junge, wobei Ovoviviparie und Viviparie vorkommen. Einige Arten legen auch Eier, aus denen die Jungen schon nach kurzer Zeit schlüpfen.

Skinkartige
Abbildung 63
Deutscher Name: Salomonen-Riesenskink
Wissenschaftliche Bezeichnung: *Corucia zebrata*
Länge: 65 cm.
Körpermerkmale: Diese in einer Art auftretende Gattung besitzt einen keilförmig zugespitzten Kopf mit einer kurzen Schnauze, einen stämmigen Körper mit muskulösen Gliedmaßen und scharfen Krallen an den Fingern sowie einen wohl entwickelten Greifschwanz. Die oft unregelmäßig gestalteten Kopfschilde variieren nicht selten in der Anzahl. Den Rumpf umgeben 35 bis 40 Querreihen von großen, glatten Schuppen. Die Grundfärbung des Rückens ist ein blasses Olivgrün bis Graugrün, das von hellen und dunklen Flecken durchsetzt ist. Das Schnauzen- und die beiden Nasenschilde sind oft hellgelb bis cremefarben. Der olivgrüne bis braune Schwanz ist fast einfarbig. Die Bauchseite zeigt ein gelbgrünes bis hellgraugrünes Kolorit.
Verbreitung: *Corucia zebrata* lebt auf den Salomonen-Inseln Bougainville, Choiseul, New Georgia, Isabel, Guadalcanal, Nggela, Malaita, San Cristobal, Ugi, Santa Ana und Shortlands.
Biotope: Dieser größte aller Skinke, der in tropischen Wäldern lebt, wird gelegentlich auch auf Kulturgelände gefunden.
Verhalten: In seinem natürlichen Lebensraum ist der Salomonen-Riesenskink recht häufig. Da er aber erst in der Dämmerung und in der Nacht munter wird und sich während des Tages in Baumhöhlen verbirgt, tritt er nur gelegentlich in Erscheinung und wird aus diesem Grunde als selten angesehen. *Corucia zebrata* ist ein Baumbewohner, der sich mit seinen scharfen Krallen und seinem Greifschwanz im Geäst festhält. Dabei ist der Kopf nach unten gerichtet. Gelegentlich steigt er auf den Waldboden herab und kratzt in der Laubschicht. In seinen Bewegungen ist der Salomonen-Riesenskink langsam. Wenn er angegriffen wird, richtet er sich auf, stößt die Luft unter lautem Zischen aus und beißt seinen Angreifer. Das ausschließlich Pflanzen fressende Geschöpf bevorzugt Schlingpflanzen *(Epipremnum pinnatum)*, verzehrt aber auch verschiedene Arten anderer Pflanzen. *Corucia zebrata* bringt nur ein lebendes Jungtier zur Welt, das bei Geburt ein Drittel der Erwachsenengröße aufweist.

Abbildung 64
Deutscher Name: Tannenzapfenechse
Wissenschaftliche Bezeichnung: *Trachydosaurus rugosus*
Länge: 35 cm.
Körpermerkmale: Die Tannenzapfenechse ist der bekannteste und einer der häufigsten Skinke Australiens. Diese absonderliche Echsenerscheinung ist schon auf den ersten Blick hin an ihrem großen, dreieckigen und deutlich vom Hals abgesetzten Kopf, an den dicken Backen, an ihrem breiten, flachen und am Ende abgerundeten Zapfenschwanz sowie an den großen, rauhen Kopf- und den riesigen, gekielten Rückenschuppen als Tannenzapfenechse zu erkennen. Den Rumpf umgeben 20 bis 30 Schuppenreihen. Die fünfzehigen Gliedmaßen sind kurz und stark bekrallt. In der Körperfärbung und im Zeichnungsmuster ist *Trachydosaurus rugosus* je nach geographischer Verbreitung äußerst variabel. Es gibt Exemplare, die auf der Körperoberseite rotbraun, dunkelbraun oder schwärzlich gefärbt sind und ein weißes bis gelbliches Fleckenmuster aufweisen. Die Flecken können miteinander zu Querbändern verschmelzen. Die Bauchseite ist gelblich oder braun getupft, marmoriert oder gebändert.
Verbreitung: Die Tannenzapfenechse ist über das westliche und südliche Australien verbreitet.
Biotope: Die Lebensräume dieser Art sind trockene, sandige Gebiete, die von niedriger Vegetation überwachsen sind.
Verhalten: Der Kopf und der Schwanz dieses Skinkes sind einander verblüffend ähnlich. Daher wird die Tannenzapfenechse in Australien auch «two-headed lizard», d. h. zweiköpfige Eidechse genannt. *Trachydosaurus rugosus,* der von einigen Herpetologen auch zu der Gattung *Tiliqua* gesellt wird, ist eine schwerfällige, wenig bewegliche Kreatur, die mit ihren kräftigen Kiefern schmerzhaft zuzubeißen vermag. Ein Angreifer wird mit geöffnetem Maul, mit heraushängender blauer Zunge und mit lautem Zischen empfangen. In freier Natur verbirgt sich diese Art unter umgefallenen Baumstämmen, in Ansammlungen von Blättern, in Kaninchenbauten usw. Die Tannenzapfenechse kann keine sich schnell bewegenden Tiere erjagen. Daher ernährt sie sich hauptsächlich von allerlei Pflanzen und Früchten, Insekten und Schnecken. Wie bei den Krustenechsen (Gattung *Heloderma*) dient der Schwanz als Fettspeicher. Tannenzapfenechsen bringen 2, seltener 1 oder 3 lebende Junge zur Welt, die bei der Geburt ungefähr die halbe Länge ihrer Mutter haben.

Abbildung 65
Deutscher Name: Cunninghams Dornschwanzskink
Wissenschaftliche Bezeichnung: *Egernia cunninghami*
Länge: Ungefähr 35 bis 38 cm, maximal 45 cm.
Körpermerkmale: *Egernia cunninghami* besitzt einen kurzen, konisch zugespitzten Kopf. Die Rückenschuppen sowie jede Schuppe auf den Körperseiten und auf dem Schwanz enden in einen spitzen Stachel. Die Schwanzstacheln sind am längsten. In der Rumpfmitte verlaufen die Schuppen in 36 bis 44 Längsreihen. Die Schilde auf der Kopfoberseite sind von regelmäßiger Gestalt. Je nach geographischer Verbreitung sind die Körperfärbung und das Zeichnungsmuster starken Schwankungen unterworfen. Die Körperfärbung kann lachsfarben, graubraun, dunkelbraun oder schwarz und von weißen oder cremefarbenen Flecken übersät sein. Die Fleckung kann die Form unregelmäßiger Querbänderung annehmen. Die Körperunterseite ist weißlich. Die Kehlregion ist braun gebändert. Die Lippenschilde zeigen weiße oder gelbliche Flecken. Die Schuppen, die das Auge umgeben, sind weiß oder gelblich gefleckt.
Verbreitung: Die Art ist in Südost-Queensland, in Südost-New South Wales und in Victoria bis in die Nähe von Sydney verbreitet.
Biotope: *Egernia cunninghami* kommt in Berggegenden in Felsspalten und unter Felsen vor.
Verhalten: Dieser große, gesellig lebende Stachelskink, der in zahlenmäßig ziemlich gleichbleibenden Populationen in stets dem gleichen Areal angetroffen wird, ernährt sich von Pflanzen, Früchten, Insekten, Würmern und kleinen Wirbeltieren. Eigenartigerweise koten Cunninghams Dornschwanzskinke immer an der gleichen Stelle. Vielleicht markieren sie so, wie gewisse Säugetiere, ihre Territorien. *Egernia cunninghami* hat einen ausgeprägten Geruchssinn. Die Mitglieder einer Population dieser Art bewohnen ein ziemlich begrenztes Gebiet, so daß die Vorstellung einer Revierabgrenzung nicht ganz von der Hand zu weisen ist. Cunninghams Dornschwanzskinke setzen sich gerne den Sonnenstrahlen aus und verschwinden bei Annäherung in Felsspalten. Sie blähen ihre Lungen und damit ihren Körper auf. Wegen der aufgestellten Stachelschuppen ist es unmöglich, ein derartiges Tier aus seinem Versteck herauszuziehen. Wenn man es am Schwanz ergreift, reißt dieser ab. Männchen wie auch Weibchen erreichen im sechsten Lebensjahr ihre Geschlechtsreife. Die Anzahl der bei einem Wurf abgesetzten Jungen schwankt zwischen 3 und 6.

Skinkverwandte

Abbildung 66
Deutscher Name: Nachtskink
Wissenschaftliche Bezeichnung: *Scincopus fasciatus*
Länge: 20 cm.
Körpermerkmale: *Scincopus fasciatus* besitzt einen großen, pyramidenförmigen Kopf mit einer vorn abgerundeten Schnauze, die 9 Oberlippen- und 7 Unterlippenschilde aufweist. Die große Ohröffnung ist teilweise von 2 lappenartigen Fortsätzen überdeckt. 23 Längsreihen von Schuppen umgeben den Rumpf. Typisch sind die beiden großen Analschilde. Die Rückenschuppen, die in 2 vergrößerten Mittelreihen stehen, sind gekielt. Die Gliedmaßen sind mäßig lang. Das große Auge ist schwarz. Die gelbe bis orangefarbige Körperoberseite ist von 8 breiten, schwarzen Flecken bedeckt. Die Bauchseite ist porzellanweiß.
Verbreitung: Die genauen Verbreitungsgrenzen dieser Art, die sporadisch von Mauretanien bis zum Sudan vorkommt, sind unbekannt. Es sind nur wenige Fundpunkte aus der nordafrikanischen Sahara bekannt. Der Verfasser sammelte diese Art vor mehreren Jahren in einigen Exemplaren in Süd-Tunesien in der Umgebung von Tozeur.
Biotope: Die von mir gesammelten und beobachteten Nachtskinke fand ich ausnahmslos in Flugsandgebieten, die von vereinzelten, dürren Büschen bewachsen waren.
Verhalten: Über das Verhalten dieser Art ist so gut wie nichts bekannt. Nach meinen Feststellungen ist dieser Skink ein Nachttier, der seine Schlupfwinkel am Tage nicht verläßt. Ich begegnete *Scincopus fasciatus* stets am Morgen. Während ihrer nächtlichen Wanderungen waren diese Echsen in tiefe, in der Wüste ausgehobene Gräben gefallen, die sie aus eigener Kraft nicht verlassen konnten. *Scincopus fasciatus* verbirgt sich im lockeren Sand und wohl auch in den von Wüstenspringmäusen gegrabenen, unterirdischen Galerien wie sehr vereinzelt unter Steinen. Seine Nahrung besteht aus allerlei Insekten und Gliederfüßern.

Abbildung 67
Deutscher Name: Gesprenkelter Schlangenskink
Wissenschaftliche Bezeichnung: *Ophiomorus punctatissimus*
Länge: Um die 20 cm.
Körpermerkmale: *Ophiomorus punctatissimus* ist eine vollständig gliedmaßenlose Echse, die einer Blindschleiche sehr ähnlich sieht. Die mittleren Rückenschuppen wie auch die Schilde vor dem After sind vergrößert. 18 Schuppenreihen umgeben die Körpermitte. Die Schnauze ist zapfenförmig. Der Oberkiefer ragt ein wenig über den Unterkiefer hinweg. Das gelblichweiße bis bräunliche Tier mit den silbergrauen Flanken und der gleichartig getönten Bauchseite weist auf der Körperoberseite feine dunkle Linien auf, die aus staubkorngroßen Fleckchen bestehen. Sie sind am deutlichsten auf dem Schwanz ausgeprägt.
Verbreitung: *Ophiomorus punctatissimus* ist in seiner Verbreitung auf Süd-Griechenland, die griechische Insel Kythira, einige kleine Inseln bei Githion und wenige Fundpunkte in der Südwest-Türkei beschränkt.
Biotope: Diese überaus seltene Skinkart lebt an grasigen Berghängen unter Steinen, besonders wenn letztere bis zur Hälfte in den Erdboden eingelassen sind. Der Verfasser fand den Gesprenkelten Schlangenskink zu Beginn November 1972 in dem Ruinengelände von Akrokorinth in 2 erwachsenen Exemplaren.
Verhalten: *Ophiomorus punctatissimus* scheint nur unter Steinen zu leben, denn das Tier wurde noch nie kriechend auf freiem Boden gesehen. Mit zunehmender Erwärmung ziehen sich diese langsamen, aber gut grabenden Echsen in tiefere Bodenschichten zurück. Über das Nahrungsspektrum, die Nahrungsaufnahme, das Fortpflanzungsverhalten und andere Verhaltensweisen ist nichts bekannt.

Abbildung 68
Deutscher Name: Berberskink
Wissenschaftliche Bezeichnung: *Eumeces algeriensis*
Länge: Ungefähr 30 cm.
Körpermerkmale: *Eumeces algeriensis,* nach einigen Herpetologen auch *Eumeces schneideri algeriensis* genannt, ist ein stämmiger Skink mit kurzem, zapfenförmigem Kopf, kräftigen Kiefern und einer deutlich sichtbaren, senkrecht stehenden Ohröffnung mit 3 Kammschuppen davor. Die vier Gliedmaßen sind muskulös und an den Fingern und Zehen mit kaum gekrümmten Krallen bewehrt. Die Rückenschuppen sind ungekielt. Zwischen dem Hinterkopf und der Schwanzbasis befinden sich 70 Schuppen in je einer Längsreihe. 28 bis 30 Schuppen umgeben die Rumpfmitte in einer schräg verlaufenden Reihe. Es sind 10 Ober- und 10 Unterlippenschilde vorhanden. Die Kopfoberseite, der Rücken, die Körperseiten und der Schwanz sind aschgrau. Zur Bauchseite hin zeigen die Flanken ein gelbliches Kolorit. Die Bauchseite ist porzellanfarben. Vom Hinterkopf ausgehend umgeben den Rumpf orangefarbige und weiße Querbinden. Diese engen, weißen Querbinden, die aus einzelnen, hintereinander stehenden, weißen Schuppen bestehen, sind schwarz gesäumt. Die hintere Hälfte der Oberlippenränder wie die Halsseiten sind gleichfalls orangefarbig.
Verbreitung: Das Verbreitungsgebiet von *Eumeces algeriensis* erstreckt sich von Marokko bis nach Tunesien. Er gliedert sich in 2 Unterarten auf.
Biotope: Der Berberskink ist eine bodenbewohnende Echse. Das Tier bewohnt schütteres, grasbewachsenes Terrain, das von einzelnen Büschen durchsetzt ist. Ich fand diese Art in West- und Zentralmarokko in hügeligem Gelände fast immer unter großen, flachen Steinen, unter denen sich *Eumeces algeriensis* lange Gänge in den Erdboden gräbt.
Verhalten: In seinen Bewegungen ist der Berberskink nicht sehr wendig und daher leicht mit der Hand zu fangen. Die Nahrung dieser Echsen besteht aus allerlei Insekten, namentlich aus Heuschrecken und aus Käfern, aus Würmern, aus Schnecken und gelegentlich aus Früchten. *Eumeces algeriensis* ist zu einem physiologischen Farbwechsel befähigt, der von hohen oder niedrigen Temperaturen ausgelöst wird. Zur Paarungszeit führen die Männchen untereinander nicht selten heftige Kämpfe aus. Berberskinke bringen lebende Junge zur Welt.

Abbildung 69
Deutscher Name: Fünfbinden-Skink
Wissenschaftliche Bezeichnung: *Eumeces inexpectatus*
Länge: 14 bis 21 cm.
Körpermerkmale: Diese Echse besitzt einen kurzen, spitzen Kopf, der sich vom Hals und vom Rumpf nicht absetzt. Die Anzahl der Oberlippenschilde beträgt 7 bis 8. Der Körper wird in der Mitte von 29 bis 36 Schuppen umgeben, die in einer Reihe stehen. Auf der Schwanzunterseite ist die mittlere Schuppenreihe eng. Auf braunem oder schwarzem Untergrund verlaufen 5 enge, helle Streifen auf der Körperoberseite: ein medianer, zwei dorsolaterale und zwei laterale Streifen. Die Streifen beginnen auf dem Kopf und enden auf dem Schwanz. Mit zunehmendem Alter verblassen diese Linien, so daß erwachsene Tiere einfarbig braun sein können. Der Schwanz ist grau oder blau.
Verbreitung: Der Fünfbinden-Skink ist von Florida und von den Florida Keys entlang der Küstenebene im Norden bis nach Süd-Virginia und im Westen bis nach Louisiana und Mississippi verbreitet.
Biotope: Dieser Skink bewohnt feuchte Wälder und Wiesen, wie er auch auf trockenem und von niedrigem und dürrem Gras überwachsenem Terrain angetroffen wird. Hier findet man ihn oft beim Umdrehen von umgefallenen Baumstämmen, Steinen, unter Brettern usw.
Verhalten: *Eumeces inexpectatus* ist ein tagaktives Geschöpf, das sich flink auf dem Erdboden bewegt und gelegentlich auf Büsche und Bäume steigt. Aus diesem Grund ist es nicht einfach zu fangen. Wenn man das Tier ungeschickt ergreift, beißt es zu, und der empfindliche Schwanz bricht ab. Der Fünfbinden-Skink ernährt sich von Insekten, Gliederfüßern, Spinnen usw. Das Weibchen legt Eier, die es während der Inkubationszeit schützend umwindet. Ein derartiges Gelege, um welches sich ein Weibchen gelegt hatte, fand der Verfasser im Juli 1973 in einem feuchten und teilweise sogar überschwemmten Wald in Louisiana. Die Paarung findet im Frühjahr nach der Überwinterung statt.

Abbildung 70
Deutscher Name: Breitkopfskink
Wissenschaftliche Bezeichnung: *Eumeces laticeps*
Länge: 16 bis 32 cm.
Körpermerkmale: Die Männchen dieser Art zeichnen sich durch ungewöhnlich breite, dreieckige Köpfe gegenüber den schmalköpfigen Weibchen aus. Es sind 7 bis 9 Oberlippenschilde – in der Regel sind es 8 – vorhanden. 28 bis 34 glatte Schuppen umgeben die Rumpfmitte in einer Reihe. Auf der Schwanzunterseite ist die mittlere Schuppenreihe auffällig breit. Im Verhältnis zu anderen amerikanischen Skinken ist *Eumeces laticeps* riesig groß. Die Größe dieser Art kann auch als Erkennungsmerkmal dienen. Die erwachsenen Männchen sind auf der Körperoberseite und auf den Flanken einfarbig braun. Die Schuppenränder sind dunkel gesäumt. Der Kopf ist orangefarben bis rot, der Schwanz braun bis bläulich. Vom Kopf ausgehend verlaufen über die Körperoberseite 5 helle Streifen, die im Alter verblassen oder gänzlich verschwinden. Weibchen behalten die Streifen, allerdings verblaßt, über das ganze Leben.
Verbreitung: Der Breitkopfskink bewohnt ein weites Gebiet, das sich von Südost-Pennsylvanien bis nach Zentral-Florida, im Westen bis nach Zentral-Texas und im Nordwesten bis nach Kansas und Illinois erstreckt.
Biotope: *Eumeces laticeps* lebt in feuchten Wäldern und lichten Graslandschaften. Hier hält er sich in Blätteransammlungen und in Holzhaufen auf. Er bewohnt jedoch nicht nur den Erdboden, sondern wird auch häufig auf hohen Bäumen, auf Büschen und zuweilen auf Telegraphenmasten angetroffen. Oft verbirgt er sich in hohlen Bäumen und in Baumlöchern.
Verhalten: In seinen Lebensgewohnheiten verhält sich der tagaktive Breitkopfskink weitgehend wie die anderen Skinke Nordamerikas, allerdings mit der Ausnahme, daß er weit mehr baumbewohnend ist. Auf Bäumen erbeutet er zahlreiche Insekten und zerstört die Nester von Wespen, deren Puppen er verzehrt. Gegen Wespenstiche ist er unempfindlich, da der Stachel seine Haut nicht zu durchdringen vermag. Die Paarung findet im April und im Mai statt. Vor der Paarung sind die Männchen besonders streitsüchtig und verfolgen einander geräuschvoll auf die Bäume und wieder hinunter. Die Eier, die zwischen Mai und Juli in den Erdboden, in Blatthaufen und in hohle Bäume abgelegt werden, schwanken in der Anzahl zwischen 6 und 16. Die Eier haben eine ungefähre Länge von 15 mm und eine Breite von 10 mm. *Eumeces laticeps* treibt Brutpflege, indem er sich um die Eier legt, diese verteidigt und verstreute Eier wieder zusammenträgt. Die Jungen, die zwischen Juni und August und in seltenen Fällen auch etwas später schlüpfen, sind zu Beginn ihres Lebens in freier Natur 6 bis 8 cm lang.

Abbildung 71
Deutscher Name: Great Plains Skink
Wissenschaftliche Bezeichnung: *Eumeces obsoletus*
Länge: 16 bis maximal 35 cm.
Körpermerkmale: Dieser größte Skink Nordamerikas hat einen kurzen, zugespitzten Kopf, vier ungefähr gleich lange Gliedmaßen und einen Schwanz, der die eineinhalbfache Länge des Kopfes und des Rumpfes aufweist. Im Verhältnis zu den Rückenschuppen stehen die Flankenschuppen diagonal. Die Rückenseite und die Flanken sind hellgrau. Die Schuppenränder sind schwarz gefärbt und bilden auf dem Rücken parallel verlaufende Streifen. Die Flankenschuppen auf den Körperseiten verlaufen diagonal dazu in kurzen Längsstreifen, welche die Rückenstreifen berühren. Es gibt jedoch auch einfarbige Exemplare. Die Bauchseite ist porzellanhell und fleckenlos. Jungtiere sehen so gänzlich anders aus, daß sie über lange Zeit hinweg für eine andere Art gehalten wurden, die die Artbezeichnung *«guttulatus»* trug. Die schwarz gefärbten Jungtiere haben einen lebhaft blauen Schwanz. Die Lippen sind weiß oder rötlich gefleckt.
Verbreitung: Der Great Plains Skink, der keinen deutschen Namen besitzt, ist von Südost-Wyoming und dem extremen südwestlichen Iowa über den mittleren Westen bis nach Colorado, Arizona, New Mexiko, Texas und Mexiko verbreitet.
Biotope: Das tagaktive Geschöpf bevorzugt offenes, von Felsen durchsetztes Grasland bis zu Höhenlagen von etwas über 2000 m. Hier findet man das Tier nicht selten unter Steinen, unter umgefallenen Baumstämmen, in Felsspalten und in Büschen.
Verhalten: *Eumeces obsoletus* ist am Tage munter. Da er sehr versteckt lebt, bekommt man das Tier in freier Natur nur gelegentlich zu Gesicht. Gegen Ende März verlassen diese Echsen ihre Überwinterungsplätze in Erdlöchern, die sie im Oktober wieder aufsuchen. Wenn sie gefangen werden, beißen sie mit ihren kräftigen Kiefern fest zu und können so schmerzhafte Wunden verursachen. Die Nahrung besteht aus Insekten, Insekteneiern und Insektenlarven, Spinnen und kleinen Echsen. Die Paarung findet von April bis Mai statt. Das Weibchen, das 7 bis 21 Eier – diese messen 16 mm mal 11 mm – unter Steinen und Felsen ablegt, treibt Brutpflege, indem es sich um die Eier legt, diese regelmäßig umwälzt und vor Austrocknung schützt. Bei zu trockener Witterung gräbt sie die Eier tiefer in den Boden ein und benetzt sie mit Urin. Die jungen Skinke sind beim Schlüpfen ungefähr 7 cm lang. Die Mutter verteidigt sie in der ersten Zeit ihres Lebens gegen Feinde.

Abbildung 72
Deutscher Name: Spanischer Walzenskink
Wissenschaftliche Bezeichnung: *Chalcides bedriagai*
Länge: 16 cm.
Körpermerkmale: Diese langgestreckte Echse, mit kurzem, konisch zulaufendem Kopf und rundem Körper, besitzt 22 bis 28 Schuppen um die Körpermitte. Das Zügelschild grenzt an das zweite Oberlippenschild. Das 4. oder 5. Oberlippenschild berührt das Auge. Die fünffingerigen Gliedmaßen sind recht kurz. In seiner Gestalt und in seiner Färbung erinnert das Tier an einen verkleinerten Gefleckten Walzenskink *(Chalcides ocellatus)*. Die Körperoberseite zeigt einen bräunlich-oliven Farbton. Ein dunkles, breites Längsband, das von weißen Tupfen durchsetzt ist, zieht sich von der Kopfoberseite bis zum Schwanz. Auf beiden Körperseiten verläuft ein ähnlich gefärbtes, aber nicht so breites Längsband, das gleichfalls von weißen Ozellenflecken – letztere sind von den beiden Längsseiten her dunkel gesäumt – in gleichmessenden Abständen durchsetzt ist. Die Unterseite ist einfarbig hell.
Verbreitung: In ihrer Verbreitung beschränkt sich diese kleine, in drei, vielleicht sogar in vier Unterarten aufspaltende Skinkart auf die Iberische Halbinsel mit Ausnahme Kantabriens, des Baskenlandes und der Pyrenäen.
Biotope: Der Verfasser fand den Spanischen Walzenskink im ost- und zentralspanischen Bergland in Höhenlagen von mehr als 1400 m beim Umdrehen von Steinen. Ebenso häufig kommt *Chalcides bedriagai* in der Ebene und in mittleren Höhenlagen vor, wo er nicht nur unter Steinen, sondern auch im Sand eingegraben an Wurzeln anzutreffen ist.
Verhalten: Der Spanische Walzenskink ist eine lichtscheue Echse, die ihr Versteck am frühen Morgen und gegen Abend verläßt. Während des Tages fand ich diese Art fast nur unter Steinen. Die Nahrung von *Chalcides bedriagai* besteht aus allerlei kleinen Insekten und Gliederfüßern. *Chalcides bedriagai* zieht sich im Oktober zur Überwinterung in Geröllhaufen, in Erdlöcher oder in den Sand zurück und erscheint je nach Witterung und Höhenlage zwischen Ende März und Anfang Mai auf der Erdoberfläche. Über das Fortpflanzungsverhalten ist so gut wie nichts bekannt. Der Spanische Walzenskink ist eine ovovivipare Echse, die im September 2 oder 3 Junge von etwas mehr als 5 cm Länge in einem dünnen, transparenten Eihäutchen zur Welt bringt.

Abbildung 73
Deutscher Name: Erzschleiche
Wissenschaftliche Bezeichnung: *Chalcides chalcides*
Länge: Bis zu 48 cm.
Körpermerkmale: Diese in 5 Unterarten aufgespaltene, schlangenähnliche Echse mit den rudimentären vierzehigen Vorder- und den dreizehigen Hinterbeinen ist der längste Skink Europas. Die Anzahl der Oberlippenschilde, von denen das 4. das Auge berührt, beträgt 4 oder 5. 22 bis 24 glatte Schuppen umgeben die Körpermitte. Der kleine Kopf setzt sich nicht vom Hals ab. Die Körperfärbung zeigt größte Variabilität. Es gibt braune, olivfarbene, graue und gelblichweiße Exemplare. Über den Rücken wie über die Flanken ziehen sich in unterschiedlicher Anzahl hell- oder dunkelbraune Längslinien, die zum Schwanz hin undeutlicher werden und schließlich gänzlich verblassen. Die Bauchseite ist hellgrau oder hellbraun.
Verbreitung: *Chalcides chalcides* ist über Südfrankreich, Italien, Sizilien, Elba, Sardinien, die Iberische Halbinsel und über Nordwest-Afrika verbreitet.
Biotope: Die Erzschleiche kommt in der Ebene, hauptsächlich jedoch im Gebirge vor. Sie hält sich in Wiesen auf und sucht Schutz unter Steinen, abgefallenen Ästen und in Laubhaufen.
Verhalten: *Chalcides chalcides* ist in seinen Bewegungen überaus flink und daher schwierig zu fangen. Die Erzschleiche kriecht in schlangenähnlichen Windungen über den Erdboden und jagt Insekten, Spinnen und allerlei Kleingetier. Erzschleichen lieben die Wärme und ziehen sich früher als manche andere Echsenart zur Überwinterung tief in den Boden zurück. Die Paarung findet im Frühjahr nach der Überwinterung statt. Vor der Paarung liefern sich die Männchen Rivalitätskämpfe, die unter Umständen zum Verlust der Schwänze führen können. Meist im August, zuweilen auch im Juli setzen die Weibchen zwischen 3 und 13 lebende Junge in einer dünnen Eihülle ab, die bei der Geburt sofort zerrissen wird.

Abbildung 74
Deutscher Name: Gefleckter Walzenskink
Wissenschaftliche Bezeichnung: *Chalcides ocellatus*
Länge: Bis zu 30 cm.
Körpermerkmale: Der kurze Kopf, der zur Schnauze hin spitz ausläuft, setzt sich nicht vom Hals und vom Rumpf ab. Der untersetzte Körper wird in der Mitte von 28 bis 38 glänzenden Schuppen bedeckt, die in je einer Reihe stehen. Die fünfzehigen Vorder- und Hinterbeine sind kurz und kräftig. Es sind 7 bis 9 Oberlippenschilde vorhanden. Das Zügelschild berührt das 2. und 3. Oberlippenschild. Die Schläfen sind von großen Schuppen bedeckt. Die Körperoberseite, deren Grundfarbe zwischen hellem Graugrün und Gelbbraun schwankt, ist von Längsreihen schwarzer Punkte übersät, die in der Mitte weiß gestrichelt sind. Die Unterseite ist porzellanfarben. Melanistische Exemplare sind äußerst selten.
Verbreitung: *Chalcides ocellatus* kommt in verschiedenen Unterarten in Nordafrika, in West-Asien bis West-Pakistan, in Griechenland, auf Sizilien und auf Sardinien vor.
Biotope: Der Gefleckte Walzenskink ist ein typischer Bewohner des mediterranen Buschwaldes. Als Kulturfolger trifft man ihn nicht selten oft in großer Zahl in Gärten, in Ruinen, an Feldrändern und in der Nähe menschlicher Ansiedlungen an. Er bevorzugt Örtlichkeiten, die der Sonne besonders stark ausgesetzt sind.
Verhalten: *Chalcides ocellatus* ist ein weitgehend tagaktiver Skink, den man am Morgen, am Nachmittag – im Frühjahr und Herbst auch am Mittag – fast immer außerhalb seiner Verstecke antrifft. Bei der geringsten Störung verschwindet das flinke und scheue Tier sofort in seinem Versteck, meist unter einem Stein. Seine Nahrung besteht aus Insekten, zahlreichen Gliederfüßern und kleinen Eidechsen, wobei er auch kleinere Vertreter der eigenen Art nicht verschont. Die Paarungszeit fällt in das Frühjahr. Im Zustand der Brunft verfolgt das Männchen das Weibchen und beißt sich während der Kopula in der Halsregion fest. Die Trächtigkeitsdauer nimmt 1½ bis 3 Monate in Anspruch. Es werden 2 bis 20 lebende Junge geboren.

Abbildung 75
Deutscher Name: Marokkanischer Walzenskink
Wissenschaftliche Bezeichnung: *Chalcides polylepis*
Länge: 30 cm.
Körpermerkmale: In seinem äußeren Habitus entspricht *Chalcides polylepis* so weitgehend *Chalcides ocellatus,* daß es für den weniger Kundigen fast unmöglich ist, die beiden Arten auseinanderzuhalten. In ganz besonderem Maße gilt das für die Unterarten *Chalcides polylepis occidentalis* und *Chalcides ocellatus manueli. Chalcides polylepis* unterscheidet sich von *Chalcides ocellatus* durch eine kleinere Ohröffnung sowie 34 bis 40 glatten Schuppen um die Körpermitte. Der metallisch glänzende, dunkelgraue bis schwarze Körper ist von weißen Flecken bedeckt, die in ungefähr gleich großen Abständen hintereinander stehen und ein Muster parallel verlaufender Linien bilden.
Verbreitung: *Chalcides polylepis* ist in ganz West-Marokko nördlich von Agadir einschließlich des Atlas beheimatet.
Biotope: Der Marokkanische Walzenskink lebt in der Ebene und im Hügelland. Im Atlasgebirge trifft man ihn noch in Höhenlagen von 2000 m an. Das Tier hat seinen Unterschlupf meist unter Steinen am Rande niedriger Gebüsche.
Verhalten: *Chalcides polylepis* ist in Marokko ziemlich häufig. Bei warmer Witterung verläßt er sein Versteck und setzt sich den Sonnenstrahlen aus. Wie der Gefleckte Walzenskink, so ist auch der Marokkanische Walzenskink im Frühjahr und im Herbst am Tage munter. Im Sommer geht er zum Nachtleben über. Da er in seinen Bewegungen wendig und schnell ist und sich nie weit von seinem Unterschlupf entfernt, kann sein Fang einige Schwierigkeiten bereiten. Seine Nahrung besteht aus Ameisen, Termiten, Heuschrecken, Grillen und anderem Kleingetier. Im November zieht er sich in seine Winterquartiere zurück. Diese befinden sich in der Erde zwischen Steinen, unter Baumwurzeln oder in Erdlöchern. Anfang März erwacht er aus der Winterstarre. Die Paarung findet im März und im April in gleicher Weise wie bei der vorigen Art statt. *Chalcides polylepis* ist eine ovovivipare Art. Im Juli werden die Jungen in einem dünnen, transparenten Eihäutchen abgesetzt, die sie unmittelbar nach der Geburt mit der Schnauze durchstoßen.

Abbildung 76
Deutscher Name: Kanarenskink
Wissenschaftliche Bezeichnung: *Chalcides viridanus*
Länge: 23 cm.
Körpermerkmale: *Chalcides viridanus* besitzt einen kurzen, sich nicht vom Hals absetzenden Kopf mit einer abgerundeten Schnauze. 28 bis 30 Schuppen, die in einer Reihe stehen, umgeben die Körpermitte. Die Bauchseite und die Flanken sind schwarz. Der metallisch glänzende Rücken zeigt olivgrüne bis bräunliche Farbtöne und ist weiß, auf dem Schwanz teilweise bläulich getupft. Die weißen Flekken sind schwarz gerandet. Jungtiere und mittelgroße Exemplare haben einen blauen Schwanz.
Verbreitung: Diese endemische Skinkart ist auf den Kanaren-Inseln Hierro, Gomera und Teneriffa beheimatet.
Biotope: Der Kanarenskink, der noch in Höhenlagen von über 2000 m anzutreffen ist, bevorzugt ein Gelände mit leicht feuchtem Untergrund.
Verhalten: Während des Tages sieht man diese recht flinken Geschöpfe auf Wiesen. Da ihre glatten Körper im Gras schwierig zu halten sind, ist der Fang nicht einfach. *Chalcides viridanus* verhält sich Artgenossen gegenüber recht aggressiv. Tiere mit regenerierten Schwänzen sind daher häufig. Die Nahrung besteht aus allerlei Insekten und Kerbtieren. Kanarenskinke paaren sich von April bis Herbst. Vor der Paarung jagt das Männchen hinter dem Weibchen her. Das Männchen packt den Hals seiner Partnerin mit den Kiefern und kopuliert. Nach ca. 3 Monaten Trächtigkeit setzt das Weibchen 2 lebende Junge von ungefähr 4 cm Länge ab.

Schlankskinkverwandte

Abbildung 77
Deutscher Name: Gold-Mabuya
Wissenschaftliche Bezeichnung: *Mabuya aurata*
Länge: 20 cm.
Körpermerkmale: Der Kopf ist sehr kurz und sehr spitz. Auf der Kopfoberseite befinden sich insgesamt 8 Oberaugenschilde. Die Nacken- und die vorderen Rückenschilde sind glatt, oder jedes von ihnen hat drei schwach entwickelte Kanten. Einige Schilde vor der Kloake stimmen in Größe und Gestalt mit den anliegenden Schilden überein. Auf dem vorderen Teil der Schwanzunterseite stehen die Schilde in mehreren Längsreihen. Die Rumpfmitte umgeben 34 bis 38 Schilde, die in einer schrägen Reihe stehen. Je nach geographischer Verbreitung variiert diese in mindestens 2 Unterarten aufgespaltene Art sehr in der Färbung und im Zeichnungsmuster. Die Grundfärbung der Körperoberseite ist grau, graubraun oder dunkelbraun. 4 Reihen dunkler Flecke bedecken die Rückenseite und die Flanken. Die Kopfoberseite kann dunkel gefleckt sein. Der Schwanz ist einfarbig oder fein getüpfelt. Von den Augen ausgehend verläuft ein dunkler Streifen zu den Halsseiten. Die Bauchseite ist hell und ungefleckt.
Verbreitung: *Mabuya aurata* ist von Ost-Afrika aus über Vorder-Asien bis nach Pakistan verbreitet.
Biotope: *Mabuya aurata* bevorzugt trockenes, steiniges Gelände, das von trockenem Gras und vereinzeltem Gebüsch durchsetzt ist. Das Tier kommt sowohl in der Ebene als auch im Gebirge vor. Nicht selten habe ich diese schmucke Echse in der West- und in der Süd-Türkei an Felsen, vor Felsspalten und auf Legesteinmauern festgestellt.
Verhalten: Die Gold-Mabuya ist ein tagaktives Geschöpf. Sie ist sehr beweglich. Bei Gefahr huscht sie sofort in eine Felsspalte, um bald wieder hervorzukommen. Ihre Nahrung besteht aus Insekten und ähnlichem Kleingetier. *Mabuya aurata* ist weitgehend bodenbewohnend. Hin und wieder klettert sie jedoch auf niedriges Buschwerk. Die Paarung findet im Frühjahr statt. Im Juni oder Juli bringt das Weibchen in einer transparenten Eihülle 4 bis 8 lebende Junge zur Welt.

Abbildung 78
Deutscher Name: Vielstreifen-Mabuya
Wissenschaftliche Bezeichnung: *Mabuya multifasciata*
Länge: 20 bis 25 cm.
Körpermerkmale: Der relativ spitze Kopf setzt sich kaum vom Hals ab. Der Rumpf ist ein wenig abgeflacht. Die Vorder- und Hinterextremitäten sind gut entwickelt. An ihrer Basis weisen die Schuppen kleine Kiele, Tuberkeln oder Verdickungen auf. Die Rückenschuppen sind dreikielig. Es sind 7 Oberlippen- und 6 Unterlippenschilde vorhanden. Die Anzahl der Schuppen, die die Rumpfmitte umgeben, schwankt zwischen 30 und 34. Die Körperoberseite ist olivgrau oder bräunlich mit schwärzlichen Streifen entlang den Schuppenreihen. Auf den beiden Rückenseiten verläuft ein helles bis gelblich olivfarbenes Band. Die braunen Flanken sind von weißen und schwarzen ozellenähnlichen Tupfen geziert. Eine grünlichweiße bis gelbliche Linie bedeckt die Lippenschilde und zieht sich von hier aus auf die Körperseiten, um zu verblassen. Zur Paarungszeit sind die Männchen auf den Körperseiten wunderschön rot und gelb gefärbt, während die Weibchen ein viel bescheideneres Kolorit zeigen.
Verbreitung: *Mabuya multifasciata* ist auf dem südostasiatischen Festland – China, Nordost-Indien, Assam, ganz Hinterindien einschließlich der Malayischen Halbinsel – wie auch auf dem Indoaustralischen Archipel bis nach Neuguinea hin weit verbreitet.
Biotope: Der Verfasser sah diese Art sehr häufig in Thailand. Neben dem kleinen Hausgecko *Hemidactylus frenatus* ist *Mabuya multifasciata* hier die häufigste Eidechse, die eigentlich nirgendwo fehlt. Ich sah das Tier an Felsen, an den überall herumliegenden Palmwedeln in Kokosnußplantagen, an Weg-, an Straßen- und an Feldrändern, in Ortschaften um die Häuser herum und häufig in Reisfeldern, auch in den Regenwald dringt sie ein und ist an lichten Stellen anzutreffen.
Verhalten: Die Vielstreifen-Mabuya ist eine Kulturfolgerin, die ich besonders häufig an und auf dem alten Gerümpel sah, das die thailändischen Häuser in der Regel umgibt. Das tagaktive Geschöpf hat sich an die Anwesenheit des Menschen gewöhnt und flieht erst dann, wenn man zu nahe herantritt. Die Tiere ernähren sich von allerlei Insekten und Gliederfüßern. In der Paarungszeit im März und im April verfolgen sich die prachtvoll gefärbten Männchen und liefern einander erbitterte Kämpfe. An geeigneten Stellen kann man diese Tiere überall im Laub rascheln hören und sehen. *Mabuya multifasciata* ist lebendgebärend. Es werden 4 bis 8 Junge in einer transparenten Eihülle abgesetzt.

60

61

63

64

65

66

67

68

69

70

71

74

75

77

76

Abbildung 79
Deutscher Name: Streifen-Mabuya
Wissenschaftliche Bezeichnung: *Mabuya vittata*
Länge: 18 cm.
Körpermerkmale: Der kurze Kopf setzt sich nicht vom Hals ab. Die Schnauze ist abgerundet. Über jedem Auge befinden sich 4 Schilde. Von den 7 Oberlippenschilden berührt das 5. das Auge. Die Rückenschuppen sind dreikielig. 32 bis 34 Schuppen umgeben die Rumpfmitte in einer schrägen Reihe. Die Rückenseite ist olivfarben oder braun und von einem hellen Mittelstreifen geziert, welcher von schwarzen Flecken gesäumt ist. Dort, wo der Rücken in die Flanken übergeht, verläuft je ein weißer Streifen vom Auge bis zum Schwanzanfang und verblaßt hier. Eine weitere weiße, dünne Linie auf den Körperseiten beginnt vor dem Auge und endet vor den Hinterextremitäten. Die Körperseiten sind im Bereich der weißen Streifen schwarz gefleckt. Die Bauchseite ist gelblich bis grünlichweiß.
Verbreitung: *Mabuya vittata* bewohnt Nordost-Afrika, Kleinasien, Syrien und den Libanon.
Biotope: Die Art lebt auf trockenem Gelände, das von niedrigem, trockenem Gras und vereinzelten Büschen durchsetzt ist; auch auf Sandboden kommt sie vor.
Verhalten: *Mabuya vittata* ist ein tagaktives Geschöpf, das sich von allerlei Insekten und Kerbtieren ernährt. Im Frühjahr und im Herbst hält sich dieser Skink, den man als Kulturfolger auch in verwilderten Gärten antrifft, ganztägig außerhalb seiner Schlupfwinkel auf. Die Männchen sind während der Paarungszeit besonders aggressiv und verfolgen sich. Wie die meisten Skinke ist auch *Mabuya vittata* lebendgebärend. In der Regel setzt das Weibchen in einem Wurf 4 Junge ab.

Abbildung 80
Deutscher Name: Johannisechse
Wissenschaftliche Bezeichnung: *Ablepharus kitaibelii*
Länge: 10 bis 11 cm.
Körpermerkmale: Der Kopf und der Schwanz setzen sich nicht vom langgestreckten, walzenförmigen Rumpf ab. Die Lider sind vor dem Auge zu einer durchsichtigen Kapsel verwachsen, so daß das Auge nicht geschlossen werden kann. Die kleinen Gliedmaßen sind weit voneinander entfernt. Der Schwanz ist ebenso lang wie Kopf und Körper zusammen. Vor dem Auge befinden sich 3 und hinter dem Auge ebenfalls 3 Schilde. Die Körperschuppen sind breit und sechseckig. 18 bis 22 umgeben die Körpermitte in einer Querreihe. Die graue bis kupferfarbene Körperoberseite hat stets einen metallischen Glanz. Meist heben sich auf der Rückenmitte zwei schwarze Binden ab. Die Körperseiten sind etwas dunkler. Die Körperunterseite ist grauweiß mit grünlichem Anflug.
Verbreitung: Die in 5 Unterarten auftretende Johannisechse kommt auf dem Balkan, auf der ägäischen Inselwelt und in West-Asien vor.
Biotope: *Ablepharus kitaibelii* ist ein entschiedenes Bodentier, das trockene, von Buschwerk durchsetzte Berghänge und Hügelterrain mit steinigem Untergrund und Fallaub bevorzugt.
Verhalten: Die kleine Kreatur bewegt sich in flinken Schlängelbewegungen, die von den winzigen Beinchen unterstützt werden, durch das dürre Gras. Am Tage ruht das Tier oft unter einem Stein, unter abgefallener Baumrinde, im Laub oder im Moos und kommt erst gegen Abend hervor, um Jagd auf Insekten zu machen. Im Frühjahr und im Herbst ist die Johannisechse meist nach Regenfällen aktiv; auch am frühen Vormittag und am Nachmittag wird sie außerhalb ihrer Schlupfwinkel angetroffen. Die Paarung setzt im Anschluß an die Überwinterung – diese ist in der Regel im März beendet – im April und im Mai ein. Vor der Paarung verfolgt das Männchen das Weibchen. Schließlich beißt sich das Männchen in der hinteren Rumpfhälfte des Weibchens fest, biegt seinen Körper herum und kopuliert. Im Gegensatz zu manchen anderen Skinken pflanzt sich die Johannisechse durch Eier fort. Die Eier, 2 bis 4 pro Gelege, werden 5 bis 7 cm in den feuchten Erdboden vergraben. Die Jungen, die nach etwas mehr als 2 Monaten schlüpfen, sind ungefähr 3 cm lang.

Echte Eidechsen

Die Echten Eidechsen, auch Halsbandeidechsen genannt, sind in ungefähr 22 Gattungen und etwa 200 Arten über Europa, Afrika und Asien verbreitet. Hier bewohnen sie die unterschiedlichsten Biotope. Sie kommen auf steinigem, felsigem, schütter bewachsenem Gelände, in Heidegebieten, in Steppen, in Wüsten, aber auch in tropischen Regenwäldern vor. Die Halsbandeidechsen sind in der Regel klein, haben einen langen Schwanz und meist bewegliche Augenlider. Der Schwanz bricht leicht ab oder kann bei Gefahr abgeworfen werden. Der nachgewachsene Schwanz erreicht nicht mehr die ursprüngliche Länge. Der Kopf ist von symmetrischen Schilden bedeckt. Die Rükkenschuppen sind meist klein. Die Bauchschilde stehen in deutlichen Längs- und Querreihen. Die Zähne stehen pleurodont, d. h. auf der Kieferkante. Charakteristisch für die Echten Eidechsen ist das Halsband. Es handelt sich hierbei um eine zwischen Kehl- und Brustschuppen liegende Querfalte. Fast immer sind Femoralporen auf der Unterseite der Hinterschenkel vorhanden. Die Femoralporen – diese scheiden ein wachsartiges Sekret ab – sind besonders bei den Männchen gut entwickelt. Das Sekret dient wahrscheinlich der Fortpflanzung und Reviermarkierung. Kämme, Kehlsäcke und Haftzehen sind nicht vorhanden. Die Echten Eidechsen ernähren sich von allerlei Kleintieren wie Würmern, Schnecken, Insekten, aber auch von kleinen Wirbeltieren wie Vertretern der eigenen Art. Ausnahmsweise verzehren sie Honig und Obst. Mit Ausnahme der Bergeidechse und einiger Wüstenrennerarten der Gattung Eremias, die lebende Junge gebären, pflanzen sich die Halsbandeidechsen durch Eier fort. Einige wenige Arten leben parthenogenetisch, d. h. sie pflanzen sich durch Jungfernzeugung fort, wobei die Nachkommenschaft aus unbefruchteten Eiern entsteht.

Halsbandeidechsen

Abbildung 81
Deutscher Name: Zauneidechse
Wissenschaftliche Bezeichnung: *Lacerta agilis*
Länge: 20 cm.
Körpermerkmale: Die Zauneidechse besitzt ziemlich kurze Beine und einen kurzen Schwanz. Über die Rückenmitte zieht sich ein Band schmaler Schuppen. Das kleine Schnauzenschild grenzt in der Regel nicht an die Nasenöffnung. In der Grundfärbung variiert diese Eidechse zwischen grau und braun. Die Rückenmitte wird von zahlreichen dunklen, weißgepunkteten Flecken geziert. Diese können zu einem Längsband verschmelzen, das sich auf dem Schwanz verengt und schließlich gänzlich verblaßt. Die Körperseiten sind schwarz gefleckt. Die schwarzen Seitenflecken weisen weiße Innentupfen auf. Zur Paarungszeit im Frühjahr sind die Flanken der Männchen lebhaft grasgrün oder gelblichgrün gefärbt. Die Bauchseiten der Männchen sind grünlich, die der Weibchen gelblichweiß und schwarz gefleckt. Die Zauneidechse spaltet sich in mehrere geographische Rassen auf, die äußerst unterschiedlich gefärbt sind. Hin und wieder werden melanistische, braun- und rotrückige Tiere gefunden, wie es auch Zauneidechsenweibchen mit grünen Flanken gibt.
Verbreitung: *Lacerta agilis* hat ein riesiges Verbreitungsgebiet von Nord- und Mittel-Europa bis nach Zentral-Asien.
Biotope: Die Zauneidechse kommt in der Ebene, im Hügelland und im Süden ihres Verbreitungsgebietes in Höhenlagen bis zu 2000 m vor, wo sie auf mäßig trockenem Terrain lebt wie z. B. auf Heiden, an Feld-, Weg- und Waldrändern, auf Grasland, das von niederem Gestrüpp und Büschen durchsetzt ist, und an anderen sonnigen Plätzen.
Verhalten: Diese standortstreue Eidechse hält sich fast nur am Boden oder in Bodennähe auf, klettert schlecht und ist entgegen ihrer Artbezeichnung *«agilis»* ein langsames Geschöpf. Die tagaktive Zauneidechse, die sich meist am Morgen und am Nachmittag mit abgeplattetem Rumpf den Sonnenstrahlen aussetzt, hat ihren Unterschlupf in Mäuselöchern, unter Grasbüscheln, unter umgefallenen Baumstämmen und unter Baumstümpfen, in Gebüschen wie in Steinhaufen. Nach der Überwinterung – diese beginnt meist im Oktober und ist im März beendet – in Erdlöchern ungefähr 50 cm tief unter der Erdoberfläche schreitet sie zur Paarung. Die Männchen, die sich nach der ersten Frühjahrshäutung in ihrem prachtvollen,

grasgrünen Hochzeitskleid zeigen, liefern sich vor der Kopula die für Eidechsen üblichen Imponierkämpfe. Die Weibchen legen von Mitte Mai bis Ende Juni 5 bis 15 rundliche Eier in Erdlöcher, die sie mit den Hinterbeinen wieder zuscharren. Nach einer Entwicklungsdauer von 6 bis 8 Wochen schlüpfen die 3 bis 4 cm langen Jungen. Wie andere Eidechsen ernährt sich die Zauneidechse von allerlei Insekten, Kerbtieren, Würmern und Nacktschnecken.

Abbildung 82
Deutscher Name: Smaragdeidechse
Wissenschaftliche Bezeichnung: *Lacerta viridis*
Länge: 40 cm.
Körpermerkmale: Die Stirn und die Schläfen dieser schmucken Eidechse sind von mehreren großen Schilden bedeckt. Die Schildchen des Halsbandes bilden einen gezackten Rand. Die kleinen Rückenschuppen sind gekielt. Der Schwanz weist zuweilen die doppelte Körperlänge auf oder ist sogar länger. Erwachsene Smaragdeidechsen sind auf der Körperoberseite gelblichgrün bis grasgrün gefärbt mit zahlreichen schwarzen Tupfen und 2 bis 4 hellen, zum Teil unterbrochenen Längsstreifen. Junge Smaragdeidechsen weisen in der Regel auf dem Rücken ein rehbraunes bis olivgrünes Kolorit auf und können gestreift oder ungestreift sein. Die Weibchen sind grünlich oder bräunlich, schwarz getupft oder einfarbig. Besonders hübsch sind die Männchen zur Paarungszeit. Dann verfärbt sich ihre Kehle blau. Die Körperunterseite ist gelblich bis weiß und stets ungefleckt. Melanistische Stücke sind selten.
Verbreitung: Die Smaragdeidechse ist über weite Teile Mittel- und Südeuropas und Kleinasiens verbreitet.
Biotope: Diese sonnenhungrige Art lebt sowohl im Flachland als auch im Gebirge bis zu Höhenlagen von mehr als 2000 Metern, wo sie in trockenen Gebieten mit reichlicher Buschvegetation angetroffen wird. Sie bevorzugt steinige Berghänge, lichten, von Felsen durchzogenen Kiefernwald, Feldränder, Hecken, Legesteinmäuerchen und Weinberge. In südlichen Gebieten kommt sie auch auf feuchtem Terrain vor.
Verhalten: Die Smaragdeidechse ist ein scheues Geschöpf, das bei Gefahr sofort irgendeinen Unterschlupf in einem Steinhaufen, in einer Felsspalte, in einem Mauseloch oder unter einem Baumstamm aufsucht. Zuweilen flüchtet sie auch auf einen Baum. Wenn sie gefangen wird, setzt sie sich durch Beißen und Kratzen zur Wehr. Dabei bricht nicht selten ihr Schwanz ab, der nach einiger Zeit jedoch wieder unvollkommen nachwächst. Die Nahrung der Smaragdeidechse besteht aus allerlei wirbellosen Tieren. Besonders beliebt sind Heuschrecken, Schmetterlinge und andere Insekten. Hin und wieder frißt sie auch kleine Mäuse, kleine Echsen, nestjunge Vögel und ganz gelegentlich sogar Obst. Im Oktober oder im November verkriecht sich die Smaragdeidechse zur Überwinterung in irgendeinem Unterschlupf im Erdboden, in Felsspalten, in Steinhaufen oder unter Baumstümpfen. Die Winterquartiere werden im

März oder im April wieder verlassen. Die Paarung findet in den Frühjahrsmonaten April, Mai und Juni statt. Die Männchen gehen zu dieser Zeit mit angehobenem Vorderkörper und gesenkten Köpfen aufeinander los. Bei dem Imponiergehabe kommt es selten zu ernsthaften Verletzungen. Das Weibchen legt 6 Wochen nach der Paarung ungefähr 6 bis 21 Eier, aus denen die Jungtiere nach 1 bis 2 Monaten schlüpfen.

Abbildung 83
Deutscher Name: Iberische Smaragdeidechse
Wissenschaftliche Bezeichnung: *Lacerta schreiberi*
Länge: Etwas über 30 cm.
Körpermerkmale: *Lacerta schreiberi* ähnelt in ihrem Aussehen sehr einer Smaragdeidechse. Das Hinterhauptschild ist in der Regel breiter als das Zwischenscheitelschild. Auf der Körperunterseite stehen die Bauchschilde in 8 Längsreihen. Der Schwanz weist ungefähr die doppelte Körperlänge auf. Erwachsene Exemplare variieren in ihrer Färbung zwischen hell- und dunkelgrün. Auf dieser Grundfärbung bilden schwarze Flecken ein Netzmuster. Die Rückenflecken sind meist größer als die Seitenflecken. Die Flanken sind zuweilen weiß gefleckt. Die grünliche Bauchseite ist meist schwarz gefleckt. Das Männchen und zuweilen auch das Weibchen besitzen eine blaue Kehle. Die dunkelbraunen Jungtiere haben auf den Körperseiten weißliche oder gelbliche Flecken mit schwarzem Rand.
Verbreitung: *Lacerta schreiberi* ist über den Nordwesten, den Westen und zentrale Teile der Pyrenäen-Halbinsel verbreitet.
Biotope: Die Iberische Smaragdeidechse bewohnt das Flach- und das Hügelland und steigt im Gebirge bis zu Höhenlagen von 2000 m empor, wo sie an meist feuchten, vegetationsreichen, aber sonnigen Örtlichkeiten lebt.
Verhalten: In ihrer Lebensweise und in ihrem Verhalten stimmt *Lacerta schreiberi* mit *Lacerta viridis* überein.

Abbildung 84
Deutscher Name: Riesen-Smaragdeidechse
Wissenschaftliche Bezeichnung: *Lacerta trilineata*
Länge: Bis zu 50 cm.
Körpermerkmale: Die Riesen-Smaragdeidechse ist mit der Smaragdeidechse nahe verwandt. Die beiden Arten entsprechen einander im äußeren Erscheinungsbild weitgehend. Daher ist der Laie kaum in der Lage, beide Arten voneinander zu unterscheiden. *Lacerta trilineata* hat einen breiten Kopf und eine zugespitzte Schnauze. In der Regel sind 2 Vorderaugenschildchen und oft über 20 Schläfenschilde vorhanden. Eine Reihe kleiner Körnerschuppen – letztere fehlen bei der Smaragdeidechse oder sind nur in geringer Anzahl vorhanden – finden sich oberhalb des Augenlides. Das Schnauzenschild reicht bis zur Nasenöffnung. Die Rückenschuppen sind klein und warzenähnlich. Die Bauchschilde stehen selten in 6, meist in 8 Längsreihen. Der Rücken und die Flanken dieser kräftig gebauten Eidechse ist gelbgrün bis grün und von dunklen Punkten übersät. Die Kopfoberseite ziert ein Netzmuster heller Linien. Die Männchen der Riesen-Smaragdeidechse haben im Gegensatz zu männlichen Smaragdeidechsen eine gelbliche Kehlregion. Die Bauchseite ist einfarbig gelb. Die dunkel gefärbten Jungtiere sind ohne Zeichnung oder haben 3 bis 5, in seltenen Fällen auch 7 gelbliche Längsstreifen auf der Körperoberseite. Melanistische Exemplare sind die Ausnahme. An den Grenzen ihres Verbreitungsgebietes kann sich *Lacerta trilineata* mit *Lacerta viridis* kreuzen.
Verbreitung: *Lacerta trilineata* ist auf dem Balkan, auf den ostadriatischen Inseln, auf den griechischen Inseln und in West-Asien beheimatet.
Biotope: Die Riesen-Smaragdeidechse bevorzugt sonnige, trockene, steinige und buschreiche Örtlichkeiten in der Ebene und im niederen Hügelland. Im Bergland wird sie seltener. Oberhalb von 1000 m erreicht sie ihre vertikale Verbreitungsgrenze. Auch in der Nähe menschlicher Ansiedlungen kommt sie vor und hält sich nicht selten in der Nähe von Legesteinmäuerchen, in Steinhaufen an Feldrändern und in Ruinen auf.
Verhalten: In ihrer Lebensweise und in ihrem Verhalten stimmen die Riesen-Smaragdeidechse und die Smaragdeidechse weitestgehend überein.

Abbildung 85
Deutscher Name: Perleidechse
Wissenschaftliche Bezeichnung: *Lacerta lepida*
Länge: 50 bis 60 cm, gelegentlich bis 90 cm.
Körpermerkmale: Die breitköpfigen Männchen sind stattlicher und länger als die Weibchen. Der Abstand zwischen Schnauze und After beträgt bei erwachsenen Exemplaren 20 cm und mehr. Die kleinen, warzenähnlichen Rückenschuppen sind schwach gekielt oder meist glatt. Oft umgeben mehr als 60 Schuppen die Rumpfmitte. Die Bauchschilde stehen in 8 oder 10 Längsreihen. Die Kopfschilde sind mehr oder weniger runzlig. Das sehr große Hinterhauptschild ist fast immer breiter als der Hinterrand des Stirnschildes. Perleidechsen sind je nach Alter und Individuum sehr variabel in der Färbung. Auf dem Rücken und auf den Körperseiten herrscht ein grünbrauner oder braunrötlicher Farbton vor, der von schwarzen Flecken oder einem schwarzen, gelben oder grünen Netzmuster durchsetzt ist. Auffällige, azurblaue Tupfen bedecken die beiden Körperseiten zwischen Vorder- und Hinterbeinen in ungefähr gleichgroßen Abständen. Die Jungtiere sind auf ihrem braunen oder grauen Rücken gelblich bis weiß gefleckt. Die Flecken sind schwarz gesäumt. Exemplare aus Südost-Spanien sind gelegentlich einfarbig grau mit undeutlichen Flecken auf den Körperseiten.
Verbreitung: Das Verbreitungsgebiet der Perleidechse erstreckt sich von Nordwest-Italien über Süd-Frankreich, über die Pyrenäen-Halbinsel und Nordwest-Afrika – hier kommt die Unterart *Lacerta lepida pater* vor.
Biotope: *Lacerta lepida* wird in den verschiedensten Lebensräumen angetroffen. Sie bevorzugt trockenes, steiniges, zuweilen auch sandiges, gebüschreiches Gelände in sonniger Lage und kommt vom Meeresspiegel an bis zu Höhenlagen von mehr als 2000 m vor.
Verhalten: *Lacerta lepida* ist ein scheues und schnelles Geschöpf, das bei Gefahr oft geräuschvoll in seinem Unterschlupf verschwindet oder auf einen Baum flüchtet. Wenn man es ergreift oder wenn es in die Enge getrieben wird, reißt es drohend sein Maul auf und beißt kräftig und schmerzvoll zu. Seine Nahrung besteht aus Insekten, Gliederfüßern, Würmern, Mäusen und sogar jungen Kaninchen, Echsen und Schlangen. Gelegentlich frißt es sogar Früchte. *Lacerta lepida* sucht im Oktober frostfreie Winterquartiere auf, die sie je nach Witterung im Februar oder März wieder verläßt. Die Paarung findet im April oder Mai statt. Das Weibchen legt 20 oder mehr Eier, aus welchen nach ungefähr 3 Monaten die Jungen schlüpfen.

Abbildung 86
Deutscher Name: Griechische Spitzkopfeidechse
Wissenschaftliche Bezeichnung: *Lacerta graeca*
Länge: 25 cm.
Körpermerkmale: Artcharakteristisch für diese langköpfige und langbeinige Eidechse sind die beiden Schilde hinter jeder Nasenöffnung und die zahlreichen kleinen Schilde im Schläfenbereich. Das erste Oberschläfenschild ist in der Regel größer als die anderen und in Richtung auf das Scheitelschild hin gewölbt. Das aschgraue bis braune Tier hat eine glänzende Körperoberfläche. Die Männchen sind auf den Flanken hell und auf dem Rücken dunkel getupft. Bei den Weibchen ist die Sprenkelung nicht so intensiv ausgebildet wie bei den Männchen. Oberhalb der Vorderextremitäten befinden sich bei den Weibchen ein oder zwei und bei den Männchen entlang der Flanken oft mehrere blaue Flecken. Die gelbliche bis orangefarbige Bauchseite weist im Mittelbereich 2 Reihen von kleinen, schwarzen Sprenkeln und an den Rändern deutlichere schwarze Flecken auf.
Verbreitung: *Lacerta graeca* kommt nur in Süd-Griechenland auf dem Peloponnes vor.
Biotope: *Lacerta graeca* lebt im Gebirge an feuchten Örtlichkeiten, die von niedrigem Gebüsch bewachsen sind.
Verhalten: *Lacerta graeca* vermeidet eine zu intensive Besonnung. Ich fand 3 Exemplare dieser Art im Oktober 1972 in der Nähe von Kalavryta an einer steinigen, von schütterem Brombeergestrüpp überwachsenen Straßenböschung in einem schattigen Tal. Der Fang bereitete keinerlei Schwierigkeiten. Über das Verhalten dieser Art liegen nur spärliche Angaben vor. Über das Nahrungsspektrum weiß man nur, daß *Lacerta graeca* Heuschrecken verzehrt. Beobachtungen über das Fortpflanzungsverhalten liegen nur an in Gefangenschaft gehaltenen Tieren vor und dürften sich wahrscheinlich nicht auf Freilandverhältnisse übertragen lassen. Bei B. Langerwerf legte ein Weibchen am 12. Mai 5 Eier, die vom 19. bis 22. Juni schlüpften. Die Inkubationsdauer betrug bei einer Temperatur von 28 bis 29 °C 40 bis 42 Tage.

Abbildung 87
Deutscher Name: Iberische Gebirgseidechse
Wissenschaftliche Bezeichnung: *Lacerta monticola*
Länge: 21 cm.
Körpermerkmale: Der Kopf dieser stämmigen Eidechse ist niedrig und länglich. Das große Zwischennasenschild berührt das Schild hinter der Nasenöffnung. Das Halsband besteht aus 5 bis 13 Schilden. Es sind 7 Oberlippen- und 7 Unterlippenschilde vorhanden. 40 bis 62 Schuppen umgeben die Körpermitte in schrägen Reihen. Auf der Bauchseite befinden sich 23 bis 33 Querreihen von Schilden. Die in 4 geographischen Rassen vorkommende *Lacerta monticola* ist in der Färbung und im Zeichnungsmuster überaus variabel. Der Rücken ist braun oder grünlich und schimmert metallisch. Er kann einfarbig oder mit dunklen Flecken bedeckt sein, die mehr oder weniger miteinander verschmelzen. Die Körperseiten sind bei den Weibchen oft bräunlich gebändert oder gefleckt. Die Männchen sind auf der Körperunterseite grünlich bis grünlichblau, während die Bauchseite der Weibchen gelbliche Farbtöne aufweist.
Verbreitung: *Lacerta monticola* bewohnt den Norden, den Nordwesten und das Zentrum der Iberischen Halbinsel.
Biotope: Die Iberische Gebirgseidechse kommt fast ausschließlich im Gebirge vor, wo sie Höhenlagen von über 2000 m überschreitet. In Galizien tritt sie bei La Coruna und Lugo auch im Flachland auf. Sie lebt an sonnigen Geröllhängen mit torfigfeuchtem Untergrund und einer üppigen Vegetation aus niederem Buschwerk sowie großflächigen Heidekraut- und Farnbeständen.
Verhalten: *Lacerta monticola* ist ein sonnenhungriges Tagtier, das in der Nacht stets in seinem Versteck in Felsritzen oder unter Steinen anzutreffen ist, wie der Verfasser in der Sierra de Gredos und in Nordwestspanien feststellte. Das Nahrungsspektrum dieser Art umfaßt allerlei Insekten und Gliederfüßer; auch Jungtiere der eigenen Art werden nicht verschont. Die Iberische Gebirgseidechse bezieht im September oder Oktober Versteckplätze unter Felsen, in Erdlöchern, unter Wurzeln und erscheint in der Regel im März aus der Überwinterung. Vor der Paarung zeigen sich die Männchen sehr aggressiv und verfolgen die Weibchen. Im Juli oder August legt das Weibchen 2 bis 9 Eier in ein von ihm ausgescharrtes Loch im Erdboden, oft unter einem Stein. Nach der Eiablage wird das Loch wieder zugescharrt. Nach ungefähr eineinhalb Monaten schlüpfen die Jungen.

Abbildung 88
Deutscher Name: Wald- oder Bergeidechse
Wissenschaftliche Bezeichnung: *Lacerta vivipara*
Länge: Ungefähr 16 cm.
Körpermerkmale: Bei dieser kurzköpfigen Eidechse sind die Schädelseiten von großen Schilden bedeckt. Die Schilde des Halsbandes bilden ein gezacktes Band. Die Rückenschuppen sind rauh und gekielt. 29 bis 37 Schuppen umgeben die Rückenmitte in einer schräg verlaufenden Querreihe. Die Beine sind recht kurz. Der dicke Schwanz weist die doppelte Länge wie der Kopf und der Rumpf auf. Die Grundfärbung beider Geschlechter ist grau bis braun. Die Rückenmitte ziert oft ein dunkles Band oder helle Flecken. Auf jeder Körperseite befindet sich ein dunkles Band und gelbliche und dunkle Punkte, die in unregelmäßigen Längsreihen angeordnet sind. Die Bauchseite der Weibchen ist gelblich bis grau und die der Männchen orangefarben bis dottergelb und von schwarzen Flecken durchsetzt. Die Jungtiere sind recht dunkel gefärbt.
Verbreitung: *Lacerta vivipara* bewohnt ein riesiges Verbreitungsgebiet, das sich von den Pyrenäen bis zum Amur und zur Insel Sachalin, von Skandinavien bis nach Mazedonien und Bulgarien hin erstreckt.
Biotope: Die Bergeidechse bevorzugt feuchte Biotope und Ödland und wird dort angetroffen, wo große Temperaturunterschiede und hohe Niederschläge herrschen. Sie lebt in der Ebene und steigt im Süden ihres Verbreitungsgebietes bis zu Höhenlagen von 3000 m empor. Ihre bevorzugten Lebensräume sind Heide- und Moorgebiete, feuchte Wiesen, Waldränder, lichte Wälder, Feldränder, Eisenbahndämme und Heckenböschungen.
Verhalten: Die Bergeidechse, deren Nahrung aus Insekten, Würmern und kleinen Schnecken besteht, ist ein langsames Geschöpf, das hin und wieder auf dürrem Gras, alten Stengeln und auf Heidekraut klettert. Stundenlang setzt sie sich mit abgespreizten Rippen oft auf alter Rinde, auf am Boden liegenden Ästen und umgefallenen Bäumen den Sonnenstrahlen aus. Trotzdem ist sie weniger wärmebedürftig als die meisten anderen europäischen Eidechsen. Ihre Winterquartiere, die im Erdboden, zwischen Baumwurzeln, unter Felsbrocken und dergleichen zu finden sind, sucht sie im November auf und verläßt sie im Februar. Die Paarung findet von April bis Juni statt. Ungefähr 3 Monate nach der Paarung setzt das Weibchen 3 bis 10 Junge ab. Im französischen Zentralmassiv und in den Pyrenäen legt das Weibchen gelegentlich Eier. Bei *Lacerta vivipara* – die Artbezeichnung *«vivipara»* bedeutet so viel wie lebendgebärend – stellt das Lebendgebären eine Anpassung an das Umweltklima dar. In den meisten Lebensräumen dieser Art mit den ausgeprägten Temperaturkontrasten fehlen die notwendigen erhöhten Dauertemperaturen zur Entwicklung der Eier im Erdboden. Aus diesem Grunde entwickeln sich die Eier im Leib des sich stundenlang sonnenden Weibchens zu fertigen Jungtieren.

Abbildung 89
Deutscher Name: Bocages Mauereidechse
Wissenschaftliche Bezeichnung: *Podarcis bocagei*
Länge: Ungefähr 20 cm.
Körpermerkmale: *Podarcis bocagei* ist sehr nahe mit der Spanischen Mauereidechse *(Podarcis hispanica)* verwandt und wurde früher als Unterart zu dieser gesellt. *Podarcis bocagei* ist stämmiger als *Podarcis hispanica* und weniger abgeflacht. Das Halsband besteht aus 8 bis 11 Schuppen. 9 Oberlippenschilde sind vorhanden. Der Rücken der Männchen ist oft grünlich und von schwarzen Flecken oder einem schwarzen Netzmuster durchsetzt. Zu beiden Seiten des Rückens verläuft eine weiße oder grünlichweiße Linie. Die Flanken können braun oder schwarz und hell getupft sein. Der gelbe, lachsrote oder orangefarbene Bauch ist oft gefleckt. Die Weibchen sind nicht so intensiv gestreift wie bei *Podarcis hispanica.*
Verbreitung: *Podarcis bocagei* kommt in Nordwest-Spanien und in Nord-Portugal vor.
Biotope: Der Verfasser fand diese Art auf feucht-torfigem Gelände im westlichen Nordwest-Spanien. Das Gebiet war von Steinhaufen und Felsblöcken übersät mit einer Vegetation von Heidekraut, Stachelginster, vereinzelten Birken und niederen Büschen.
Verhalten: *Podarcis bocagei* ist ein tagaktiver Bodenbewohner, den man häufig auf dem Erdboden, in Steinhaufen, auf Legesteinmauern, an Felsblöcken und vor Gebüschen sieht. Bei kühler und regnerischer Witterung ziehen sich die Tiere in ihre Versteckplätze zurück. Man findet sie dann nicht selten unter Steinen. Die Nahrung besteht aus allerlei kleinen Insekten und Gliederfüßern. Die Überwinterung ist im März oder April beendet. Zu dieser Zeit fand ich *Podarcis bocagei* bei gutem Wetter stets außerhalb ihrer Schlupfwinkel. Die Paarung findet im Frühjahr statt. In der Regel werden die Eier im Mai abgelegt. Zu ihrer Entwicklung benötigen sie ungefähr 2 Monate. Die frisch geschlüpften Jungechsen haben eine Länge von ungefähr 5 cm.

Abbildung 90
Deutscher Name: Adriatische Mauereidechse
Wissenschaftliche Bezeichnung: *Podarcis melisellensis*
Länge: 16 bis 18 cm.
Körpermerkmale: Die Länge zwischen Schnauze und After beträgt selten mehr als 6 cm. Das große Schläfenschild berührt die Oberschläfenschilde. Auffällig sind der kurze, niedere Kopf und die stumpfe Schnauze. Die Grundfärbung des Rückens variiert zwischen olivgrün, braun oder schwarz und kupferrot. Das Männchen ist gesprenkelt oder einfarbig und besitzt eine rote oder gelbe Bauchseite. Das Weibchen zeigt oft eine regelmäßigere Längsstreifung als das Männchen und hat eine weiße Bauchseite.
Verbreitung: Diese in knapp 20 Unterarten vorkommende Kleinlacerte ist in ihrer Verbreitung auf den westlichen Balkan und auf die adriatischen Inseln beschränkt.
Biotope: Die Adriatische Mauereidechse lebt hauptsächlich im Küstengebiet, und zwar sowohl in Meeresnähe als auch im Gebirge bis zu Höhenlagen von 1200 m. Sie bevorzugt trockenes Gelände wie Karstgebiete und Steinfelder, die von Kiefern, Eichen und niederem Gebüsch durchsetzt sind.
Verhalten: Das weitgehend bodenbewohnende Geschöpf, das als Kulturfolger nicht selten in großer Zahl dürre, steinige Viehwiesen bewohnt, klettert auch auf niedere Legesteinmauern und Steinhaufen. Die Nahrung von *Podarcis melisellensis* besteht aus kleinen Insekten und allerlei Gliederfüßern. Die scheue Adriatische Mauereidechse ist blitzschnell in ihren Bewegungen und verschwindet bei Gefahr sofort in einem Steinhaufen oder in einer Felsritze. Im Frühjahr nach der Überwinterung im März hält sich *Podarcis melisellensis* ganztägig außerhalb ihrer Schlupfwinkel auf, während sie in der heißen Sommerzeit vor allem am Morgen und am Nachmittag aktiv ist. Im Oktober verzieht sich die Adriatische Mauereidechse in ihre Winterquartiere im Erdboden, in Steinhaufen und unter Baumstubben. Die Paarung erfolgt im März und im April nach dem für Eidechsen üblichen Verhaltensmuster. Die Eier werden im Juni und im Juli abgelegt. Die Jungen schlüpfen im August und im September.

Abbildung 91
Deutscher Name: Mauereidechse
Wissenschaftliche Bezeichnung: *Podarcis muralis*
Länge: 20 bis 25 cm, meist jedoch um 16 bis 17 cm.
Körpermerkmale: Diese in ungefähr 20 Unterarten vorkommende Eidechse besitzt einen langen, flachen Kopf und einen gestreckten Körper. Hinter der Nasenöffnung befindet sich ein einziges Schild. Das Halsband ist glattrandig, die Rückenschuppen sind schwach gekielt. 42 bis 53 kleine Schuppen umgeben die Rückenmitte in einer Querreihe. Die Bauchschilde stehen in 6 Längsreihen. In der Körperfärbung und im Zeichnungsmuster variieren die verschiedenen geographischen Rassen von *Podarcis muralis* ungemein. In der Regel ist die Körperoberseite des Männchens rotbraun oder grau und von schwarzen Flecken oder einem schwarzen Netzwerk überzogen. Die Weibchen haben auf den Körperseiten zwei helle Längsbänder und auf der Rückenmitte eine dunkle Fleckenreihe. Der Bauch ist rot, gelb oder weiß. Die äußeren Bauchschilde können blau gefleckt sein. Es gibt auch Tiere mit grünlichem Rücken und nahezu schwarze Exemplare.
Verbreitung: *Podarcis muralis* bewohnt Mittel- und Süd-Europa wie Kleinasien.
Biotope: Die Mauereidechse, die im Süden ihres Verbreitungsgebietes Höhenlagen von 2000 m überschreitet, bevorzugt trockenes, steiniges Gelände, das der Sonne ausgesetzt ist. Als ausgesprochene Kulturfolgerin findet man die Mauereidechse in Weinbergen, auf Legesteinmauern, in Ruinen und in der Nähe menschlicher Behausungen.
Verhalten: Das flinke Geschöpf vermag mit großer Behendigkeit an Felsen, an und auf Mauern, auf Baumstämmen, an Böschungen und dergleichen zu klettern. Die Überwinterung ist meist im März, bei äußerst günstiger Witterung sogar schon im Februar beendet. Die tagaktiven Tiere liegen dann mit abgespreizten Rippen fast ganztägig in der Sonne. Durch das Abspreizen der Rippen wird auch die Rückenhaut und die Haut der Körperseiten gespreizt und somit der der Sonne zugewandte Teil der Körperoberfläche vergrößert. Auf diese Weise kann in der gleichen Zeit mehr Sonnenenergie aufgenommen werden. Die Nahrung besteht aus allerlei Insekten, Gliederfüßern und Würmern. Die Paarung findet im April und Mai statt. Während dieser Zeit zeigen sich die Männchen besonders unverträglich, imponieren einander in der für Eidechsen üblichen Weise und jagen hinter den Weibchen her. Das Männchen beißt sich am hinteren Rumpfteil des Weibchens fest und kopuliert, wobei es einen seiner beiden Hemipenisse in die Kloake des Weibchens einführt. Im späten Frühjahr legt das Weibchen 2 bis 8 Eier in ein selbst gegrabenes Loch im Erdboden. Die jungen, ungefähr 4 bis 5 cm langen Mauereidechsen schlüpfen im Juli und im August.

Abbildung 92
Deutscher Name: Peloponnes-Eidechse
Wissenschaftliche Bezeichnung: *Podarcis peloponnesiaca*
Länge: 26 cm.
Körpermerkmale: Diese robuste Kleinlacerte besitzt eine Reihe großer Schuppen auf der Unterseite der Vorderbeine und keine oder bis zu 7 Körnerschuppen zwischen den Augendeck- und den Augenbrauenschilden, ferner ein glattrandiges Halsband. Die Rückenschuppen sind glatt oder schwach gekielt. Die Körpergrundfärbung ist schimmernd braun bis grünlich. Die dickköpfigen Männchen sind in der Regel weniger kräftig längsgestreift als die Weibchen. Erstere besitzen oberhalb der Vorderextremitäten ein oder mehrere hellblaue Tupfen, die miteinander verschmelzen können. Die meist ungefleckte Bauchseite ist bei den Männchen orangefarbig, bei den Weibchen weiß. Wie die Weibchen, so sind auch die Jungtiere kräftig gestreift und besitzen zuweilen einen blauen Schwanz.
Verbreitung: Der Artbezeichnung entsprechend kommt diese Eidechse ausschließlich auf dem Peloponnes (Süd-Griechenland) vor.
Biotope: Die Peloponnes-Eidechse lebt auf trockenem und steinigem Gelände. Der Verfasser fand das unerhört schnelle Tier überaus häufig in den Ruinen von Olympia. Es bewohnt besonnte Geröllhalden, die von niederem Gestrüpp durchsetzt sind, Straßenböschungen, Steinhaufen an Feldrändern und dürre Wiesen sowie Olivenhaine.
Verhalten: Das sonnenhungrige und standortstreue Geschöpf liegt im Frühjahr und im Herbst ganztägig mit abgeflachtem Rumpf in der Sonne. Bei Annäherung verschwindet das Tier unerhört schnell in einer Felsspalte oder in einem sonstigen Versteck, um bald wieder hervorzukommen. Die Nahrung, die meist auf dem Erdboden, aber auch auf erhöhten Stellen wie Steinhaufen, niederen Mauern usw. erjagt wird, besteht aus allerlei Gliederfüßern und Insekten, vor allem Heuschrecken. Über das Fortpflanzungsverhalten in freier Natur liegen keine Hinweise vor.

Abbildung 93
Deutscher Name: Ruineneidechse
Wissenschaftliche Bezeichnung: *Podarcis sicula*
Länge: Bis 25 cm.
Körpermerkmale: Die Ruineneidechse hat einen niederen, länglichen Kopf. Der Schwanz weist die doppelte oder über die doppelte Länge des Kopfes und des Rumpfes auf. Die Schuppen zwischen den Hinterbeinen sind gekielt. 60 bis 75 Schuppen umgeben die Rumpfmitte in einer Querreihe. Die Schuppen sind ziemlich fein. Die Ruineneidechse tritt in über 40 geographischen Rassen auf. Somit wird verständlich, daß diese Eidechsen hinsichtlich ihrer Körpergröße und Körperfärbung außerordentlich variabel sind. Beim Männchen sind der Rücken und die Körperseiten einfarbig grau bis grün und von schwarzen Flecken bedeckt, die in Längsreihen angeordnet sind. Oberhalb oder hinter den Vorderbeinen kann sich ein blauer, schwarz eingefaßter Tupfen befinden. Im Bereich der Hinterextremitäten verblaßt der grüne Farbton und geht auf dem Schwanz in ein braunes oder graues Kolorit über. Die Weibchen sind braun bis grau und dunkelbraun gefleckt. Die weißliche, grünliche oder gelbliche Bauchseite kann beim Männchen auch rötlich sein.
Verbreitung: *Podarcis sicula* lebt auf Korsika, Sardinien, Sizilien, in Italien, auf dem westlichen Balkan mit den vorgelagerten Inseln, an den Küsten und auf den Inseln des Marmarameeres. Vereinzelte Kolonien kommen an den Küsten Libyens und Tunesiens vor. Eingeschleppt wurde *Podarcis sicula* in Südost-Spanien, auf Menorca und in West-Philadelphia (USA).
Biotope: Die Ruineneidechse ist eine Bewohnerin des Flach- und des niederen Berglandes, wo sie noch in Höhen von 1200 m angetroffen wird. Sie besiedelt trockene, steinige Wiesen, Straßen- und Wegränder, Geröllhalden, Weinberge, Legesteinmauern und steinigsandige Örtlichkeiten in Meeresnähe. Als Kulturfolgerin dringt sie nicht selten in verwilderte Gärten und Parks ein.
Verhalten: Das flinke, neugierige Geschöpf verfügt über ein gutes Kletter- und Springvermögen. Seine Nahrung, die aus Insekten und allerlei Kleingetier besteht, erjagt es mit großer Gewandtheit. Als Beikost verzehrt es auch Früchte und Beeren. Die Männchen liefern sich besonders zur Fortpflanzungszeit im Frühjahr erbitterte Kämpfe, wobei sie nicht selten ihre Schwänze einbüßen. Im Sommer legt das Weibchen 4 bis 8 Eier, aus denen nach ungefähr 6 Wochen die Jungen schlüpfen.

Abbildung 94
Deutscher Name: Taurische Mauereidechse
Wissenschaftliche Bezeichnung: *Podarcis taurica*
Länge: 18 bis 20 cm.
Körpermerkmale: Die Taurische Mauereidechse besitzt einen kurzen, dicken Kopf, ein gezähneltes Halsband und im oberen Schwanzbereich stumpfwinkelige Schuppen. Das Schnauzenschild kann an die Nasenöffnung angrenzen. Die Augenbrauenschilde sind nicht durch Körnerschuppen von den kleinen Augenlidschilden getrennt. 42 bis 64 glatte oder gekielte Rückenschuppen umgeben die Rumpfmitte in einer Querreihe. Die Bauchschilde stehen in 25 bis 32 Querreihen. Der Rücken erwachsener Tiere ist im Frühjahr grün und im Sommer olivfarben. Tiere aus dem Norden ihres Verbreitungsgebietes haben dort einen hellen Streifen, wo der Rücken in die Flanken übergeht. Die Rückenmitte ist braun und schwarz gefleckt. Bei Tieren aus dem Süden fehlt die braune Mittelzone, und die Streifen sind verwaschen. Im Süden treten auch einfarbig grüne Tiere mit gefleckten Körperseiten auf. Die Bauchseite ist porzellanweiß. Während der Paarungszeit ist der Bauch der Männchen rot, orange oder gelb gefärbt.
Verbreitung: *Podarcis taurica* kommt auf dem Balkan, an der Küste des nordwestlichen Kleinasiens und in Südwest-Rußland vor.
Biotope: Die Taurische Mauereidechse lebt auf steinig-trockenem, grasigem Terrain in der Ebene und im Hügelland.
Verhalten: Der Verfasser lernte diese Eidechse in Griechenland als entschiedenen Bodenbewohner kennen, der sich im Frühjahr zwischen niederem Pflanzenwuchs auf nacktem Boden mit abgespreizten Rippen sonnt. Die Tierchen sind recht flink und verschwinden bei Gefahr in Erdlöchern und unter Steinen. Dreht man die Steine um, lassen sie sich jedoch mit einem schnellen Handgriff unschwer fangen. In freier Natur ernährt sich *Podarcis taurica* hauptsächlich von Heuschrecken, die in ihrem natürlichen Lebensraum in Hülle und Fülle vorhanden sind. Über das Fortpflanzungsverhalten dieser Art liegen kaum Angaben vor. Die Anzahl der Eier – diese messen 15 mal 7 mm – in einem Gelege schwankt zwischen 2 und 6.

Abbildung 95
Deutscher Name: Sizilianische Mauereidechse
Wissenschaftliche Bezeichnung: *Podarcis wagleriana*
Länge: 25 cm.
Körpermerkmale: Diese schlanke Eidechse hat einen flachen Kopf und kleine, körnige und leicht gekielte Schuppen, von denen 48 bis 79 in einer schrägen Reihe stehend die Rückenmitte umgeben. Die Grundfärbung des Rückens und der Rumpfseiten ist leuchtend grasgrün und schwarz gefleckt. An der Grenzzone zwischen den Flanken und der Bauchseite finden sich vereinzelte azurblaue Tupfen. Die Bauchseite zeigt auf gelblichweißem bis zartrötlichem Grund vereinzelte schwarze Flecken. Der Schwanz ist braun, an den Seiten rötlich schimmernd und dunkelbraun gefleckt oder gestreift und auf der Oberseite dunkelbraun gefleckt. Einfarbig grüne Exemplare kommen vor.
Verbreitung: *Podarcis wagleriana* beschränkt sich in ihrer Verbreitung auf Sizilien – im Nordosten dieser großen Insel kommt die genannte Eidechse nicht vor –, die Ägadischen und die Liparischen Inseln.
Biotope: Die Sizilianische Mauereidechse bevorzugt ebenes, steiniges Gelände mit niedrigem Pflanzenwuchs und ist hier stellenweise recht häufig. Im Gebirge überschreitet sie Höhenlagen von 1000 m.
Verhalten: Der Verfasser kennt diese Eidechse als tagaktives Bodentier aus verwilderten Gärten und Weinfeldern in der Nähe von Palermo. Über das Nahrungsspektrum ist nichts bekannt, jedoch dürfte *Podarcis wagleriana* die dort recht häufigen Heuschrecken verzehren wie auch auf andere Insekten Jagd machen. Die Sizilianische Mauereidechse zieht sich in der Regel im Oktober in ihre Winterquartiere zurück, die sie im März wieder verläßt. Über die Fortpflanzung liegen kaum Informationen vor. Es ist wohl anzunehmen, daß die Paarung nach dem für Eidechsen üblichen Verhaltensmuster stattfindet. Zwischen April und Juli legt das Weibchen 4 bis 6 Eier von 11 bis 13 mal 8 bis 9 mm. Nach ungefähr $2^1/_2$ Monaten schlüpfen die Jungen, die eine Länge von 55 bis 60 mm aufweisen.

Abbildung 96
Deutscher Name: Kanareneidechse
Wissenschaftliche Bezeichnung: *Gallotia galloti*
Länge: Bis zu 35 cm.
Körpermerkmale: Die Kanareneidechse ist von stämmigem Körperbau und besitzt einen breiten, kurzen Kopf mit einem vorne abgerundeten Maul. Hinter der Nasenöffnung findet sich ein Postnasalschild. 9 bis 13 Schilde bilden das Halsband. 84 bis 105 kleine Rückenschuppen, die in einer schrägen Reihe stehen, umgeben die Körpermitte. Auf der Körperunterseite befinden sich 12 bis 14 Längs- und 29 bis 31 Querreihen von Bauchschilden. Je nach geographischer Verbreitung ist die Körperfärbung größten Schwankungen unterworfen. Die im Norden von Teneriffa lebenden *Gallotia galloti eisentrauti* sind braun mit dunkler Kopfoberseite, einer hellen Dorsolateralbinde und einem hellen Seitenband, welch letzteres hinter dem großen und deutlich sichtbaren Trommelfell beginnt. Die beiden hellen Binden verschwinden hinter den Hinterextremitäten. Auf den Flanken befinden sich kleine weiße Flecken mit schwarzem Saum und große blaue Flecken. Die südliche Nominatrasse *Gallotia galloti galloti* zeigt besonders beim männlichen Geschlecht ein schwarzes Kolorit. Die Schläfen und die Körperseiten sind blau gefleckt; grünliche bis gelbliche Querbinden ziehen sich über den Rücken. Der Schwanz weist bräunliche Farbtöne auf.
Verbreitung: *Gallotia galloti* ist auf den Kanarischen Inseln Teneriffa, Gomera, La Palma und Hierro beheimatet.
Biotope: Diese endemische Echsenart bewohnt als Ubiquist alle Geländetypen vom Meeresspiegel an bis zu Höhenlagen von 3200 m. Auf dem Pico de Teide auf Teneriffa wurde sie noch in 3700 m Höhe im Krater des bezeichneten Vulkans beobachtet. Hinsichtlich der vertikalen Verbreitung gehört *Gallotia galloti* damit zu den wenigen Reptilien, die solch extreme Höhenlagen erreichen, wenn man z. B. von der Grubenotter *Agkistrodon himalayanus* absieht, die noch in Höhenlagen von 4876 m gefunden wurde. Sie ist in feuchtwarmen wie in trockenen Gebieten anzutreffen.
Verhalten: Diese außerordentlich häufige, tagaktive Eidechse ernährt sich fast ausschließlich vegetarisch, wobei sie Weintrauben, Tomaten, Bananen, Blüten, Blätter und als tierische Beikost Insekten verzehrt. Aus diesem Grunde wird sie von der Bevölkerung als Schädling angesehen und stark verfolgt. Man stellt ihr mit Gift und mit Regentonnen nach, in welche sie hineinfällt. Wird das Tier angegriffen, so läßt es seine laut quietschende Stimme erschallen, der sicherlich Bedeutung für das Revier- und Abwehrverhalten zukommt. *Gallotia galloti* ist ein Tagtier mit ausgeprägtem Territorialverhalten. Die Männchen jagen einen Rivalen beißend aus ihrem Revier. Über die Fortpflanzung in freier Natur liegen keine Informationen vor. Über die erfolgreiche Nachzucht dieser Art unter Obhut des Menschen hat W. Bischoff berichtet. In Imponierstellung nähert sich das schwarzköpfige Männchen mit aufgeblähter Kehle und abgeflachtem Körper unter Kopfnicken dem Weibchen und beißt sich seitlich unter ihrem Kopf fest, bis die Kopulation beendet ist. 19 Tage nach der Kopula legt das Weibchen 5 bis 6 Eier ab, aus denen die Jungen nach 83 bis 90 Tagen schlüpfen.

79

80

81

82

84

85

86

87

88

89

90

91

93

94

95

Abbildung 97
Deutscher Name: Ionische Kieleidechse
Wissenschaftliche Bezeichnung: *Algyroides moreoticus*
Länge: 15 cm.
Körpermerkmale: Der Kopf dieser mäßig gestreckten Eidechse ist kurz und läuft in eine spitze Schnauze aus. Artcharakteristisch sind die großen, gekielten und nach hinten spitz auslaufenden Rücken- und Seitenschuppen. Zu beiden Kopfseiten befinden sich 16 bis 20 Schläfenschilde. Hinter der Nasenöffnung befinden sich 2 kleine Schilde und ein Zügelschild. Das Halsband besteht aus 6 bis 9 Schildchen. Die Körpermitte wird von 18 bis 25 Rückenschuppen umgeben, die in einer Querreihe stehen. Die Körperoberseite ist rötlichbraun bis dunkelbraun. Die dunklen Flanken des Männchens sind hell gefleckt. Zu beiden Seiten des Rückens verläuft ein heller Streifen, der hinter den Augen beginnt und im Bereich der Schwanzwurzel verblaßt. Die Oberlippenschilde sind oft dunkel gefleckt. Die Weibchen sind weitgehend einfarbig braun. Die weißliche bis gelblichgrüne Bauchseite ist meist ein wenig schwarz gefleckt.
Verbreitung: Die Heimat der Ionischen Kieleidechse sind der Peloponnes und die drei Ionischen Inseln Kephallenia, Ithaca und Zakynthos.
Biotope: Die genannte Art, die oft an Nordhängen angetroffen wird, erreicht im Gebirge Höhenlagen von 800 bis 1000 m. *Algyroides moreoticus* kommt sowohl auf umgefallenen Baumstämmen, auf altem Holz, auf Gestrüpphaufen und auf Fallaub vor als auch auf Felsen und an steinigen Örtlichkeiten.
Verhalten: Über das Verhalten der Ionischen Kieleidechse liegen kaum Informationen vor. *Algyroides moreoticus* ist tagaktiv und in seinen Bewegungen weniger schnell als andere Halsbandeidechsen, dafür aber um so scheuer. Über das Fortpflanzungsverhalten sind die Angaben mehr als spärlich. Bei der Paarung von *Algyroides moreoticus* soll sich das Männchen während der Kopula an den Körperseiten des Weibchens festbeißen. Frisch geschlüpfte Jungtiere, die von Bischoff Ende Juli/Anfang August in freier Natur gefunden wurden, hatten eine Länge von ungefähr 6 cm. Das Nahrungsspektrum von *Algyroides moreoticus* dürfte dem anderer Kleinlacerten entsprechen.

Abbildung 98
Deutscher Name: Europäisches Schlangenauge
Wissenschaftliche Bezeichnung: *Ophisops elegans*
Länge: Bis 19 cm.
Körpermerkmale: Dieser kleinen Eidechse fehlen die Augenlider und das Halsband. Das Auge wird wie bei den Schlangen von einer durchsichtigen «Brille» bedeckt und kann daher nicht geschlossen werden. Kopf, Hals und Rumpf setzen sich kaum voneinander ab. Auf dem Rücken stehen die viereckigen und stark gekielten Schuppen in 18 bis 44 Längsreihen. Die Körperfärbung ist braun bis olivfarben. Auf der Rückenseite verlaufen 2 und auf jeder Körperseite je ein helles Band, das im Bereich der Hinterextremitäten verblaßt. Der Rückenstreifen und die Flanken sind von schwarzen Punkten in ungefähr gleichen Abständen gesäumt. Die Bauchseite ist hell, der Schwanz zuweilen rötlich getönt.
Verbreitung: *Ophisops elegans* bewohnt den östlichen Balkan und das westliche Asien.
Biotope: Diese bodenbewohnende Eidechse liebt offene, trockene Gebiete, die von niederem Gras und kargem Gestrüpp bewachsen sind.
Verhalten: Das Europäische Schlangenauge ist ein flinkes Tier, das sich geschickt unter Erdschollen und Steinen verbirgt, wenn es verfolgt wird. Bei sehr schneller Flucht läuft diese Echse sogar auf den Hinterbeinen. Ihre Nahrung besteht aus Schmetterlingen, Heuschrecken, Käfern, Ameisen, Spinnen und sonstigem Kleingetier. Schon am frühen Morgen wird sie munter und ist meist während des ganzen Tages außerhalb ihrer Schlupfwinkel anzutreffen. In Meeresnähe hält *Ophisops elegans* meist keine Winterruhe, während sie in kalten Gebieten 4 Monate, meist von November bis März, überwintert. Je nach Höhenlage und Klima paaren sich die Tiere von April bis Juni. Wenn sich zwei Männchen zu dieser Zeit begegnen, nähern sie sich einander und bewegen den Kopf und den Vorderkörper rasch auf und ab. Anschließend erheben sie sich auf allen vier Beinen und laufen rasch auseinander. Die Weibchen flüchten zunächst vor den Männchen. Das Männchen packt die Schwanzwurzel des Weibchens und kopuliert. Im späten Frühjahr werden 3 bis 6 Eier pro Gelege abgelegt, wobei ein Weibchen in einer Aktivitätsperiode 2 bis 3 Gelege produzieren kann.

Abbildung 99
Deutscher Name: Algerischer Sandläufer
Wissenschaftliche Bezeichnung: *Psammodromus algirus*
Länge: 20 bis 31 cm.
Körpermerkmale: Der Kopf ist kurz und zugespitzt und setzt sich kaum vom Hals ab. Ein Halsband fehlt. Das Schnauzenschild berührt die Nasenöffnung. Die Rückenschuppen sind kräftig längsgekielt und liegen schindelartig übereinander. 22 bis 28 Schuppen, die in einer schrägen Reihe stehen, umgeben die Rumpfmitte. Der Rücken und die Flanken sind olivfarben bis braun. Auf den Körperseiten verlaufen je 2 gelbliche, oft dunkel gesäumte Streifen. Die Rückenmitte ist nicht selten von einer dunklen Längslinie überzogen. Die Körperunterseite ist grauweiß und ungefleckt. Die Weibchen besitzen zwei kleine, die Männchen ein bis zwei oder mehrere große, lebhaft blaue Achselflecken, eine rote Kehle und rote Schläfen.
Verbreitung: *Psammodromus algirus* kommt in Südfrankreich, auf der Iberischen Halbinsel, auf den Pelagischen Inseln, auf der Isola di Conigli bei Lampedusa wie in Nord-Afrika (Marokko, Algerien, Tunesien) vor.
Biotope: Der Algerische Sandläufer liebt von der Sonne stark bestrahltes, trockenes Felsgelände oder Ödland. Weiterhin kommt er in lichten Kiefernwaldungen und verwilderten Gärten vor.
Verhalten: Der Algerische Sandläufer ist während des Tages meist am Morgen und am Nachmittag munter. Im Sommer zieht er sich während der Mittagshitze in seine kühleren Versteckplätze zurück. Er ist äußerst scheu und schnell in seinen Bewegungen. Gewandt klettert er auf Bäumen und Sträuchern umher und verbirgt sich bei Gefahr im Sand. Wird das Tier gefangen und in die Hand genommen, stößt es langgezogene Schreie aus und versucht, sich durch Beißen und Schwanzschläge zu befreien. *Psammodromus algirus* frißt Insekten, Gliederfüßer, Regenwürmer und gelegentlich kleine Eidechsen. Die Überwinterung beginnt in der Regel im November und ist im Februar oder März beendet. Der Algerische Sandläufer paart sich von März bis Mai. Das Männchen verbeißt sich im Nacken des Weibchens und kopuliert. Meist im Mai legt das Weibchen 8 bis 11 Eier. Die Jungen schlüpfen im Juli oder August.

Abbildung 100
Deutscher Name: Marokkanischer Fransenfinger
Wissenschaftliche Bezeichnung: *Acanthodactylus boskianus*
Länge: 20 bis 25 cm.
Körpermerkmale: Diese Eidechse hat einen kurzen, spitzen Kopf, der sich nicht vom Hals absetzt, und einen stämmigen Körperbau. Die senkrecht stehende Ohröffnung ist deutlich sichtbar. Die Rükkenschuppen sind groß und gekielt. 32 bis 36 Schuppen umgeben die Rückenmitte in einer schräg stehenden Reihe. Auf dem Bauch stehen die Schuppen in 10 Längsreihen. Die Körperoberseite ist gelblich bis braun und von grauen und hellen Längsbinden überzogen. Jungtiere weisen auf der Körperoberseite 6 schwarze und 7 weiße Bänder auf. Der Körper ist rostbraun, und die Beine sind weißlich getupft.
Verbreitung: *Acanthodactylus boskianus* hat in Nord-Afrika eine weite Verbreitung von Marokko bis nach Ägypten und nach Israel. Im Süden dringt er bis in den Tschad und in den Sudan vor.
Biotope: Der Marokkanische Fransenfinger bevorzugt sandiges Gelände mit leicht feuchtem Untergrund. Er kommt aber auch auf steinigem Terrain vor und dringt als Kulturfolger bis zu menschlichen Siedlungen vor.
Verhalten: *Acanthodactylus boskianus* ist von März bis Oktober aktiv. Wenn es die Wetterlage erlaubt, verläßt er auch im Winter seine oft selbstgegrabenen Schlupfwinkel, in denen er bei windiger, feuchter und kalter Witterung verweilt. Das tagaktive Geschöpf ernährt sich weitgehend von Insekten. Auf diese macht es meist am Nachmittag Jagd, indem es von Stein zu Stein läuft und gleichfalls die im näheren Umkreis wachsenden Grasbüschel auf Beutetiere hin untersucht. Gelegentlich erbeutet *Acanthodactylus boskianus* auch kleine Eidechsen. Die Paarung findet im April und die Eiablage im Mai statt. Die Jungen schlüpfen im Juli.

Schienenechsen

Die Schienenechsen oder Tejus haben in ungefähr 40 Gattungen und 200 Arten eine weite Verbreitung in Süd- und in Mittelamerika. Eine Gattung dringt bis nach Nordamerika vor. Hier bewohnen sie sämtliche Geländetypen von der Wüste bis zum Regenwald und kommen in Höhenlagen vom Meeresspiegel bis zu 4000 m vor. Neben großen, räuberischen Arten umfaßt diese Echsenfamilie auch kleine Formen, die an unsere Halsbandeidechsen erinnern; es gibt auch im Boden wühlende, schlangenähnliche Tejus. Die Kopfschilde sind nicht mit den Schädelknochen verwachsen. Der Körper ist von unterschiedlich großen Körner- oder Schindelschuppen bedeckt, die in Längs- und Querreihen stehen. Die Bauchschilde sind auffällig groß. Wie bei den Halsbandeidechsen, so fehlen auch bei den Tejus Haftzehen, Kämme, Kehlsäcke und andere Hautfortsätze. Das Beutespektrum umfaßt allerlei Gliederfüßer und kleinere Wirbeltiere. Wenige Arten leben vorwiegend vegetarisch. Die Fortpflanzung geschieht durch Eier.

Abbildung 101
Deutscher Name: Bänderteju
Wissenschaftliche Bezeichnung: *Tupinambis teguixin*
Länge: Bis zu 140 cm.
Körpermerkmale: Das kräftige Reptil besitzt einen kurzen, spitzen Kopf mit einer deutlichen Ohröffnung, einen untersetzten, muskelkräftigen Rumpf und ebenso starke Gliedmaßen wie einen langen, drehrunden Schwanz, welcher zweimal so lang ist wie Kopf und Rumpf zusammengenommen. Das Zügelschild ist ungeteilt. Die kleinen, körnchenartigen Rückenschuppen sind viereckig und an den Ecken abgerundet. Die Bauchschuppen sind in 22 bis 27 Längs- und in 36 bis 40 Querreihen angeordnet. Die Körpergrundfarbe ist schwarzbraun. Der Kopf wie der Nacken sind gelblichweiß gefleckt. Über den Rücken ziehen sich 9 bis 10 Querbinden. Der Schwanz zeigt weißlichgelbe Flecken und eine deutliche schwarzweiße Bänderung. Die Oberseite der Vorder- und Hinterextremitäten ist weiß getupft.
Verbreitung: *Tupinambis teguixin* existiert in zwei geographischen Rassen. Der Bänderteju besiedelt das nördliche Argentinien, Uruguay, Brasilien und Guyana.
Biotope: *Tupinambis teguixin* bewohnt die unterschiedlichsten Lebensräume. Der Verfasser sah den Bänderteju am Rande einer Plantage an von Gebüschen umwachsenen Felsblöcken im Bergland in der Nähe von Rio de Janeiro. Die stattliche Echse findet sich auch im Regenwald, wo sie sich in der Regel am Rande, an Wegen und auf Lichtungen aufhält. Sie dringt auch in die Savanne vor und wird als Kulturfolger in Gärten und in der Nähe von Häusern und Viehställen angetroffen.
Verhalten: Der Bänderteju sonnt sich oft den ganzen Tag in der Nähe seines Unterschlupfes. Bei Annäherung eines Feindes verschwindet er in Erdhöhlen oder in den erweiterten Röhren von Gürteltieren. Seine Nahrung besteht aus Mäusen, Ratten, Fröschen, Eidechsen, Schlangen, Insekten, allerlei Kerbtieren; er verzehrt auch Früchte. In seiner Heimat dringt er nicht selten in Häuser und Gehöfte ein und ist als Eier- und Hühnerdieb unbeliebt. Aus den genannten Gründen und wegen des wohlschmeckenden Fleisches wird er oft verfolgt. *Tupinambis teguixin* pflanzt sich über das ganze Jahr fort. Die Eier werden in Termitennester gelegt, wo sie gegen Temperaturwechsel und Feuchtigkeit geschützt sind. Frisch geschlüpfte Bändertejus haben eine Körperlänge von ungefähr 16 cm.

Eigentliche Doppelschleichen

Die Eigentlichen Doppelschleichen oder Amphisbaeniden kommen in zwei Unterfamilien in den Tropen und Subtropen der Neuen Welt, in Afrika und in Vorderasien vor. Zwei Arten, die Maurische Netzwühle (Blanus cinereus) und Strauchs Netzwühle (Blanus strauchi) erreichen in Spanien bzw. bei Kilitbahir in der europäischen Türkei europäischen Boden. Die wurmförmigen, gliedmaßenlosen Doppelschleichen erreichen eine Körperlänge von 20 bis 60 cm. Die mexikanischen Handwühlen der Gattung Bipes weisen noch kleine Vordergliedmaßen auf. Der Schädel dient als Graborgan. Die Augen sind unter der Haut verborgen. Das unter der Haut verborgene Ohr reagiert empfindlich auf Bodenschwingungen. Kleine, flache Schuppen umgeben in Querringeln den Körper. Der Schwanz ist recht kurz. Die Doppelschleichen sind äußerst lichtscheu und leben fast immer im Erdboden, oft unter locker liegenden, flachen Steinen. Hier graben sie sich Gangsysteme. Die Nahrung besteht aus Regenwürmern, Ameisen und Termiten. Die Doppelschleichen pflanzen sich durch Eier fort; nur wenige Arten gebären lebende Jungen.

Abbildung 102
Deutscher Name: Maurische Netzwühle
Wissenschaftliche Bezeichnung: *Blanus cinereus*
Länge: 30 cm.
Körpermerkmale: Die Maurische Netzwühle hat einen regenwurmähnlichen Körper und ist von ihrem äußeren Habitus her gesehen unverwechselbar. Zwischen Kopf und Rumpf befindet sich ein Halbring kleiner Schuppen. Auf der Kopfoberseite befinden sich hinter dem riesigen Stirnschild 3 bis 4 Paare quadratischer Schilde. Die Augen sind rudimentiert und kaum noch zu erkennen. Die Lippen bedecken 4 Ober- und 3 bis 4 Unterlippenschilde. Den Körper umgeben 110 bis 134 und den Schwanz 17 bis 42 Ringe. Der Schwanz ist abgerundet. *Blanus cinereus* variiert in der Körperfärbung zwischen rosa und dunkelbraun.
Verbreitung: Die Maurische Netzwühle, die sich in zwei geographische Rassen aufspaltet, ist über die zentrale und südliche Iberische Halbinsel wie über Teile Marokkos verbreitet.
Biotope: Der Verfasser fand diese Art in Südspanien in Korkeichenwäldern im leicht feuchten Erdboden, und zwar beim Umwälzen von Steinen.
Verhalten: Während des Tages hält sich *Blanus cinereus* so gut wie nie an der Erdoberfläche auf. Das Tier lebt im lockeren, oft sandigen Erdboden, in welchem es sich grabend und wühlend fortbewegt. Bei hohen Temperaturen verkriecht sich die Maurische Netzwühle in tiefere Bodenschichten. Die Nahrung von *Blanus cinereus* besteht aus kleinen Insekten und deren Larven, aus Gliederfüßern und Regenwürmern. Die Beutetiere werden am Geruch erkannt. Über die Fortpflanzung ist kaum etwas bekannt. Das seltsame Reptil legt im Juli ein oder mehrere Eier. In Marokko hält die Maurische Netzwühle von Juni bis November eine Trockenruhe.

Warane

Die Warane sind eine Echsenfamilie, die in Afrika, in Asien und in Australien eine weite Verbreitung hat. Hier bewohnen sie alle Lebensräume von der Wüste bis zum Regenwald. Diese Kriechtiere haben einen langen, spitzen Kopf und Hals, muskulöse Beine und einen langen, spitz auslaufenden Schwanz, welch letzterer fast immer mehr als die doppelte Kopf-Rumpflänge beträgt. Die Augen weisen eine runde Pupille auf. Die Körperschuppen sind klein und in nur wenigen Fällen gekielt. Die Zunge ist tief gespalten und weit vorstreckbar. Die Warane gehören zu den größten heute lebenden Echsen. Stammesgeschichtlich sind sie nahe mit den Schlangen verwandt. Die Nahrung der Warane besteht aus allerlei Gliederfüßern, Amphibien, Reptilien, Vögeln, Säugetieren, Eiern und sogar aus Aas. Die Beute wird wie bei den Schlangen im ganzen unzerkaut verschlungen, oder es werden aus dieser Stücke mit den Krallen und dem Maul herausgerissen. Die Warane sind überaus wehrhafte Tiere, die mit ihren spitzen, nach hinten gekrümmten Zähnen schreckliche Wunden verursachen und mit ihrem langen Schwanz schmerzhafte Schläge austeilen können. Die Warane leben auf dem Erdboden, wo sie Höhlen graben. Einige Arten sind weitgehend zum Baumleben übergegangen, während andere besonders in Wassernähe oder im Wasser vorkommen und in Anpassung an das feuchte Element einen abgeplatteten Ruderschwanz entwickelt haben. Alle Warane pflanzen sich durch Eier fort.

Abbildung 103
Deutscher Name: Stachelschwanzwaran
Wissenschaftliche Bezeichnung: *Varanus acanthurus*
Länge: 75 cm.
Körpermerkmale: Der Kopf ist lang und spitz. Die senkrecht stehende Ohröffnung ist deutlich sichtbar. 70 bis 110 Reihen glatter Schuppen umgeben die Körpermitte. Der Schwanz ist rundlich oder leicht abgeflacht. Die Schuppen auf dem Schwanzrücken und den Schwanzseiten laufen in einen Stachel aus. Die Körperoberseite und die Flanken sind dunkelbraun und von zahlreichen weißen oder gelblichen Ozellenflecken und Binden geziert. Die Ozellenflecken sind bei der Unterart *«primordius»* weitgehend rückgebildet. Der braune Kopf ist gelblich gefleckt, wobei die Flecken auf den Nacken übergehen und hier Streifen bilden. Ein dunkelbrauner Streifen beginnt an der Schnauzenspitze und zieht sich über das Auge hinweg zur Körperoberseite. Der braune Streifen wird oberhalb und unterhalb von einem weißen oder gelblichen Streifen begleitet. Der Schwanz ist braun und weiß gebändert. Die Körperunterseite ist weiß oder porzellanfarben.
Verbreitung: Der in vier geographische Rassen aufspaltende Stachelschwanzwaran bewohnt das nördliche, das nordwestliche und das nordöstliche Australien.
Biotope: *Varanus acanthurus* ist ein Tier trockener Lebensräume, das bergiges Gelände bevorzugt und hier unter Felsen, unter Geröll und in Felsspalten haust.
Verhalten: Über die Lebensgeschichte dieses kleinen Warans ist nur wenig bekannt. *Varanus acanthurus* ernährt sich vorwiegend von Geckos, aber auch von anderen Eidechsen – wobei er auch kleinere Artgenossen nicht verschont –, von Insekten und von Mäusen. Der Schwanz dient nicht nur als Verteidigungsorgan, wobei die Stacheln sicher von Vorteil sind, sondern auch als Fettspeicher. Bei Hungerperioden wird das im Schwanz gespeicherte Fett abgebaut. Wenn man *Varanus acanthurus* in die Hand nimmt, beißt er zu und hält sich eine Zeitlang mit den spitzen Zähnen fest. Wie andere Warane, so pflanzt sich auch der Stachelschwanzwaran durch Eier fort.

Abbildung 104
Deutscher Name: Bengalwaran
Wissenschaftliche Bezeichnung: *Varanus bengalensis*
Länge: 175 bis 200 cm.
Körpermerkmale: Der Kopf ist schmal und abgeflacht, der Hals lang, der Körper schlank und der Schwanz zusammengedrückt mit einem niedrigen Doppelkiel. Die Kopfschilde sind größer als die Nackenschilde. Die Anzahl der Oberlippen- wie der Unterlippenschilde beträgt 33. Die Bauchschilde sind viereckig und gekielt. Die Körperfärbung dieser Art ist gelblich bis braun mit schwärzlicher Fleckung.
Verbreitung: Der Bengalwaran bewohnt auch heute noch in großer Anzahl Südost-Persien, Afghanistan, Indien, Sri Lanka, Assam, Burma, Hinterindien, die Malayische Halbinsel und Java.
Biotope: Der Verfasser kennt *Varanus bengalensis bengalensis* von Sri Lanka und beobachtete *Varanus bengalensis nebulosus* sehr häufig in Thailand, wo diese große Echse als Hia oder Laen bezeichnet wird und sich einer weiten Verbreitung erfreut. Das Tier lebt an den Rändern des Regenwaldes, in Bambusdickichten, in Kokosnußplantagen, in Reisfeldern sowie in der Nähe menschlicher Ansiedlungen.
Verhalten: Da Warane auf Sri Lanka nicht verfolgt werden, haben sie vor dem Menschen jede Scheu verloren. So konnte ich an einen großen Bengalwaran bis auf 2 m herankommen und ihn photographieren, ohne daß das Tier die Flucht ergriff. Mit den Vorderbeinen drückte es lediglich seinen Kopf und seinen Rumpf empor, blähte die Kehle sackartig auf und zischte. In Thailand werden Bengalwarane verfolgt, geschossen und gegessen und sind daher äußerst scheu geworden. Immer wieder konnte ich beobachten, wie sie bei Gefahr oft sehr geräuschvoll, aber mit großer Geschicklichkeit auf Bäume flohen, bis zur Baumkrone emporkletterten oder auf dicken Ästen liegen blieben. Auf Steinwürfe hin ließen sie sich nicht selten auf den Erdboden fallen und eilten in rasender Flucht auf den nächsten Baum oder verschwanden im Bambusdickicht. Wird der Bengalwaran in die Enge getrieben und ergriffen, so beißt er heftig zu und schlägt mit dem Schwanz um sich. Bengalwarane sind Räuber, die sich von kleinen Säugetieren, Vögeln, Echsen, Schlangen, Schildkröten und deren Eiern, Fischen, Krabben und auch von Aas ernähren, welch letzteres sie mit ihrer langen Zunge eingehendst bezüngeln. Wenn ein Bengalwaran ein Beutetier zwischen den Kiefern hat, schleudert er es nach links und nach rechts und auch gegen den Erdboden und macht es auf diese Weise widerstandsunfähig. Dann befördert er es in den Schlund und durch windende Muskelbewegungen des Halses und des Vorderkörpers in den Magen. Da der Bengalwaran ein sehr großes Verbreitungsgebiet bewohnt, ist die Zeit der Paarung und der Eiablage sehr unterschiedlich. So soll sich *Varanus bengalensis bengalensis* in Burma von Ende März bis Ende April paaren und 25 bis 30 Eier – diese sind 87 bis 95 mm lang und 44 bis 46 mm breit – in den Erdboden oder in hohle Bäume legen. Frisch geschlüpfte Bengalwarane sind 17 bis 18 cm lang. Im Verlauf von 2 bis 3 Jahren erreichen sie eine Länge von 70 bis 90 cm und sind damit geschlechtsreif.

Abbildung 105
Deutscher Name: Steppenwaran
Wissenschaftliche Bezeichnung: *Varanus exanthematicus*
Länge: Bis zu 2 m.
Körpermerkmale: *Varanus exanthematicus* besitzt einen großen, wuchtigen Kopf mit abgerundeter Schnauze, einen kurzen Hals, einen stämmigen Körper mit kurzen, muskulösen Gliedmaßen und im Vergleich zu anderen Waranen einen mäßig langen Schwanz. Die Kopfschuppen sind klein, flach und körnchenartig. Die Nacken- und Rückenschuppen sind klein, oval und ungekielt. 150 bis 165 in Querreihen stehende Schuppen umgeben die Rumpfmitte. Die Färbung der Körperoberseite ist dunkelgraubraun bis schwärzlich und gelblich gefleckt. Die gelben Flecken, die dunkel gerandet sind, können den Rumpf bindenartig umgeben. Vom Hinterrand des Auges ausgehend verläuft ein schwarzes Band über die Schläfenregion und endet im Schulterbereich oberhalb der Vorderextremitäten. Der Schwanz ist schwarz und gelb gebändert. Die Körperunterseite zeigt auf weißgelbem Kolorit verstreute graubraune Flecken.
Verbreitung: Dieser große Waran ist in mehreren Unterarten in Afrika südlich der Sahara verbreitet.
Biotope: *Varanus exanthematicus* bewohnt Trockengebiete wie die Savanne und den Busch.
Verhalten: Der Steppenwaran ist ein Bodenbewohner, der gelegentlich auf Bäume klettert. Er hat seinen Unterschlupf in Erdlöchern, in hohlen Bäumen und besonders in Felsspalten. Nur bei heißer Witterung geht er kurzzeitig ins Wasser. In Gebieten mit jahreszeitlich bedingter Abkühlung zieht sich der Steppenwaran in den Erdboden zurück und überwintert hier. Sein Beutespektrum umfaßt allerlei kleine Säugetiere, Vögel und deren Eier, Reptilien, Schnecken, Insekten, Gliederfüßer und anderes Kleingetier. Das Geschöpf wehrt sich heftig, wenn es in die Enge getrieben wird. Es stemmt den Vorderkörper empor, senkt den Kopf, bläht die Kehle auf und zischt laut. Es schlägt mit dem Schwanz um sich und beißt. Nach eigenen Erfahrungen hält der Steppenwaran den gebissenen Körperteil minutenlang zwischen seinen Kiefern und verursacht so eine schmerzhafte, blutende Wunde. Bei größter Gefahr stellt sich *Varanus exanthematicus* auch tot mit weit geöffneten Augen. Ein Gelege, das 30 bis 40 Eier – diese sind im Durchschnitt 6 cm lang und 3,5 cm breit – umfassen kann, wird im Erdboden in 15 bis 22 cm Tiefe vergraben. Nach der Ablage der Eier werden sie sorgfältig mit Erde zugedeckt. Die frisch geschlüpften Jungen messen 21 cm.

Abbildung 106
Deutscher Name: Wüstenwaran
Wissenschaftliche Bezeichnung: *Varanus griseus*
Länge: 1,3 bis 1,5 m.
Körpermerkmale: Der Wüstenwaran hat einen kurzen, spitzen Kopf, einen gestreckten, aber stämmigen Leib und einen recht langen Schwanz. Die schlitzförmigen Nasenöffnungen stehen schief. Der Schwanz ist rund und ungekielt. Der Kopf und der Rumpf sind von kleinen Schuppen bedeckt. Die Körperoberseite und der Schwanz sind graugelb bis bräunlich und dunkelbraun quergestreift. Je ein ähnlicher brauner Streifen verläuft vom oberen und vom unteren Augenrand zu den Halsseiten. Die Bauchseite ist weißlich gefärbt.
Verbreitung: *Varanus griseus,* der in 3 geographische Rassen aufgegliedert ist, hat eine weite Verbreitung, die sich über die Wüstenzone von Nord-Afrika, über das südwestliche Asien bis nach Nord-Indien hin erstreckt.
Biotope: Der genannte Waran ist ein charakteristischer Bewohner der heißen, trockenen Sandwüsten und kargen Steppen.
Verhalten: Der Wüstenwaran ist im Frühjahr ein tagaktives Reptil, das am Morgen, am Nachmittag und am Abend jagt. Im Sommer verläßt *Varanus griseus* seine selbstgegrabene oder von Wüstenspringmäusen stammende Höhle im Sand – diese hat oft mehrere Ausgänge – sehr früh am Morgen bei oder vor Sonnenaufgang, läuft von Grasbüschel zu Grasbüschel und von Felsbrocken zu Felsbrokken und sucht hier nach Beutetieren. Dabei legt er weite Strecken zurück, wobei seine Extremitäten und sein Schwanz typische Schleifspuren im Sand hinterlassen. Beim Gehen drücken die kräftigen Beine den Körper des Wüstenwarans hoch und das Tier erinnert an ein Krokodil. Während der großen Mittagshitze verbirgt sich *Varanus griseus* in seinem Unterschlupf, den er gegen Abend oder in der Nacht wieder verläßt. Junge Wüstenwarane verstecken sich oft unter Steinen. Die Nahrung von *Varanus griseus* besteht aus allerlei Echsen; das gefräßige Geschöpf greift auch ungiftige Schlangen und Giftschlangen an, schleudert sie mit Hilfe seiner kräftigen Kiefer hin und her und gegen den Erdboden, tötet sie auf diese Weise und verzehrt sie dann. Während des Tages kriecht er nicht selten in Erdhöhlen und jagt sich hier Wüstenspringmäuse und andere Bewohner. Er ist auch ein Nestplünderer, der am Boden brütende Vogelarten überfällt. Wenn er in die Enge getrieben oder gar ergriffen wird, beißt er heftig zu und schlägt mit dem Schwanz um sich. Seine Bisse sind äußerst schmerzhaft. Die Paarung findet im Früh-

jahr statt. Im Juni und Juli legt das Weibchen 5 bis 20 Eier, die eine Länge von 30 und eine Breite von 20 mm aufweisen, in ein Sandloch ab, das wieder zugescharrt wird. Die jungen Wüstenwarane schlüpfen im Herbst. In Nordafrika überwintert *Varanus griseus* von Ende Oktober bis Ende März in Erdhöhlungen.

Abbildung 107
Deutscher Name: Pazifikwaran
Wissenschaftliche Bezeichnung: *Varanus indicus*
Länge: 150 cm.
Körpermerkmale: Dieser an das Wasserleben angepaßte Waran hat einen kurzen, spitzen Kopf, einen langen Hals, einen gestreckten Rumpf und einen langen Schwanz, welch letzterer seitlich zusammengepreßt ist und auf der Oberseite einen Kiel trägt. Die Nasenöffnungen befinden sich auf der Schnauzenspitze. Die Kopfoberseite ist von großen, unregelmäßig gestalteten Schuppen bedeckt. 110 bis 180 Schuppen umgeben die Rumpfmitte. Die Bauchschuppen sind ungekielt. Die braune bis schwarze Körperoberseite und die Flanken sind von gelblichen bis weißen Flecken übersät. Die Bauchseite ist weiß oder cremefarben.
Verbreitung: Der Pazifikwaran kommt auf Celebes, auf Timor, auf den Molukken, auf Neuguinea, auf den Bismarcks-, auf den Salomonsinseln, auf zahlreichen Südseeinseln, auf Neuguinea und in Nord-Australien vor.
Biotope: *Varanus indicus* lebt im Regenwald, an Flüssen, in der Mangrovenvegetation der Küstengebiete. Er wird hin und wieder schwimmend im Meer gesehen.
Verhalten: Dieser große, semiaquatisch lebende Waran, der hervorragend schwimmen kann, ist stets in der Nähe von Gewässern anzutreffen. Hier liegt er oft auf über dem Wasser hängenden Ästen. Wenn er erschreckt wird, gleitet er ins Wasser und taucht gewandt davon und in einiger Entfernung wieder auf. So gut wie er schwimmt, läuft und klettert er auch. Wenn er gefangen wird, setzt er sich durch schmerzhafte Bisse und Schwanzschläge zur Wehr. Die Eingeborenen essen sein Fleisch und verwenden die abgezogene Haut als Trommelfell für kleine Handtrommeln. Der Pazifikwaran ernährt sich von Krebsen, Insekten, Fischen, Schlangen, jungen Krokodilen, Vögeln und Säugetieren. Über die Fortpflanzung dieser Art ist kaum etwas bekannt. Hediger berichtet von einem Gelege von 7 Eiern, welche 58 mm lang und 28 mm breit waren. Frisch geschlüpfte Pazifikwarane messen ungefähr 25 cm. *Varanus indicus* hat sich in seinen Beständen vermindert. Diese Verminderung versucht man dadurch zu erklären, daß man im Rahmen biologischer Bekämpfungsmaßnahmen von Insekten südamerikanische Aga-Kröten *(Bufo marinus)* angesiedelt hat. Die Kröten, die von *Varanus indicus* gefressen werden, scheiden ein giftiges Hautsekret aus und verursachen so seinen Tod.

Abbildung 108
Deutscher Name: Komodo-Waran
Wissenschaftliche Bezeichnung: *Varanus komodoensis*
Länge: Im männlichen Geschlecht etwas über 3 m. Weibchen erreichen kaum 2 m.
Körpermerkmale: Der Kopf dieser eindrucksvollen und größten Echse ist wuchtig und breit. Die Kopf- und Rumpflänge zusammen entsprechen ungefähr der Schwanzlänge. Die Gliedmaßen sind überaus muskulös. Die Schuppen am Kopfhinterrand weisen eine Länge von knapp einem cm auf. Das Tier ist schwarzgrau. Kleine grießkornähnliche Fleckchen befinden sich auf der Kopfoberseite, im Bereich der Schläfenregion, auf den Flanken und auf der Bauchseite. Die Haut, die das Auge umgibt, ist gelblich gefärbt. Auch die Zunge ist hellgelb gefärbt. Mit zunehmender Körpergröße verblassen die gelblichen Farbelemente und verschwinden schließlich, so daß das erwachsene Tier ein fast einfarbig schwarzgraues Kolorit annimmt.
Verbreitung: *Varanus komodoensis* bewohnt die Sunda-Inseln Komodo, Padar, Rintja und Flores; auf letzterer kommt er nur im äußersten Westen vor.
Biotope: Das imposante Geschöpf kommt auf sonnigem, trockenem, savannenartigem Terrain vor, das von Palmyra-Palmen durchsetzt ist.
Verhalten: Der Komodo-Waran, der neben dem kleineren Bindenwaran die vier genannten Inseln bewohnt, ist tag- und nachtaktiv. Wie andere in Trockengebieten lebende Warane bewegt sich *Varanus komodoensis* durch hochbeiniges Laufen fort, wobei nur die Schwanzspitze über den Erdboden schleift. Mit Hilfe seiner scharfen Krallen gräbt er tiefe Höhlungen – diese werden von den Eingeborenen «Rumah» genannt – unter Felsblöcke, unter Baumwurzeln und in Berghänge, die ihm als Unterschlupf dienen. Seine Nahrung besteht aus Schweinshirschen, Wildschweinen, Affen, Ratten, Vögeln und Eiern von bodenbrütenden Vögeln, deren Nester er planmäßig ausplündert. Der Komodo-Waran verzehrt sowohl lebende Tiere wie auch Aas, wobei er riesige Nahrungsmengen verschlingen kann. Ausgewachsene Komodo-Warane sind ausgesprochene Landtiere und trotz ihres schwerfälligen Aussehens äußerst behende. Das konnte der Verfasser im Zoo von Bangkok bei der Fütterung dieser Riesenechsen mit Ratten und Mäusen beobachten. Die Futtertiere wurden zielstrebig angegangen und äußerst rasch verfolgt, gepackt und hinuntergeschlungen. Junge Komodo-Warane klettern mühelos auf Bäume, was erwachsene Exemplare nicht tun. *Varanus komodoensis* legt ungefähr 25 weiße, gänseeiförmige Eier von 92 bis 100 mm Länge und 50 bis 63 mm Breite in den Sand oder in den lockeren Erdboden, aus denen nach 6 bis 8 Wochen die Jungen schlüpfen.

Abbildung 109
Deutscher Name: Mertens Wasserwaran
Wissenschaftliche Bezeichnung: *Varanus mertensi*
Länge: Etwas über 120 cm.
Körpermerkmale: Mertens Wasserwaran hat einen spitzen Kopf, einen langen Hals, einen gestreckten Rumpf und einen seitlich zusammengedrückten Schwanz mit einem dorsalen Kiel. Die Kopfschuppen sind von gleichmäßiger Gestalt und glatt. Die Nasenöffnungen befinden sich auf der Oberseite der Schnauzenspitze. Die große Ohröffnung steht senkrecht und ist deutlich sichtbar. 150 bis 190 kleine Schuppen umgeben die Rumpfmitte in einer Querreihe. Das dunkelolivbraune Tier hat auf jeder Schuppe einen hellen Fleck. Der Ober- und der Unterkiefer sind dunkelgrau bis blau gefleckt oder gebändert. Die Körperunterseite ist weiß bis gelblich. Die Kehle zeigt eine gelbliche Fleckung und die Brust blaugraue Querbinden.
Verbreitung: Diese Art ist vom nördlichen Teil West-Australiens bis nach Queensland hin und von dort aus bis zur westlichen Cape York Halbinsel verbreitet.
Biotope: *Varanus mertensi* findet sich stets in der Nähe von Gewässern oder in diesen selbst. Die von Schraubenpalmen bewachsenen Ufer der Billabongs, der Flüsse, der Sümpfe und der Süßwasserlagunen des tropischen Nord-Australiens sind die typischen Lebensstätten dieses Warans.
Verhalten: Von seinem Körperbau her ist *Varanus mertensi* hervorragend an eine semiaquatische Lebensweise angepaßt. Gewöhnlich sonnt sich diese große Echse auf Felsen, auf umgefallenen Baumstämmen oder auf über dem Wasser hängenden Ästen. Bei Gefahr und Störungen stürzt sich der Waran ins Wasser, in welchem er untergetaucht lange Zeit verweilen kann. Im Wasser bewegt er sich mit an den Körperseiten angelegten Gliedmaßen und mit seinem seitlich zusammengedrückten Schwanz mit großer Geschwindigkeit nach vorne. Auf dem Land ist das Tier ebenso wendig wie im Wasser. Die Nahrung von *Varanus mertensi* besteht weitgehend aus Fischen, wie er auch Frösche, Eidechsen, Krebse, Insekten und Säugetiere verzehrt. Er jagt hauptsächlich im Wasser. Mertens Wasserwaran vermag mit geöffneten Augen auf dem Gewässergrund zu gehen. *Varanus mertensi* pflanzt sich durch Eier fort, die er an das Ende einer ausgegrabenen Erdhöhle legt. Zwischen das Eigelege scharrt er verrottendes Pflanzenmaterial. Nach der Eiablage scharrt er den Eingang zur Nisthöhle mit Erde zu.

Abbildung 110
Deutscher Name: Nilwaran
Wissenschaftliche Bezeichnung: *Varanus niloticus*
Länge: Etwas über 2 m.
Körpermerkmale: Der Nilwaran zeichnet sich durch einen kurzen, nach vorne hin spitz zulaufenden, flachen Kopf, einen etwas untersetzten Körper mit kräftigen Gliedmaßen und einen langen Schwanz aus, welch letzterer auf der Oberseite einen Kiel aufweist. Die Schuppen der Körperoberseite und Gliedmaßen sind klein, oval und schindelartig. Die Schuppen im hinteren Körperbereich sind größer, länglich, rechteckig, ungekielt und in einer Anzahl von 75 bis 100 in einer schräg verlaufenden Querreihe um den Rumpf angeordnet. Die Körperoberseite zeigt eine dunkelolivfarbene bis schwarzgrüne Färbung, welche von kleinen weißen Makeln und großen weißen Flecken querreihenartig durchsetzt ist. Die genannte Fleckung wird im Alter mehr oder weniger undeutlich. Die Oberseite der Gliedmaßen ist gelb gefleckt. Der Schwanz ist schwarz und gelb gebändert. Vom Kopf ausgehend verlaufen gelbe Linien auf dem Nacken und nehmen hier eine hufeisenförmige Gestalt an. Die gelbe Körperunterseite ist mehr oder weniger schwarz gebändert.
Verbreitung: Der Nilwaran bewohnt Afrika mit Ausnahme wasserloser Gebiete in der Sahara, Südwest-Afrika wie den mediterranen Küstenstreifen.
Biotope: Diese Großechse hält sich stets in der Nähe stehender und fließender Gewässer auf.
Verhalten: *Varanus niloticus* sonnt sich auf Felsvorsprüngen und auf Ästen, die über dem Wasser hängen, wohin er bei Gefahr sofort gleitet. Im Wasser schwimmt er, indem er mit abgeflachtem Schwanz – die Gliedmaßen sind dabei an den Körper angelegt – wellenförmige Bewegungen ausführt. Bei Verfolgung taucht er weite Strecken, bevor er wieder an der Wasseroberfläche erscheint. Wenn er sich bedroht fühlt, bläht er die Kehlregion auf, zischt laut, schlägt wild mit dem Schwanz um sich und beißt gefährlich zu. Der Nilwaran frißt Muscheln, Schnecken, Krebse, Insekten, Fische, Echsen, Schildkröten, Vögel und deren Eier, Säugetiere und Krokodileier. *Varanus niloticus* legt 40 bis 60 Eier – diese sind 54 bis 64 mm lang und 30 bis 40 mm breit – in Termitenhaufen. Die Termiten bessern die vom Nilwaran ausgekratzte Stelle wieder aus und schließen so die Eier wohlgeschützt in ihr Nest ein. Die nach 9 bis 10 Monaten schlüpfenden Jungwarane graben sich aus dem Termitenhaufen aus und ernähren sich von Termiten, bevor sie dem Wasser entgegenstreben.

Abbildung 111
Deutscher Name: Smaragdwaran
Wissenschaftliche Bezeichnung: *Varanus prasinus*
Länge: 70 cm.
Körpermerkmale: Der relativ kurze Kopf läuft in eine lange, spitze Schnauze aus. Die Nasenöffnung befindet sich seitlich hinter der Schnauze. Der Körper ist gestreckt, der Schwanz lang. Die Schuppen der Kopfoberseite und des Nackens sind ungekielt. 75 bis 90 Schuppen, die in Reihen stehen, umgeben die Körpermitte. Die gekielten Bauchschuppen stehen in 77 bis 99 Querreihen. Der Schwanz ist seitlich ein wenig zusammengedrückt. Die Körperoberseite ist hellgrün und von kleinen, schwarzen Flecken durchsetzt, die ein Netzwerk oder schmale Querbinden bilden. Die Bauchseite zeigt ein weißliches, gelbliches oder grünliches Kolorit.
Verbreitung: *Varanus prasinus* kommt auf Neuguinea und den angrenzenden Inseln vor.
Biotope: Diese Waranart bewohnt Monsun- und Regenwälder wie Mangrovendickichte.
Verhalten: Über das Verhalten dieses seltenen, baumbewohnenden Warans ist so gut wie nichts bekannt. Anders als bei anderen Waranen wird der Schwanz als Greiforgan benutzt und um Äste gewickelt, wie auch die Hinterbeine zum Festhalten an Ästen angepaßt sind. Es liegen keine Informationen über das Beutespektrum von *Varanus prasinus* in freier Natur vor. In Gefangenschaft verzehrt der Smaragdwaran Hühnerküken und Mäuse wie gelegentlich auch Obst, was unter Waranen eine Ausnahme sein dürfte.

Abbildung 112
Deutscher Name: Bindenwaran
Wissenschaftliche Bezeichnung: *Varanus salvator*
Länge: 250 cm und vielleicht sogar 3 m erreichend.
Körpermerkmale: Der Bindenwaran, der sich in mindestens sieben geographische Rassen aufspaltet, hat einen langen, spitzen Kopf, einen langen Hals, einen stämmigen Rumpf mit kräftigen Gliedmaßen und einen seitlich zusammengedrückten Schwanz mit einem doppelten Kiel. Auf der Kopfoberseite befindet sich eine Längsreihe quer verbreiterter Schilde über jedem Auge. 33 Schilde bedecken die Ober- wie die Unterlippe. Die Nackenschilde sind klein, von ovaler Gestalt und gekielt. Auf der Bauchseite stehen die gekielten Schilde in 85 bis 95 Querreihen. Die schwarze Körperoberseite zieren in Querreihen angeordnete Rundflecken. Ein schwarzes Band verläuft längs der Schläfen und eine gelbe Binde längs des Halses. Die Bauchseite ist gelb.
Verbreitung: Der südostasiatische Subkontinent, Sri Lanka, Süd-China, Hainan, die Andamanen, die Nikobaren und der Indoaustralische Archipel bis Celebes und Wetar sind die Heimat von *Varanus salvator.*
Biotope: Der Bindenwaran bevorzugt die Nähe von Gewässern. Vor Jahren sah ich ein Exemplar in einer Felsspalte direkt im Brandungsbereich des Indischen Ozeans. Über mehrere Wochen beobachtete ich fast täglich mehrere Bindenwarane in Mangrovendickichten im Brackwasser.
Verhalten: Dieser wohl am weitesten verbreitete, nach *Varanus komodoensis* größte Waran hält sich während des Tages oft auf Bäumen und Ästen auf und verschwindet in der Baumkrone oder springt ins Wasser, wenn er sich gestört fühlt. Hier kann er untergetaucht eine beträchtliche Zeit, oft 20 bis 30 Minuten und vielleicht länger, ausharren, ohne Luft holen zu müssen. Auf Sri Lanka, wo der Bindenwaran durch buddhistische Vorstellungen wie durch die Tatsache geschützt ist, daß er große Mengen Süßwasserkrabben – diese unterhöhlen die Reisfelddämme – vertilgt, ist er eine häufige Erscheinung, die in nächster Nähe menschlicher Wohnungen und sogar in Städten lebt. So sah der Verfasser in Kandy einen großen Bindenwaran ganz gemächlich zwischen Menschen eine Hauptstraße überqueren. Ein weiteres, ungefähr 180 cm messendes Tier dieser Art photographierten mein Freund Hans Peter Fuchs und ich am Ufer eines Sees bei Kandy. Der Bindenwaran, der gerade im Begriff war, einen großen Gurami *(Osphronemus gorami*, Labyrinthfisch) zu

verschlingen, ließ sich in keiner Weise durch die ihn umringende und betrachtende Menschenschar stören. Unter Obhut des Menschen wird der Bindenwaran bei guter Pflege handzahm und läßt sich sogar streicheln. Wird *Varanus salvator* in freier Natur jedoch ergriffen, so wehrt er sich mutig mit seinen Zähnen, seinen Krallen und durch gezielte Schwanzschläge. Neben Fischen, die der Bindenwaran geschickt im flachen Wasser fängt, verzehrt er alle anderen Tiere, die er überwältigen kann, auch Aas verschmäht er nicht. Als dreister Räuber plündert er nicht selten Geflügelställe aus. Der Bindenwaran legt oft über 20 Eier in Löcher nahe der Gewässerufer oder in hohle Baumstämme. Die Eier, die unterschiedliche Größenmaße aufweisen, können 9 cm lang und 4,5 cm breit sein. Die frisch geschlüpften Jungwarane sind ungefähr 20 cm lang.

Abbildung 113
Deutscher Name: Timorwaran
Wissenschaftliche Bezeichnung: *Varanus timorensis*
Länge: 60 cm.
Körpermerkmale: *Varanus timorensis* besitzt einen kurzen Kopf mit spitzer Schnauze, einen schlanken Körper, langen Schwanz und kurze Beine. Die Kopfschuppen sind klein. Der Körper ist von kleinen, ovalen, leicht gekielten Schuppen bedeckt. Die Bauchschuppen, die in 65 bis 75 Querreihen stehen, sind ungekielt. Die Körperfärbung ist äußerst variabel. Meist ist das Tier auf der Körperoberseite olivfarben, gelblich oder schwarz und kräftig gefleckt. Die großen Flecken bilden oft Kreise, die im Inneren einen schwarzen Kern haben. Die Flecken können in Form eines Netzmusters oder in Form von Querbinden auftreten. Hinter dem Auge verläuft ein dunkler Schläfenstreifen, der unten weiß gesäumt ist. Die Gliedmaßen sind weiß gefleckt. Der graue oder schwarze Schwanz ist regelmäßig oder unregelmäßig gebändert.
Verbreitung: *Varanus timorensis* bewohnt die Inseln Timor, Samaoe, Savu, Rotti wie Neuguinea und weite Teile des nördlichen Australiens.
Biotope: Der Timorwaran lebt auf Bäumen.
Verhalten: Gewöhnlich hält sich die kleine Echse auf Baumästen und Baumstümpfen auf und sonnt sich hier. Ihre Versteckplätze hat sie unter loser Rinde und in hohlen Ästen. Die sehr versteckt lebenden Tiere bekommt man nur selten zu Gesicht. Gelegentlich steigt der Timorwaran auf den Erdboden herab, um hier Jagd auf Mäuse, Eidechsen – meist Geckos und Skinke –, Frösche und Insekten zu machen. Er frißt aber auch nestjunge Vögel. Zikaden erbeutet *Varanus timorensis* auf Bäumen im Sprung, wobei er nicht selten auf den Erdboden fällt, aber sofort mit der Beute im Maul auf den nächsten Baum klettert und sie dort verzehrt. *Varanus timorensis* ist in seinen Bewegungen äußerst flink. Einem Feind entzieht er sich nicht nur durch die hervorragende Tarnfärbung, sondern auch dadurch, daß er sich hinter den Baum schleicht und sich so allen Blicken entzieht. Gelegentlich springt er auch mit gespreizten Rippen vom Baum auf den Erdboden und rennt dann zum nächsten Baum, an dem er emporklettert. Über das Fortpflanzungsverhalten dieser Art liegen keine Informationen vor.

98

99

0

102

1

103

110

111

Krustenechsen

Die Krustenechsen kommen in einer Gattung und in zwei Arten vor. Die bis zu 80 cm langen Echsen sind in den südöstlichen Vereinigten Staaten und in Nordwest-Mexiko beheimatet, wo sie wüstenartige Biotope und trockene, lichte Wälder bewohnen. Der Kopf ist kurz und breit, der Rumpf gedrungen und der dicke Schwanz dient als Fettspeicher. Die kleinen, rundlichen Schuppen erinnern an Perlen. Die kurzen, kräftigen Gliedmaßen sind hervorragend zum Graben geeignet. Die Krustenechsen sind die einzigen giftigen Echsen. Mit Hilfe der gefurchten Zähne und der 4 cm langen Giftdrüsen – diese liegen am Hinterrand des Unterkiefers – vermögen sie gefährliche Verletzungen zu verursachen. Die dämmerungs- und nachtaktiven Geschöpfe ernähren sich von Kleinsäugern, Echsen, Reptilien- und Vogeleiern. Beide Krustenechsenarten sind eierlegend.

Abbildung 114
Deutscher Name: Skorpionskrustenechse
Wissenschaftliche Bezeichnung: *Heloderma horridum*
Länge: Bis zu 78 cm.
Körpermerkmale: *Heloderma horridum,* das in drei geographische Rassen aufgespaltet ist, besitzt einen breiten, flachen Kopf, einen plumpen Rumpf, kräftige Gliedmaßen und gegenüber der Krustenechse *(Heloderma suspectum)* einen weniger dicken, aber längeren Fettschwanz. Die Skorpionskrustenechse hat 10 bis 11 Oberlippen- und 12 bis 13 Unterlippenschilde. Die Rumpfmitte wird von 60 höckerartigen Schuppen umgeben, welche in einer Reihe stehen. *Heloderma horridum,* von den Mexikanern «Escorpion» genannt, ist schwarz gefärbt. Kleine, unregelmäßig verstreute, blaßgelbe Flecken überziehen den Körper mit Ausnahme des einfarbig schwarzen Kopfes. Der von mehreren Binden umgebene gelbe Schwanz läuft zur Spitze hin konisch aus. Die kontrastreiche Warntracht und die Warzenschuppen erinnern an buntgestickte Perlkissen. Daher nennen die Nordamerikaner diese urtümlichen Reptilien auch «Mexican Beaded Lizards».
Über *Verbreitung, Biotope* sowie *Verhalten* wurde schon ausführlich auf den Seiten 41 und 44, 45 berichtet («Nahrung und Beuteerwerb», «Giftige Echsen»).

Abbildung 115
Deutscher Name: Krustenechse
Wissenschaftliche Bezeichnung: *Heloderma suspectum*
Länge: Maximal 53 cm.
Körpermerkmale: Das plumpe Geschöpf hat einen flachen, breiten Kopf, einen stämmigen Körper, kräftige, kurze Grabbeine und einen dicken Fettschwanz. Die Körperoberseite ist von ziemlich großen, konvexen Tuberkelschuppen bedeckt, die in Querreihen angeordnet sind. Die Bauchbeschuppung besteht aus flachen Schilden. Die 13 Ober- und 13 Unterlippenschilde sind ein wenig vergrößert. Auf schwarzer Körpergrundfärbung verteilen sich bei der Nominatform *Heloderma suspectum suspectum* rosa- bis fleischfarbene oder gelbliche Flecken und Tupfen über den ganzen Körper. Bei der Unterart *Heloderma suspectum cinctum* sind die Farbelemente viel regelmäßiger und zusammenhängender auf dem Körper angeordnet, so daß der Rumpf von 4 und der Schwanz von 5 dunklen Binden umgeben ist. Die Bauchseite ist schwarz und rosa oder fleischfarben gefleckt. Über *Verbreitung, Biotope* sowie *Verhalten* wurde schon ausführlich auf den Seiten 41 und 44, 45 berichtet («Nahrung und Beuteerwerb», «Giftige Echsen»).

Schleichen

Die Schleichen, die in drei Unterfamilien und in 60 bis 70 Arten vorkommen, sind mit Ausnahme von Australien über alle Erdteile verbreitet. Die genannten Echsen können sowohl gut entwickelte Gliedmaßen aufweisen, als auch schlangenähnlich gestreckt und gliedmaßenlos sein. Die fleischig-dicke Zunge ist zweizipflig. Der Kopf ist von großen, symmetrischen Schilden bedeckt. Die Augenlider sind getrennt und frei beweglich. Die Schleichen leben weitgehend auf dem Erdboden. Sie führen eine räuberische Lebensweise. Ihre Nahrung besteht aus Gliederfüßern, Würmern, Schnecken und kleinen Wirbeltieren. Die meisten Arten pflanzen sich durch die Ablage von Eiern fort und nur wenige bringen lebende Junge zur Welt.

Krokodil- und Panzerschleichen

Abbildung 116
Deutscher Name: Alligatorschleiche
Wissenschaftliche Bezeichnung: *Gerrhonotus coeruleus*
Länge: 22 bis 33 cm.
Körpermerkmale: Die stark gekielten Rückenschuppen, die sich vom Hinterkopf bis zur Schwanzbasis erstrecken, stehen in 14 bis 16 Längsreihen. Jede Längsreihe besteht aus 41 bis 54 Schuppen. Die Schuppen der Vorderbeine sind mit Ausnahme von ein oder zwei Reihen schwach gekielt oder glatt. Die Schläfenschilde sind gleichfalls ungekielt. Die auf der Nackenmitte stehenden Schilde sind breiter als lang. Ungefähr 12 Reihen gekielter Schuppen befinden sich nahe der Schwanzbasis. Die Körpergrundfärbung ist olivgrau bis bläulich. Der Rücken ist von 13 undeutlichen, braunen Querbinden überzogen. Die braunen Körperseiten sind von hellen, länglichen Flecken unregelmäßiger Gestalt durchsetzt. Hinter dem Auge kann ein dunkler Streifen vorhanden sein.
Verbreitung: *Gerrhonotus coeruleus* kommt im Westen der Vereinigten Staaten (Kalifornien, Washington, Oregon) und im Nordwesten von Kanada (Britisch-Kolumbien) vor.
Biotope: Die genannte Art bevorzugt kühle, feuchte Örtlichkeiten und steigt im Gebirge bis zu 3200 m empor. *Gerrhonotus coeruleus* lebt auf buschreichem Gelände in lichten Kiefernwäldern mit viel verrottendem Holz am Boden und in Graslandschaften. Das Tier hält sich unter vermodernden Baumstämmen, unter Felsen, unter lockerer Rinde usw. auf.
Verhalten: Diese tagaktive Echse ist weniger wärmeempfindlich als andere Echsen, was ihr Vorkommen in großen Höhenlagen erklärt. Die Nahrung erwachsener Exemplare besteht aus allerlei Insekten wie Käfern, Heuschrecken, Grillen usw. Jungtiere zeigen ein eigenartiges Freßverhalten. Ein Insekt wird gepackt und nach links und nach rechts geschleudert. Die Echse wälzt sich schließlich mehrfach um ihre eigene Achse. Das gleiche Freßverhalten zeigen Krokodile, wenn sie große Beutetiere ergreifen und Fleischstücke herausreißen. Bei Leguanen, bei Geckos und bei den meisten anderen Echsen kommt dieses Verhalten nicht vor. Die Paarung findet im Februar, meist im April statt. Im August und im September werden die Jungtiere in einem dünnen, transparenten Häutchen zur Welt gebracht. Bei der Geburt stößt die kleine Echse das Häutchen mit der Schnauzenspitze auf. Die Jungen sind nach drei Jahren geschlechtsreif.

Abbildung 117
Deutscher Name: Scheltopusik
Wissenschaftliche Bezeichnung: *Ophisaurus apodus*
Länge: 80 bis 100 cm, maximal bis 140 cm.
Körpermerkmale: Dieses schlangenähnliche Reptil, das handgelenkdick werden kann, ist die längste Echse Europas. Charakteristisch für diese Art ist eine tiefe Längsfurche auf beiden Körperseiten, die sich von der Ohröffnung bis zur Afterspalte hin erstreckt. Unter den gekielten Schuppen – diese sind in Gürtelform um den Körper herum angeordnet – liegen Knochenplatten. Zu beiden Seiten des Afters befinden sich zwei winzige Hinterbeinstummel, Vorderbeine sind nicht vorhanden. Die Bezeichnung «Scheltopusik», die dem Russischen entstammt und soviel wie Gelbbäuchlein bedeutet, bezieht sich auf die hellere Körperunterseite. Die Körperoberseite zeigt ein rotbraunes bis gelbbraunes Kolorit, das bei alternden Tieren zunehmend dunkler wird. Der Kopf ist stets heller als der Körper. Jungtiere sind auf der Körperoberseite grau mit gut ausgebildeten dunklen Binden.
Verbreitung: Die Verbreitung dieser Art erstreckt sich über den Balkan, die Krim-Halbinsel, Kleinasien, Syrien, Persien, den Kaukasus, Transkaspien und Turkestan.
Biotope: Der Scheltopusik bevorzugt trockene, steinige bis felsige Lebensräume oft im Küstengebiet, wo man ihn an Feldrändern, in Hecken, in dürrem Gestrüpp, in Steinhaufen, an Legesteinmäuerchen, an Dämmen usw. antrifft.
Verhalten: Diese tag- und nachtaktive Echse verläßt ihr Versteck oft nach Regenfällen. Ihre Nahrung besteht aus Schnecken, Heuschrekken, Mäusen, Eidechsen, kleinen Vögeln und deren Eiern. Wenn der Scheltopusik größere Beutetiere gefaßt hat, dreht er sich schnell mehrfach um seine eigene Achse, um sie so zu betäuben und zu töten. Nach der Überwinterung im März paaren sich die Tiere. Das Weibchen legt im Juni oder Juli 8 bis 10 längliche Eier ab, aus denen im August die Jungtiere schlüpfen. Anders als bei den meisten Echsen wird die Oberhaut ungefähr alle zwei Monate in Form eines zusammengeschobenen Wulstes abgestreift. Der Scheltopusik ist ein furchtsames Geschöpf, das stets vor dem Menschen flieht und sich nicht durch Beißen, sondern durch heftige Schleuderbewegungen wehrt, wobei es seine Exkremente verspritzt.

Abbildung 118
Deutscher Name: Östliche Glasschleiche
Wissenschaftliche Bezeichnung: *Ophisaurus ventralis*
Länge: 48 bis 108 cm.
Körpermerkmale: *Ophisaurus ventralis* ist eine steife, beinlose Echse mit Augenlidern und äußeren Ohröffnungen. Der Kopf ist von großen und kleinen Schuppen bedeckt. Eine längliche Falte läuft vom Ohr ausgehend über die Körperseiten bis zur Analöffnung. Die Anzahl der in einer Reihe stehenden Rückenschilde zwischen dem Hinterkopf und der Schwanzbasis variiert zwischen 118 und 124. Auf dem Rücken verlaufen 14 bis 16 Schildreihen. Die flachen Bauchschuppen sind in 10 Längsreihen angeordnet. Die Körper- und die Rückenfärbung ist hellgrau bis braun. Oberhalb der Seitenfalte sind die Flanken von weißen und schwarzen Tupfen durchsetzt. Unterhalb der Seitenfalte befinden sich keine dunklen Farbpigmente. Die braunen Kopf- und Halsseiten werden von engen, kurzen weißen Längslinien geziert. Der Rücken kann einfarbig oder von einem dunklen Mittelband überzogen sein. Die Bauch- und die Schwanzseite sind einfarbig weiß.
Verbreitung: *Ophisaurus ventralis* ist im Südosten der USA bis nach Süd-Florida und im Westen bis nach Louisiana verbreitet.
Biotope: Die Östliche Glasschleiche lebt in lichten Wäldern und feuchten Wiesen. Das Tier verbirgt sich in Blatthaufen und unter umgefallenen Baumstämmen.
Verhalten: Dieses tag- und nachtaktive Reptil erscheint bereits am frühen Morgen – seine Versteckplätze befinden sich unter umgefallenen Bäumen, in Blattansammlungen, in Erdlöchern usw. – im Gras, wo es nach Insekten und deren Larven, nach Spinnen, Gliederfüßern und Schnecken sucht. Kleine Echsen und Schlangen entsprechender Größe wie Vertreter der eigenen Art werden ebenfalls verzehrt. Wenn man die Östliche Glasschleiche anfaßt, so windet sie ihren Körper hin und her. Ergreift man sie am Schwanz, so reißt letzterer ab, bewegt sich hin und her und erregt die Aufmerksamkeit eines Freßfeindes, während die Östliche Glasschleiche davonkriecht. Die Überwinterung dauert vom Oktober bis zum späten März. Die Paarung findet im Frühjahr statt. Es werden 8 bis 17 Eier – diese sind ungefähr 16 mm lang und 12 mm breit – im Juni, Juli oder August abgelegt. Das Weibchen legt sich um die Eier und schützt sie auf diese Weise. Je nach Temperatur schwankt die Inkubationsdauer zwischen 56 und 61 Tagen. Die jungen Östlichen Glasschleichen haben beim Schlupf eine Länge von ungefähr 11 bis 13 cm.

Abbildung 119
Deutscher Name: Blindschleiche
Wissenschaftliche Bezeichnung: *Anguis fragilis*
Länge: 30 bis 40 cm, maximal bis knapp 50 cm.
Körpermerkmale: Die Blindschleiche wird oft mit den Schlangen verwechselt, da sie keine äußerlich sichtbaren Gliedmaßen besitzt. Als typisches Echsenmerkmal weist sie aber Augenlider auf. Der Kopf dieser glattschuppigen Echse ist an der Schnauze abgerundet. Nicht selten bricht der Schwanz ab und wird dann nur unvollständig regeneriert. Die Körperoberseite ist grau, braun, rötlich oder messingfarben. Die Weibchen weisen oft eine dunkle Mittellinie auf dem Rücken, eine weitere Linie auf jeder Körperseite und auf dem Bauch aus, die dem Männchen im Alter fehlt. Die Männchen haben häufig blaue Flecken auf den Körperseiten. Die gold- oder silberfarbigen Jungtiere haben dunkle Schläfen und einen dunklen Bauch sowie einen schwarzen Streifen auf der Rückenmitte.
Verbreitung: Die Blindschleiche kommt im gesamten Mittel- und fast ganz Nord-, Süd-, West- und Osteuropa vor. Im Norden dringt sie bis nach Finnland, im Osten bis in den Ural, bis in die Nord-Türkei und bis in den Nord-Iran, im Süden bis nach Nordwest-Afrika vor. Sie fehlt auf der südlichen Iberischen Halbinsel und auf Irland.
Biotope: *Anguis fragilis* lebt im Flachland und im Gebirge. Sie bevorzugt vegetationsreiches, gelegentlich feuchtes Gelände mit reichlichem Gras und Buschbewuchs. Zuweilen sonnt sich diese Echse. Meist hält sie sich aber unter Steinen, Brettern, Blechen, Holz, unter Fallaub oder unter Gegenständen auf, die von der Sonne erwärmt werden. Nicht selten findet man *Anguis fragilis* an Waldrändern, in Geröllhalden im Hügelland, in Heidegebieten, in verwilderten Gärten, an Bahndämmen usw.
Verhalten: Die Blindschleiche führt eine versteckte Lebensweise und verläßt meist erst gegen Abend, in der Nacht oder nach einem Regenschauer ihr Versteck. Ihre Nahrung besteht aus Regenwürmern, Nacktschnecken und allerlei Gliederfüßern. Im Vergleich zu Schlangen haben Blindschleichen einen recht steifen Körper. Daher sind die Körperbewegungen langsam und unbeholfen. Die Haut wird mehrmals im Jahr als umgekrempelter Wulst abgestreift. Die Blindschleiche überwintert oft in Gemeinschaft ihresgleichen unter Wurzeln, unter Steinen und im Erdboden und erscheint erst im März oder April aus der Überwinterung. Die Paarung findet im April oder im Mai statt. Die Männchen liefern sich vor der Paarung heftige Kämpfe. Gegen Ende August oder Anfang September bringt die Blindschleiche in einer transparenten Eihülle 6 bis 20 lebende Junge zur Welt.

Gürtelschweife

In ihrer Verbreitung sind die Gürtelschweife – diese treten in 2 Unterfamilien, 10 Gattungen und knapp 50 Arten auf – auf Südafrika und auf Madagaskar beschränkt. Charakteristisch für die Gürtelschweife sind die großen, gekielten Schwanzschuppen, die in Wirtelform angeordnet sind. Der Kopf ist breit, der Körper gedrungen und abgeflacht. Die Schuppen, die meist dornig oder stark gekielt sind, sind in regelmäßigen Quer- und Längsreihen angeordnet. Die Nahrung dieser Echsen besteht weitgehend aus Gliedertieren und kleinen Wirbeltieren. Bei Gefahr flüchten die Gürtelschweife in Felsspalten, wo sie sich mit Hilfe ihrer stacheligen Schuppen so einklemmen, daß sie kaum oder nicht herausgezogen werden können. Die Gürtelschweife bringen lebende Junge zur Welt.

Abbildung 120
Deutscher Name: Riesengürtelschweif
Wissenschaftliche Bezeichnung: *Cordylus giganteus*
Länge: Bis 40 cm.
Körpermerkmale: Der große, dreieckige Kopf wie der dorsoventral abgeflachte Rumpf, der Schwanz mit seinen dornigen und in Wirteln stehenden Schuppen machen das Tier unverwechselbar. Überaus auffällig sind die großen Stacheln des Hinterkopfes. Die Anzahl der Oberlippenschilde beträgt 6, die der Unterlippenschilde 5, von denen die beiden letzten gekielt sind. Die Hals-, Rücken- und Flankenschuppen sind lang, stark gekielt, überaus rauh und dornig ausgezogen. Jede der Schuppen hat eine knöcherne Unterlage, so daß das Tier gut gepanzert ist. Die Rückenschuppen stehen in 22 bis 25 regulären Quer- und in 10 bis 12 Längsreihen. Die großen Bauchschuppen sind im vorderen Körperbereich glatt und an den Seiten gekielt. Sie stehen in 22 bis 24 Quer- und in 10 bis 12 Längsreihen. Die Färbung der Körperoberseite und des Kopfes ist bei erwachsenen Exemplaren dunkelbraun bis schwärzlich. Die Flanken sind gelblichbraun. Die Bauchseite zeigt ein strohgelbes Kolorit, das im vorderen Bereich unregelmäßig schwarz durchsetzt ist.
Verbreitung: *Cordylus giganteus* ist in Südafrika beheimatet.
Biotope: Der Riesengürtelschweif lebt in dürren, trockenen und heißen Gebieten.
Verhalten: Man sieht diese Echse oft auf Erd-, Stein- und Termitenhaufen mit schräg nach oben gestelltem Kopf und Vorderleib regungslos verharren. Diese eigenartige, artcharakteristische Körperhaltung hat dem Riesengürtelschweif in Südafrika den Namen «Sonnengaffer» eingetragen. Als Unterschlupf erwählt der Riesengürtelschweif Erdlöcher, welche oft von anderen Tieren gegraben und dann aufgegeben wurden. Die Nahrung besteht weitgehend aus Insekten und Gliederfüßern, jedoch werden alle Tiere gefressen, die überwältigt werden können. Wenn *Cordylus giganteus* gefangen wird und nicht entfliehen kann, legt er sich bewegungslos auf seinen Bauch. Er legt die Vorderbeine an seinen Rumpf und spreizt die Hinterbeine ab. Die Jungen, meist zwei an der Zahl, werden im späten südafrikanischen Sommer oder Herbst geboren. Bei der Geburt haben sie eine Länge von ungefähr 12 cm.

Abbildung 121
Deutscher Name: Gebänderter Gürtelschweif
Wissenschaftliche Bezeichnung: *Cordylus vittifer*
Länge: Ungefähr 20 cm.
Körpermerkmale: *Cordylus vittifer* hat einen breiten, dreieckigen Kopf, der sich nur wenig vom Hals absetzt, einen stämmigen Rumpf, kräftige Gliedmaßen und einen stacheligen Schwanz. Die Kopfschilde sind groß und runzlig. Die Schläfenschilde sind stark gekielt, ebenso die Rückenschuppen, die in 24 bis 26 Querreihen angeordnet sind. Über die Rumpfmitte verlaufen in jeder Querreihe 22 bis 24 Schuppen. Die Kopf- und die Körperoberseite sind gelblich, gelbbraun bis dunkelbraun, einfarbig oder schwarz gefleckt. Die Körperseiten zeigen gelbliche bis orangene Farbtöne. Der Schwanz ist an den Seiten orangefarben. Unterhalb der Augen sind die Kopfseiten strohgelb. Die Körperunterseite ist weißlich, gelblich hellbraun oder grau.
Verbreitung: *Cordylus vittifer* ist über das südliche Afrika verbreitet.
Biotope: Der Gebänderte Gürtelschweif bevorzugt Hügel und Berghänge als Lebensraum. Hier lebt er in Felsspalten oder unter Steinen.
Verhalten: Er ernährt sich weitgehend von Insekten und Gliederfüßern und auch kleinen Eidechsen. Hin und wieder frißt er auch Pflanzenstoffe. Im südafrikanischen Spätsommer oder im Herbst werden 1 bis 3 lebende Junge geboren, die bei der Geburt 6 bis 8 cm lang sind.

Abbildung 122
Deutscher Name: Warrens Gürtelschweif
Wissenschaftliche Bezeichnung: *Cordylus warreni*
Länge: 33 cm.
Körpermerkmale: Der flache, dreieckige Kopf ist länger als breit. Der Körper ist stämmig, abgeflacht und nur mäßig bestachelt. Das sechseckige Stirnschild zeichnet sich durch besondere Größe aus. Die 6 Hinterhauptschilde sind gekielt. Die rauhen und gekielten Schläfenschilde sind in 3 oder 4 Längsreihen angeordnet. Von den 6 bis 7 Oberlippenschilden sind die vier letzten klein und gekielt. Die Unterlippe ist von 5 Schilden bedeckt. Die Rückenschuppen sind auf der Rückenmitte kaum und auf den Körperseiten stark gekielt und laufen am Ende in einen Stachel aus. 34 bis 42 Querreihen von Schuppen umgeben den Rumpf. In der Mitte des Rumpfes weist eine Querreihe 22 bis 24 Schuppen auf. Die weitgehend ungekielten Bauchschuppen stehen in 26 bis 28 Quer- und in 14 Längsreihen. Die Körpergrundfärbung ist dunkelbraun. Das Tier ist mehr oder weniger gelblich gefleckt. Die Körperunterseite ist hellbraun bis gelblichbraun.
Verbreitung: Südafrika und das südliche Ostafrika sind die Heimat von *Cordylus warreni.*
Biotope: Warrens Gürtelschweif ist eine Gebirgsform, die in Felsspalten an den Abhängen hoher Berge lebt.
Verhalten: *Cordylus warreni* ist äußerst scheu. Er verschwindet bereits bei der geringsten Behelligung in einer Felsspalte und verklemmt sich dort mit seinen Stachelschuppen, so daß er, wie es auch bei den anderen Gürtelschweifen der Fall ist, kaum herausgezogen werden kann. Das Beutespektrum umfaßt nicht nur Insekten, sondern auch anderes Kleingetier wie Tausendfüßler, Frösche und Eidechsen. Das Weibchen bringt in der Regel im afrikanischen Spätsommer 4 bis 6 Junge zur Welt.

Glossar

Atlas	Bezeichnung eines Halswirbelknochens
Bayou	Niederungssümpfe, die von höher liegendem Land umgeben sind.
Billabong	seeartiges, verschlammtes Seitengewässer eines mäandernden Flusses
dorsal	auf dem Rücken befindlich
dorsolateral	auf der Grenzzone zwischen Rücken und Körperseiten bzw. auf dem Rücken und auf den Körperseiten befindlich
endemisch	ausschließlich in einem beschränkten Gebiet vorkommend
Epithel	Ein- oder mehrschichtige Zellage, in der sich Sinneszellen befinden. Epithelien begrenzen die äußeren und inneren Hohlräume eines Organismus.
Femoralporen	Oberschenkelporen
gekielt	Die Schuppen weisen eine oder mehrere Längsleisten auf.
geographische Rasse	gleichbedeutend mit «Unterart»
Gularfalte	Kehlfalte
Hemipenisse	Geschlechtsorgane der Echsen und Schlangen. Es handelt sich um paarige, ausstülpbare Taschen der hinteren Kloakenwand.
lateral	seitlich
median	in der Mitte
melanistisch	einfarbig schwarz
monotypisch	nur in einer Art auftretend
Nominatform	Die der Artbeschreibung zugrunde liegende Unterart erhält den gleichen Art- und Unterartnamen.
notogäisch	zum Festland von Neuguinea und seinen Inseltrabanten sowie zu Australien gehörend
Oued	Fluß in der Wüste, auch Wadi genannt
Ovoviviparie	Fortpflanzungsart, bei der die Jungen kurz vor, während oder nach dem Geburtsvorgang aus den Eiern schlüpfen.
Ozellen	augenähnlich aussehende Flecken
physiologischer Farbwechsel	kommt durch die unterschiedliche Verteilung der in der Haut vorhandenen Farbstoffe zustande, welche wandern, sich ausdehnen oder zusammenballen können
polymorph	unterschiedliche Erscheinungsform beider Geschlechter hinsichtlich Gestalt und Färbung
postanal	hinter dem After befindlich
präanal	vor dem After befindlich
rezent	heute lebend
Rostralfortsatz	Fortsatz auf der Schnauze oder dem Schnauzenschild
Subcutis	Unterhautbindegewebe
Subepidermis	Hautschichten (Lederhaut, Unterhautbindegewebe) unter der Oberhaut, auch Epidermis genannt
sympatrisch	im gleichen Lebensraum gleichzeitig auftretend
Taxonomie	Systematik der Namengebung
Tuberkeln	Knötchen oder knötchenähnliche Schuppen
Ubiquist	In verschiedenen Lebensräumen, ohne Bindung an einen bestimmten Standort, auftretend.
Ventralschuppen	Bauchschuppen
Viviparie	Fortpflanzungsart, bei der lebende Junge zur Welt gebracht werden
xerophil	an das Leben in Trockengebieten angepaßt
Zügelschild	zwischen Nasenöffnung und Auge befindliches Schild
Zwischen-Scheitelschild	zwischen den beiden Scheitelschilden (Parietalschilde) und vor dem Hinterhauptschild gelegenes Schild

Literaturverzeichnis

ANGEL, F. (1942): *Les Lézards de Madagascar. Mémoires de l'Académie Malgache.* Tananarive. (Imprimerie Moderne de l'Emyrne Pitot de la Beaujardière), 193 S.

ARNOLD, E. N. & A. BURTON (1978): *Pareys Amphibien- und Reptilienführer Europas.* Hamburg und Berlin. (Verlag Paul Parey), 270 S.

BARBOUR, T. (1914): *Contribution to the Zoogeography of the West Indies, with especial Reference to the Amphibians and Reptiles.* Cambridge. (Memoirs of the Museum of Comparative Zoology of Harvard College), 359 S.

BASOGLU, M. & I. BARAN (1977): *The Reptiles of Turkey.* Part I: *Turtles and Lizards.* Bornova-Izmir (Ilker Matbaasi), 255 S.

BASU, D. (1979): *Indien kämpft um den Ganges-Gavial.* Sielmanns Tierwelt, Hamburg, 3 (2); 4–13.

BEHLER, J. L. & F. W. KING (1979): *The Audubon Society Field Guide to North American Reptiles and Amphibians.* New York. (Alfred A. Knopf), 719 S.

BISCHOFF, W. (1985): *Die Herpetofauna der Kanarischen Inseln.* Herpetofauna, Weinstadt, 7 (34, 35, 36, 37); 11–22, 27–34, 13–21, 15–24.

BÖHLER, E. A. (1976): *Beitrag zur Kenntnis der Herpetofauna von Rio Grande do Sul – Brasilien.* Saarbrücken. Dissertation zur Erlangung des Grades eines Doktors der Philosophie der Philosophischen Fakultät der Universität des Saarlandes, 266 S.

BÖHME, W. (1981): *Handbuch der Reptilien und Amphibien Europas.* Bd. 1: *Echsen 1.* Wiesbaden. (Akademische Verlagsgesellschaft), 520 S.

– (1984): *Handbuch der Reptilien und Amphibien Europas.* Bd. 2/I: *Echsen 2.* Wiesbaden. (Akademische Verlagsgesellschaft), 416 S.

BOGERT, CH. M. & R. M. DEL CAMPO (1956): *The Gila Monster and its Allies.* New York. (Bulletin of the American Museum of Natural History), 238 S.

BREHMS TIERLEBEN (1913): *Lurche und Kriechtiere.* Zweiter Band. Neubearbeitet von Otto zur Strassen. Leipzig, Wien. (Biobliographisches Institut), 598 S.

BROCK, J. (1965): *Krokodile.* Stuttgart. (Alfred Kernen Verlag), 48 S.

BRYGOO, C. R. & CH. A. DOUMERGUE (1968): *Les Caméléons à Rostre Impair et Rigide de l'Ouest de Madagascar.* Paris. (Editions du Museum), 38 S.

BURDEN, W. D. (1927): *Dragon Lizards of Komodo.* New York – London. (G. P. Putnam's Sons – The Knickerbocker Press), 221 S.

BUSTARD, R. (1970): *Australian Lizards.* Sydney, London. (William Collins LTD), 162 S.

CANTOR, T. E. (1847): *Catalogue of Reptiles inhabiting the Malayan Peninsula.* Amsterdam. (Journal of the Asiatic Society of Bengal, Volumes XVI). Ohne Ortsangabe. (Reprint A. Asher Co, Amsterdam, 1966), 230 S.

COGGER, H. G. (1975): *Reptiles and Amphibians of Australia.* Sydney, Wellington, London. (A. H. & W. Reed), 584 S.

CONANT, R. (1975): *A Field Guide to Reptiles and Amphibians of Eastern and Central North America.* Boston. (Houghton Mifflin Company), 362 S.

DANIEL, J. C. (1983): *The Book of Indian Reptiles.* Bombay. (Bombay Natural History Society), 141 S.

DERANIYAGALA, P. E. P. (1953): *A Colored Atlas of some Vertebrates from Ceylon.* Vol. II: *Tetrapod Reptilia.* Ohne Ortsangabe. (The Ceylon Government Press), 101 S.

DOUMERGUE, F. (1901): *Essai sur la Faune Erpétologique de l'Oranie.* Oran. (Imprimerie Typographique et Lithographique L. Fouque), 404 S.

DUELLMAN, W. E. (1965): *Amphibians and Reptiles from the Yucatan Peninsula.* Lawrence. (University of Kansas), 37 S.

EARL, L. (1954): *Crocodile Fever.* New York. (Alfred A. Knopf), 293 S.

FAUVEL, A. A. (1879): *Alligators in China; Their History, Description & Identification.* Shanghai. (Printed at the Celestial Empire Office), 36 S.

FITSCH, H. S. (1970): *Reproductive Cycles in Lizards and Snakes.* Lawrence. (The University of Kansas Printing Service), 247 S.

FITZSIMONS, V. F. (1943): *The Lizards of South Africa.* Amsterdam. (Swets-Zeitlinger BV), 528 S.

FUCHS, K. (Ohne Jahreszahlangabe): *Die Krokodilhaut.* Darmstadt. (Eduard Roether Verlag), 183 S.

GARDNER, L. & CH. GRANT (1940): *The Herpetology of Jamaica.* Baltimore. (Department of Zoology. The John Hopkins University), 148 S.

GAUTHIER, R. (1967): *Ecologie et Ethologie des Reptiles du Sahara Nord-Occidental (Region de Béni-Abbès).* Tervuren. (Musée Royal de l'Afrique Centrale), 83 S.

GRZIMEKS TIERLEBEN (1971): *Kriechtiere.* Zürich. (Kindler Verlag), 609 S.

GUGGISBERG, C. S. W. (1972): *Crocodiles. Their Natural History, Folklore and Conservation.* Harrisburg. (Stackpole Books), 195 S.

HELFENBERGER, N. (1981): *Ein Beitrag zur Fortpflanzungsbiologie von Osteolaemus tetraspis tetraspis.* Herpetofauna, Weinstadt 3 (11); 9–11.

JELDEN, D. (1984): *Die Krokodile Neuguineas.* Heidelberg. Inauguraldissertation zur Erlangung der Doktorwürde der Naturwissenschaftlich-Mathematischen Gesamtfakultät der Ruprecht-Karls-Universität, 202 S.

KLEMMER, K. (1957): *Untersuchungen zur Osteologie und Taxonomie der Europäischen Mauereidechsen.* Frankfurt am Main. Abhandlungen der Senckenbergischen Naturforschenden Gesellschaft. (Verlag Dr. Waldemar Kramer), 37 S.

KLINGELHÖFER, W. (1957): *Terrarienkunde.* 3. Teil: *Echsen.* Stuttgart. (Alfred Kernen Verlag), 264 S.

LOVERIDGE, A. (1946): *Reptiles of the Pacific World.* New York (The MacMillan Company), 258 S.

MCILHENNY'S, E. A. (1976): *The Alligators Life History.* New York. (Society for the Study of Amphibians and Reptiles), 117 S.

MEDEM, F. (1981): *Los Crocodylia de Sur America.* Vol. I: *Los Crocodylia de Colombia.* Bogota. (Ministerio de Educacion Nacional), 354 S.
– (1983): *Los Crocodylia de Sur America.* Vol. II. Bogotá. (Universidad de Colombia), 270 S.
MERTENS, R. (1930): *Die Amphibien und Reptilien der Inseln Bali, Lombok, Sumbawa und Flores.* Frankfurt am Main. (Abh. senckenberg. naturf. Ges.), 229 S.
– (1938): *Herpetologische Ergebnisse einer Reise nach Kamerun.* Frankfurt am Main. (Abh. senckenberg. naturf. Ges.), 52 S.
– (1939): *Herpetologische Ergebnisse einer Reise nach der Insel Hispaniola, Westindien.* Frankfurt am Main. (Abh. senckenberg. naturf. Ges.), 84 S.
– (1942): *Die Familie der Warane (Varanidae).* Erster Teil: *Allgemeines.* Frankfurt am Main. (Abh. senckenberg. naturf. Ges.), 116 S.
– (1952): *Die Amphibien und Reptilien von El Salvador, auf Grund der Reisen von R. Mertens und A. Zilch.* Frankfurt am Main. (Abh. senckenberg. naturf. Ges.), 83 S.
– (1963): *Das Tierreich. Liste der rezenten Amphibien und Reptilien. Helodermatidae, Varanidae, Lanthonotidae.* Berlin. (Walter de Gruyter & Co), 26 S.
– (1975): *Kriechtiere und Lurche.* Stuttgart. (Franck'sche Verlagshandlung), 104 S.
MERTENS, R. & O. SCHNURRE (1949): *Eidonomische und ökologische Studien an Smaragdeidechsen Deutschlands.* Frankfurt am Main. (Abh. senckenberg. naturf. Ges.), 24 S.
MERTENS, R. & H. WERMUTH (1960): *Die Amphibien und Reptilien Europas.* Frankfurt am Main. (Verlag Waldemar Kramer), 264 S.
MINTON, SH. A. JR. & M. R. MINTON (1973): *Giant Reptiles.* New York. (Charles Scribner's Sons), 345 S.
MÜLLER, P. (1968): *Die Herpetofauna der Insel von Sao Sebastiao (Brasilien).* Saarbrücken. (Saarbrücker Zeitung Verlag und Druckerei GmbH), 83 S.
NEILL, W. T. (1970): *The Last of the Ruling Reptiles. Alligators, Crocodiles, and their Kin.* New York London. (Columbia University Press), 468 S.
OBST, F. J., K. RICHTER & U. JAKOB (1984): *Lexikon der Terraristik.* Hannover. (Landbuch Verlag), 465 S.
PASTEUR, G. & J. BONS (1960): *Catalogue des Reptiles Actuels du Maroc.* Rabat. (Travaux de l'Institut Scientifique Chérifien, Série Zoologique Nr. 21), 132 S.
PETERS, A. J. & R. DONOSO-BARROS (1970): *Catalogue of the Neotropical Squamata.* Part II: *Lizards and Amphisbaenians.* Washington. (Smithsonian Institution Press), 293 S.
PFEFFER, P. (1965): *Auf den Inseln des Drachens.* Stuttgart. (Schwabenverlag), 158 S.
POOLEY, F. (1982): *Discoveries of a Crocodile Man.* London. (William Collins Sons & Co LTD), 213 S.
REESE, A. M. (1915): *The Alligator and its Allies.* New York, London. (G. P. Putnams Sons), 358 S.
RICCIUTI, E. R. (1972): *The American Alligator – Its Life in the Wild.* New York, Evanston, San Francisco, London. (Harper & Row, Publishers), 71 S.
RIOSUKE, A. (1985): *Beobachtungen an Crocodylus mindorensis auf Mindoro, Philipp. Inseln.* Herpetofauna, Weinstadt, 7 (34); 6–10.
ROOJ, N. (1970): *The Reptiles of the Indo-Australian Archipelago.* Lacertilia, Chelonia, Emydosauria. Vaals. (A. Asher & Co. N.V.) 732 S.
ROTTER, J. (1963): *Die Warane.* Wittenberg-Lutherstadt (Ziemsen Verlag), 74 S.
SALVADOR, A. (1973): *Guia de los Anfibios Y Reptiles Espanioles.* Madrid. (Litografia Egraf), 282 S.
SCHMIDA, G. E. (1971): *Der getüpfelte Baumwaran Australiens.* DATZ, Stuttgart, 24 (5); 68–170.
SCHMIDT, K. P. & P. INGER (1957): *Knaurs Tierreich in Farben - Reptilien.* München, Zürich. (Droemersche Verlagsanstalt Th. Knaur Nachf.), 311 S.
SMITH, M. A. (1935): *The Fauna of British India including Ceylon and Burma. Reptilia and Amphibia.* Vol. II: *Sauria.* London. (Taylor and Francis LTD), 440 S.
SMITH, H. M. (1946): *Handbook of Lizards.* Ithaca, New York. (Comstock Publishing Co), 557 S.
SCHREIBER, E. (1912): *Herpetologia Europaea.* Jena. (Gustav Fischer Verlag), 960 S.
SCHURER, V. & H. G. HORN (1976): *Freiland- und Gefangenschaftsbeobachtungen am australischen Wasserwaran, Varanus mertensi.* Salamandra. Frankfurt/M., 12 (4); 176–188.
STETTLER, P. H. (1978): *Handbuch der Terrarienkunde.* Stuttgart. (Franck'sche Verlagshandlung), 228 S.
TAYLOR, E. H. (1963): *The Lizards of Thailand.* Kansas. (The University of Kansas Science Bulletin), 390 S.
TELEKI, S., V. SJEK, L. v. HÖHNEL (1973): *Eyelids of the Morning.* New York. (A. & W. Vinial Library), 260 S.
TERENT'EV P. V. & S. A. CHERNOV (1949): *Key to Amphibians and Reptiles.* Jerusalem. (S. Monson Binding: K. Wiener), 315 S.
TRUTNAU, L. (1968): *Gefangenschaftsbeobachtungen an Krustenechsen.* DATZ, Stuttgart 21 (4); 120–125.
– (1976): *Zum Fortpflanzungsverhalten der Skorpionskrustenechse* (Heloderma horridum). DATZ, Stuttgart 29 (12); 424–428.
– (1975): *Europäische Amphibien und Reptilien.* Stuttgart. (Belser Verlag), 212 S.
– (1985): *Crocodile Farm – die größte Krokodilsfarm der Welt.* Herpetofauna, Weinstadt 7(37); 25–34.
VOGEL, Z. (1967): *Na lovu vzácných krokodýlu.* Praha. (Orbis), 241 S.
VON WETTSTEIN, O. (1937): *Crocodilia. – Handbuch der Zoologie.* Walter de Gruyter, Berlin und Leipzig, 7; 236–424.

WAITKUWAIT, W. E. (1985): *Investigations of the breeding biology of the West-african slender-snouted crocodile Crocodylus cataphractus.* CUVIER, 1824. Amphibia-Reptilia, Publication of the Societas Europaea Herpetologica, Leiden 6 (4); 387-399.

WERMUTH, H. (1953): *Systematik der rezenten Krokodile.* Berlin. Mitteilungen aus dem Zoologischen Museum Berlin. S. 376–514.

– (1965): *Das Tierreich. Liste der rezenten Amphibien und Reptilien. Gekkonidae, Pygopodidae, Xanthusiidae.* Berlin. (Walter de Gruyter & Co.), 245 S.

– (1967): *Das Tierreich. Liste der rezenten Amphibien und Reptilien. Agamidae.* Berlin. (Walter de Gruyter & Co.), 127 S.

WERMUTH, H. & R. MERTENS (1961): *Schildkröten, Krokodile, Brückenechsen.* Jena. (Gustav Fischer), 422 S.

WERMUTH, H. & K. FUCHS (1978): *Bestimmen von Krokodilen und ihrer Häute.* Stuttgart, New York. (Gustav Fischer Verlag), 99 S.

WERNER, F. (1911): *Chamaeleontidae.* Deutsche Zoologische Gesellschaft. Berlin. (Verlag R. Friedländer u. Sohn), 52 S.

ZAPPALORTI, R. T. (1976): *The Amateur Zoologist's Guide to Turtles and Crocodiles.* Vol. 1: *First of a Series.* Harrisburg, Pa. (Published by Stackpole Books), 208 S.

ZELLER, K. R. (1983): *Das Krokodil/Der Kaiman in Vorstellung und Darstellung südamerikanischer Indianer.* Hohenschäftlarn. (Klaus Renner Verlag), 527 S.

ZIMMERMANN, E. (1983): *Das Züchten von Terrarientieren.* Stuttgart. (Franck'sche Verlagshandlung), 238 S.

ZIMMERMANN, H. (1984): *Die Echsen von Teneriffa.* Aquarienmagazin, Stuttgart 18 (8); 390–396.

Register